我们最终制造出来的环境越机械化，可能越需要生物化。我们的未来是技术性的，但这并不意味着未来的世界一定会是灰色冰冷的钢铁世界。相反，我们的技术所引导的未来，朝向的正是一种新生物文明。

凯文•凯利（Kevin Kelly）《失控：机器、社会与经济的新生物学》

杭州市哲学社会科学规划课题

Economic and Culture about Internet of Things

物联网经济与物联网文化

周　膺　吴　晶 / 著

图书在版编目（CIP）数据

物联网经济与物联网文化 / 周膺，吴晶著. — 杭州：浙江工商大学出版社，2012.9
ISBN 978-7-81140-583-5

Ⅰ. ①物… Ⅱ. ①周… ②吴… Ⅲ. ①互联网络 - 应用 ②智能技术 - 应用 Ⅳ. ①TP393.4①TP18

中国版本图书馆CIP数据核字（2012）第196217号

物联网经济与物联网文化

周 膺 吴 晶 / 著

策划编辑 赵 丹
责任编辑 王黎明 陈维君
版式设计 周 膺
责任印制 汪 俊
出版发行 浙江工商大学出版社
（杭州市教工路198号 邮政编码 310012）
（E-mail：zjgsupress@163.com）
（网址：http://www.zjgsupress.com）
电话：0571-88904980，88831806（传真）
排 版 杭州高腾印务有限公司
印 刷 杭州杭新印务有限公司
开 本 787mm×1092mm 1/16
印 张 15
字 数 350千
版 印 次 2012年9月第1版 2013年4月第2次印刷
书 号 ISBN 978-7-81140-583-5
定 价 48.00元

浙江工商大学出版社营销部邮购电话 0571-88804227

目　录

序　言　物联网与后现代文化

2 000年前，地球上的人口不足2.5亿，1650年增加了1倍。200年后再次翻番，至1830年超过10亿。此后，人口翻番的间隔年份越来越短，从10亿到20亿用了100年，从20亿到40亿用了45年。20世纪后，地球上的人口更是呈现爆炸式增长，1999年10月达到60亿，2011年10月突破70亿。从50亿到60亿用了12年，从60亿到70亿用了11年。与此同时，世界人均资源占有量也在大幅度增加。目前学术界对地球可以承载的极限人口有悲观或乐观的不同预测，但大体认为70亿—80亿为适宜值的极限。而事实上，目前全球资源已相当紧张，生态环境极度恶化，人类社会呈现出不可持续发展的态势。其原因与人口增长有关，也与工业化生产方式直接相关。20世纪中期特别是近20多年来的信息科学技术革命极大地触动了经济结构的调整，在一定程度上缓解了这种冲突和矛盾，为摆脱这种困境提供了契机。20世纪40年代发展起来的计算机、60年代发展起来的互联网引发了第一、第二次信息科学技术革命，形成了全新的信息经济，但未能对工农业等实体（实物）经济效能的提升产生深度影响。物联网则将互联网施之于实体经济，使信息经济与实体经济直接连接起来，不仅形成独立的创意产业，也对实体经济进行创意性重构，既直接减少了资源消耗和环境污染，也提高了实体经济的集约和创新水平，使所有产业在创意经济的维度下提升为后工业或后现代经济。物联网既是对互联网的超越，也是对实体经济否定之否定，是一种可持续发展的新经济形态，也是一种新经济观。

物联网是互联网接入方式和端系统的延伸，它利用射频识别（Radio Frequency Identification，简称RFID）和无线传感器网络技术构建覆盖世界上所有人和物的网络系统，使人类对客观世界具有更透彻的感知能力、更全面的认识能力、更智慧的把握能力。其可动态使用的全球网络基础设施具有基于标准和互操作通信协议的自组织能力，实在和虚拟的“物”被设以身份识别、虚拟特性和智能接口，使物理世界与信息世界无缝连接。人与人之间的信息交互和共享是互联网最基本的功能，物联网则还同时具有人与物、物与物之间的信息交互和资源共享功能，构建了3个世界，即物理世界、数字世界和连接两者的虚拟世界组合在一起的新世界。真实的物理世界与数字世界之间存在着物的集成关系，物理世界与虚拟世界之间存在着描述物与活动之间的语义集成关系，数字世界与虚拟世界之间存在着数据集成关系。物理世界与信息世界互相割裂造成物质资源的浪费和信息资源的非充分利用，3个世界的集成使人类获得更多的生存智慧和智慧地控制世界的方式，从而更好地节制经济行为或所有行为，提高对物理世界的资源利用率和减少污染排放。美国国际商业机器公司（IBM）的学者用“智慧地球”概念对物联网进行形象描述：“智慧地球”将感应器嵌入和装备到电网、油气管道、供水系统、铁路、公路、桥梁、隧道、大坝等各种物体中，并通过超级计算机和云计算组成物联网。它控制的对象小到一个开关、一个可编程控制器、一台发电机，大到控制一个行业的运行过程，可以达到无所不在的地步。有的学者将物联网的特点概括为7A：“Anytime Anywhere Affordable Access to Anything by Anyone Authorized”（合法用户随时随地对任何资源和服务进行低成本访问），即任何人（Anyone / Anybody）可以在任何时间（Anytime / Any Context）、任何地方（Any Place / Anywhere），通过任何网络或途径（Any Network / Any Path）访问任何物（Anything / Any Device）和获得任何服务（Any Service / Any Business），因此称它为无处不在的“泛在网”或“传感网”。物联网将经济运行、社会生活和个人生活放在一个智慧的网络上运行，使人类活动最大限度合理化。它的产业链主要包括3个部分：以集成电路设计制造、嵌入式系统为代表的核心产业体系，以网络、软件、通信、信息安全产业和信息服务业为代表的支撑产业体系，以数字地球、快速物流、智能交通、绿色制造等为代表的直接面向应用的关联产业体系。

物联网构建了新的经济形态，其主体（网商）、环境（网络）和规则（网规）等与现代经济模式都不同。现代理性将所有个体都假设为理性的经济人，但所有个体理性加在一起却等于非理性，人只是成了聪明的傻瓜。人在理性的灾难中开始重新发现感性的价值，包括个性化、多元化价值，以及人与人、人与自然所构成的天然的网络纽带的价值。现代简单经济系统将经济体当做非生命的机械系统，把人的高级需求当做低级物质需求，远离人类和自然的真实存在，不仅运行效率低下，还造成严重的生态危机。作为后现代复杂经济系统的物联网则具有有机性特性，接近人类和自然的真实存在，具有高效率运行模式。它的组织结构从金字塔形向扁平化发展，信息交流从不对称向完全透明发展，内部交易成本最小化，乃至可以解构传统的企业组织模式。而依靠“无组织的组织”力量，人人可以凭爱好、兴趣快速聚散，展开分享、合作、众包乃至部落化行动。由此形成最有可能性的广泛就业格局，也将造就劳动或工作生活化的局面，生活、工作和学习从割裂状态越来越走向一体化，从而使经济系统与生活世界相融合、“经济人”向“人”回归。各种市场主体的关系则从零和博弈向生态协作发展，价值系统从价值链向价值网转型。物联网构建了双重网络基础设施，一方面设置了联通人类社会与自然世界的广域信息网，另一方面又在它的上层加盖了无穷多样的智能应用系统。其中，大容量、高可扩展、高容错、快速响应、低成本的各类云计算平台将形成巨型计算中心和服务中心。由此形成双层经营结构，即网络平台业务与增值业务的分离，前者共享资源，而后者实现多元化价值增值，乃至可以实现边际成本递减、边际效益递增的形势。其现实形态是“运营商—网上企业”的组合。腾讯科技（深圳）有限公司的“QQ—增值业务”组合是这样，上海盛大网络发展有限公司、上海巨人网络科技有限公司的“游戏免费—道具收费”组合是这样，阿里巴巴集团控股有限公司的“网商生态系统—网店”组合也是这样。这种模式使物联网变价值独占为分享。除了权利平等、机会均等外，其分享还有基于兴趣和爱好、越分享越有成就感的人性特征。物联网构建的诚信则具有自发性、草根性、透明性、可积累性、可实现性等价值特点。支付宝（中国）网络技术有限公司以“因为信任，所以简单”为商业宣传口号，这句朴实的话其实包含了物联网的伦理特征。现代经济学强调在不信任条件下实现交易，为此设计了整套的契约来加以保障，好处是排除了“心”信任与否的干扰，缺点是交易费用过高。为此得设计企业制度等来降低交易费用。而信任关系是一种心连心的关系，亚当·斯密（Adam Smith）《道德情操论》一书的核心概念“同情心”就是一个关于心连心的最早的著名说法。这种心的连接机制兼具市场和企业两种物的连接机制的优点。它像市场一样扁平而灵活，但交易费用没有市场那样高；它像企业一样可以节省交易费用，但不像金字塔形结构那样反应迟钝。从投资方面来说，物的机制总是倾向于将资本投在孤立封闭的节点（如企业）上，而心的机制则倾向于将资本投在开放的网络上，显示出专用性资本与社会资本的不同。苹果公司（Apple Inc.）没有一家属于自己的代工厂，它只是利用社会资本便可以做成世界上市值最大的企业，这说明物联网心连心的机制具有无穷的潜力。物联网为新经济的发展提供了新的解释路径，也为后现代经济学新的理论和实践提供基础性支持。

物联网不仅是一种新经济形态，也是一种文化形态。它所实现的后现代经济以现代经济为基础，但又超越现代经济，在更高层次上复归前现代经济；它从精神层面扬弃现代经济简单的经济理性、前现代经济简单的生理自足，使人类物质生产与精神生产完全统一起来，避免心物二元、以物代心的片面性，以提升人的需求层次；它既寻求网络的有机性，也十分注重个别的存在性，是后现代文化的实体性表述。后现代主义主张多元化加网络化，用物联网的语言来表达就是节点的离散性加上连接的有机性。后现代主义用"延异"（Différance）之类独特的词语表达解释的连绵性、迁延性和差异性，既说明了解释延时和变化的特征，也说明了解释的整体性和有机性。物联网的连绵特征正是"延异"的物理表达，它将经济行为嵌入社会网络，使经济组织离散化又有机化。后现代主义用"碎片化"（Fragmentation）和"解构"（Déconstruction）这些富有冲击性的词语强调个性化，物联网的节点体现了这种个性化。一对一服务是其主要的存在形态。人们对后现代主义产生误解的一个主要原因在于认为碎片化是破坏性的。其实碎片化就是个性化，就是阿尔文·托夫勒（Alvin Toffler）所说的单一品种大规模生产向小批量多品种生产转变，就是经济学上所说的长尾。长尾理论认为，文化和经济重心正在加速转移，从需求曲线头部的少数大热门市场转向尾部的大量利基产品市场。物联网以"范围经济"为取向，用柔性合作方式快速、廉价地进行多品种、小批量生产，并形成更高的附加值。现代经济学长期以来一直是为单一品种大规模生产这种落后生产方式服务的专门学科，它从价值论的前提假设个性化、多元化、异质性，从根本上来说是反经济性的。个性化是否具有经济性，为什么具有经济性，是现代经济学回答不了的问题。物联网从经济学一个意想不到的地方突破了这个难题，即从品种这个维度显著地表达了个性化、多元化、异质性的经济性。物联网之所以具有这样的特殊功能，是因为它已不再是单一的经济活动，而是一种文化复兴，它使经济回到了文化或哲学的原意。它也因此必须用后现代主义理论才解释得通。[1]

[1]姜奇平：《〈后现代经济〉来了》，《互联网周刊》，2009年第13期；姜奇平：《什么是后现代经济》，《互联网周刊》，2009年第14期。

如果说解构性的后现代主义有助于抵抗现代性的霸权，建设性的后现代主义则为创造性地发展健康的、可持续的后现代社会奠定了思想基础。建设性后现代主义采取一种既批判又超越的立场，提倡建立在有机联系概念基础上的历险和创新，推重多元和谐的整合性思维模式，是前现代、现代和后现代思想的有机整合，也是人类社会与自然世界的有机整合。面对现代性带来的生态危机，诸如困扰当今世界的全球变暖、臭氧层破坏、酸雨增加、空气和水资源污染、物种灭绝、森林锐减、土地荒漠化等触目惊心的问题，建设性后现代主义主张创造性地发展一种健康的可持续的生态文明，在人与自然之间建立动态的平衡关系。物联网将有可能建构起全时空侦测这种平衡关系的智慧体系，它既是实现这一目标的经济理念或方式，也为人类确立合理的生态理念、发展理念提供了科学实验的基础。物联网将物理经济导向创意经济，将创意强化为最重要的生产要素，用创意审查、清理、过滤现代生产中一切反生态的因素，并用创意最大限度地提高资源的效用，最大限度地提高生产生活的集约度。基于诚信、分享、平等和责任的物联网经济及其文化最终指向的是“选择的自由”和“自由的选择”。

后现代经济是综合科学主义与人文主义的新经济，物联网同样既是科学的，也是人文的。物联网不仅是一种技术或经济，它更是一种观念、精神、思想，一种新的信息论、控制论、系统论、有机论、人性论、本体论，一种新的物理学、经济学、生态学、社会学、文化学、伦理学或美学、哲学。

第一章　“智慧地球”与第三次信息科学技术革命浪潮

一、3I与世界3

每年全球地震、水灾、冰冻等灾害大范围爆发，生产、交通事故也不断发生。由于感知、预报和预防水平很低，这种状况一直没有得到改善。2011年7月23日，中国高速铁路在浙江省温州市发生特别重大交通事故，其主要原因是交通信号系统失灵。1998年6月3日，德国高速城际列车（Inter City Express）在下萨克森州（Niedersachsen）艾雪德镇（Eschede）附近脱轨，其主要原因是内置橡胶车轮磨损未及时发现。这些原因固然与人为因素相关，却也有人力所不能控制的因素。而这些不可控制的因素只能依赖先进的物理智能系统来较好地支配——这是物联网（Internet of Things / Web of Things）的功能之一。据一些媒介报道，由于使用效率低下和实施错误的战略，每年都导致大量的资源浪费，或造成极大的社会危害。美国每年因电网效率低下而造成的电能损失高达总电能的67%，中国的情况与此相似。由于缺乏完善的网络系统，美国每年发生220万起由于手写处方所导致的错误配药事故，中国每个疾病患者辗转在不同医疗机构之间多花费的各种检查和手续费用超过1 000元。由于未能有效监管，中国食品安全形势日益严峻，有84%的中国消费者声称对其关注度提高。由于供应链不足，全球销售行业每年损失约400亿美元。中国每年的物流成本

[1]兰祝刚、陶国睿：《构建人类"智慧地球"：物联网时代的信息化应用》，《通信企业管理》，2010年第6期。

占GDP的比重高达20%，比美国高1倍。由于监管网络不健全，中国有超过1/3的工业废水和90%以上的生活污水未经处理就排入河流。[1]在日益变得更为不确定的世界里，物联网将成为物理系统乃至整个人类社会运行十分普遍或带有根本性的解决问题的方案。

在过去几千年里，人类不断发展着自己的智慧，在养活更多人口的同时还改善了人类的生活质量。但由于大量消耗自然资源，人类生存的不确定性甚至危机也在不断增长。工业革命以前，农业经济对整个自然系统进行了高强度改造，尽管其不良后果至今仍为遗患，但总体而言这种破坏是物理性的，资源的开发也较为有限，因而在较大程度上是可以修复或还原的。工业革命以后，人类有了更强的对付自然的能力，却也对自然造成难以重新修复或弥补的十分巨大的化学性破坏，在满足眼前利益的同时把无限多的棘手矛盾带给后人。经过几百年的积累，地球生态环境发生化学性质变。目前人类已因此被迫站在了非解决旧有矛盾不可的十字路口：既要实现人类社会的繁荣，又要扼制对自然资源的疯狂掠夺和对生态环境的恣意破坏。在近几十年全球化浪潮的推动下，无数原本平行的人类生存链条被交织在一起，世界变得越来越"平"、越来越小，人类生产方式越来越普遍地联系在一起，人类智慧也逐渐发展为"全人类智慧"，这既带来了正面的思想交流从而酝酿更多的全球性解决方案，同时也给问题的解决带来更大的复杂性，提出了更为系统性、整体性解决问题的时代要求。从石油、煤炭、电力、水资源的分配到温室有害气体的控制，从钢铁、有色金属、混凝土、新型材料的合理开发和有效利用到物质产品的制造、运输、销售、使用，从人力资本、创意资本、金融资本、信息资源的流动到对它们的高效组织和利用，从社会组织体系的完善到数十亿人生活状态的改善，都需要一种更为有效的运行方式，即物理智能化的运行方式来支持。这或许也是具有这种作用的物联网问题被提出来的深层原因所在。

1998年1月31日，时任美国副总统的艾伯特•阿诺•戈尔（Albert Arnold 'Al' Gore, Jr.）在美国加利福尼亚科学中心（California Science Center）发表了题为《数字地球：在21世纪认识我们的行星》的演讲，提出了"数字地球"（Digital Earth）概念。戈尔在演讲中将数字地球描绘成整个地球、全方位的地理信息系统（Geographic Information System，简称GIS）与虚拟现实技术（Virtual Reality，简称VR）、网络技术相结合的产物。到2008年，可以嵌入海量地理数据、多分辨率的"数字地球"实际上已经形成，但令人遗憾的是它在解决人类生存困境方面的成效并不明显。2008年11月6日，时任IBM总裁兼CEO的彭明盛（Samuel Palmisano）在纽约市外交

彭明盛（Samuel Palmisano）“智慧地球”“布道”

关系委员会发表题为《智慧地球：下一代的领导议程》的演讲。2009年1月28日，在美国总统巴拉克•侯赛因•奥巴马二世（Barack Hussein Obama Ⅱ）召集的工商业领袖圆桌会议上，彭明盛再次提出“智慧地球”（Smart Planet）概念。“智慧地球”即利用新一代网络技术，将电脑芯片和传感器等设备嵌入电网、铁路、桥梁、隧道、公路、大坝、供水系统、油气管道等各种物体中，包括电饭煲、热水器、空调等家用电器，乃至人类所有的应用物理系统，形成全面的信息—物理智能系统，使人类获得前所未有的洞察力，也使应用物理系统获得高效而准确的运行能力。一些分析师看到，IBM提出“智慧地球”战略意在利用全球金融危机下各国都在寻求新经济增长点的机遇，提前进行全方位的战略部署和调整，以实现企业的第三次转型。彭明盛指出，“智慧地球”是IBM对于如何运用先进的信息技术构建新的世界运行模式的一个愿景。而奥巴马则对其进行了国家战略层面的解读和部署，他期望能像比尔•克林顿（Bill Clinton）利用“信息高速公路”把美国带出经济低谷那样，重新振兴美国经济。而“智慧地球”事实上也给人类构想了一个全新的世界图景：让社会更智慧地进步，让人类更智慧地生存，让地球更智慧地运转。

无论你是否对“智慧地球”或物联网发生怀疑，世界的基础结构正在向“智慧”的方向发展。“智慧地球”或物联网之所以能够得以实现，是因为世界已经迈入了3I时代，即Instrumented（仪器／工具化植入化）、Interconnected（互联化）和Intelligent（智能化）的时代。根据IBM“智慧地球”网站的描述，集成电路的发展已可以为每一个地球人分配10亿只晶体管，而每只晶体管的成本大约仅为千万分之一美分，所以说人类生活的世界正在走向仪器／工具化；与已有的万亿件网络链接起来的物品的信息在以指数级增长，因而人类生活的世界正在走向互联化；各种算法和强大的系统可以分析复杂的问题，并将堆积如山的数据转化为实际的决策和行动，使得人类生活的世界运转得更好、更智慧。未来的社会信息化发展也呈现出3个基本特征：世界正在向仪器／工具化方向演变（The world is becoming instrumented），世界正在向互联化方向演变（The world is becoming interconnected），所有事物正在向智能化方向演变（All things are becoming intelligent）。仪器／工具化、互联化和智能化为“智慧地球”提

[1]http&//www-07.ibm.com/ibm/ideasfromibm/in/smarterplanet/.

供了三大支柱。[1]2000年初，全球手机用户数量仅为5亿，互联网用户数量为2.5亿，2011年则分别达到59亿和22.8亿，其中移动宽带用户近12亿。接入互联网的设备数量140多亿个，构成物联网的车辆、摄像头、车道、管道等各种设备1万亿个，射频识别相关产品的产量350多亿个。盘旋在绕地轨道上的数百个卫星每天产生数百万兆字节（TB）的数据。其中美国的“轨道碳实验室”号（Orbiting Carbon Laboratory）卫星用于测量地球大气中的CO_2含量，可以找到其源头。世界的智慧化不只是实现“无所不在的连接”（Pervasive Connectivity），大规模计算机集群也具备了用于处理、建模、预测和分析任何工作负载和任务的经济可行性。2008年IBM的“走鹃”超级计算机（Roadrunner）突破了千万亿次／秒（petaflop/s）的运算速度屏障。2010年中国国防科学技术大学研制的计算机“天河—1A”运算速度达到每秒2.57千万亿次／秒，中国科学院计算技术研究所与曙光信息产业有限公司研制的计算机“曙光星云”运算速度达到每秒3.00千万亿次／秒，成为全球运算速度最快的超级计算机。2011年日本理化学研究所与富士通株式会社共同开发的京速超级计算机“京（K）”又超越“天河—1A”，运算速度达到8.16千万亿次／秒。目前服务器的平均使用率很少有超过其容量6%的，一些机构大约有30%的服务器容量根本就没有利用，它们只是消耗能量并占据昂贵的数据中心里的空间。在有些IT公司里，大约70%的预算被用于管理、维护、安全和更新其既有系统，而不是用于扩展既有系统的能力、服务和应用，但未来服务器的功能还将成倍提升。作为一种连接大规模可扩展后端系统的庞大最终用户设备和传感器、制动器阵列方法的“云计算”也开始进入人们的视野。利用云计算技术可以快速开发新型应用领域，并将其部署为网络服务。20世纪80年代出现的个人电脑模式已被基于开放性、网络化、智能化以及高新技术与工作和生活相融合的新模式所取代。这意味着，几乎任何东西都可以在“智慧地球”或物联网构架中实现数字化互联。

IBM在提出“智慧地球”概念的同时，也提出了21个支撑这个概念的发展主题，即能源、交通、食品、基础设施、零售、医疗保健、城市、水、公共安全、建筑、工作、智力、刺激、银行、电信、石油、轨道交通、产品、教育、政府和云计算。重点是如下一些领域：

一是智慧能源系统。现今电网的运行状态反映的是已经过去了的廉价能源时代的社会状况。这种电网模式浪费惊人，全球每年浪费的电能足够印度、德国和加拿大使用1年。美国的电网效率如果提高5%，可抵消5 300万辆汽车的燃油消耗和温室气体排放。智能电网不仅可以提高电网的安全

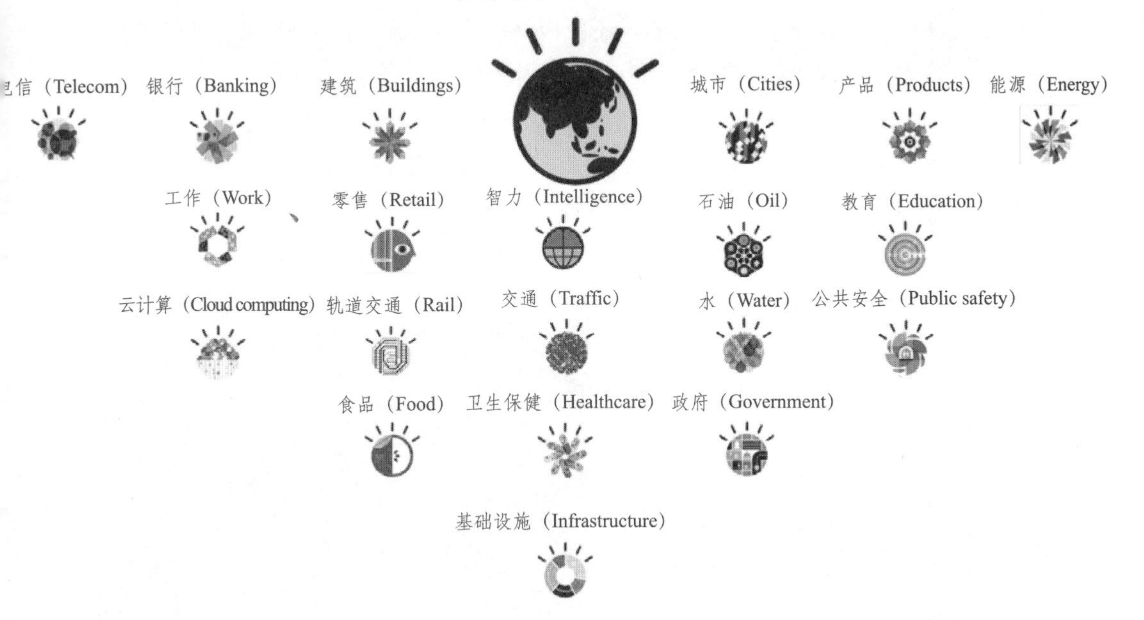

IBM提出的“智慧地球”发展主题

性，对电网运行进行实时监控，提高电网运行控制的灵活性以及对清洁能源接入的适应性，更可以智慧地获取和分配电力，或迅速及时修复故障、降低线损，有可能合并传统能源和新能源（风能、插电式混合动力车、太阳能等）以提供一个社区、一个城市、一个国家乃至全球涉及所有能源形式的端到端的能源供应，而且赋予消费者能源使用管理和选择的权力，使每户最多减少25%的消耗。智能电网是自愈电网，它能在线自我评估运行问题，并进行自我纠正。它激励和促进用户与电网的交互，兼容不同类型的设备，优化资产运行质量，抵御各种攻击，提供高质量的电能。美国得克萨斯州及丹麦、澳大利亚和意大利的公共事业公司正在建设新型数字式电网，以建立实时监测系统。世界上现有油气田的产量仅占可采储量的20%—30%。钻一口新井花费巨大，而通过智慧油气田系统适当提升已有油井的生产能力，可增加的油气总量则不小。智慧油气田系统能够对采率、馏分、压力、声学和温度数据进行分

智慧电网

析，使用历史趋势来预测一口井何时会“水淹”（Water Out），优化油气泵性能和提高油气井生产率，还可以从一个中心位置对更多油气井进行远程管理，由此可以大幅度降低生产和消费成本。

二是智慧水系统。全球淡水用量自1900年以来增加了6倍，是人口增长速度的2倍。自20世纪90年代开始，有3/4的农村人口和1/5的城市人口缺乏生活用水，由此造成的“环境难民”不断增加，而多达30%—40%甚至更多的淡水被浪费。每年约有4 200多亿m^3污水排入江河湖海，污染了5.5亿m^3淡水，相当于径流总量的14%以上。农业系统约浪费总用水量2 500万亿升中的60%。城市供水因基础设施滴漏损失50%。2025年全球将会面临严重的水资源短缺。而美国大约有5.3万个水务机构在管水，运行成本巨大。智慧水系统不仅可以对水的使用和水污染进行全面监控，而且可以对其进行合理有效分配。美国大自然保护协会（The Nature Conservancy）实施“全球大河合作项目”（Great Rivers Partnership），以维护大河系统的新方式帮助保护淡水资源。IBM与其合作，以高性能计算技术建立三维模型框架模拟全球河流状态，帮助制定有关保护自然环境的政策。该项目的最初阶段关注全球三大水系：中国的长江流域、美国的密西西比河（The Mississippi River）流域和南美洲的巴拉那河（The Paraná River）流域。巴西巴拉那河流域的智能用水管理系统正在改善圣保罗1 700万居民的用水质量。IBM在北美的一家半导体工厂通过采用综合用水管理解决方案，每年节省的费用超过300万美元。

智慧水系统

三是智慧气候系统。由人类活动所带来的气候变化造成的自然灾害不断增多。2010年是热浪、洪水、火山、超级台风、暴风雪、泥石流、干旱以及地震爆发最为频繁、最为极端的一年，其中18个国家打破了高温纪录。至少25万人因此而丧生，是10多年来自然灾害造成死亡最为惨重的一年，死亡人数高于过去40年死于恐怖袭击人数的总和。据瑞士再保险公司（Swiss Re-insurance Company）统计，造成2 220亿美元的保险损失。而这些灾难大多发生在发展中国家，这些地区保险覆盖率很低，仅为4%左右；高收入国家的情况相对好一些，达到40%，仍有5 000亿美元以上的损失不在保险范围之内。因此，实际损失比统计的要大得多。而智慧气候系统对极端气候的预测、预报和灾难防范具有积极作用，同时在控制气候变化因素方面也能发挥作用。

智慧气候系统

四是智慧食品安全系统。2011年5月11日联合国粮食及农业组织（Food and Agriculture Organization of the United Nations，简称FAO）发表其委托瑞典食品和生物技术研究院（SIK）撰写的《全球粮食损失和粮食浪费》报告显示，在全球9.25亿人吃不饱饭的情况下，每年却有1/3即13亿吨食物损失或浪费，占谷物产量的一半以上。而且发达国家和不发达国家的浪费现象一样严重，发达国家为6.7亿吨，发展中国家为6.3亿吨。按人均数计算，发达国家的浪费更为惊人。欧洲和北美人均95—115kg，撒哈拉沙漠以南非洲、南亚和东南亚地区人均6—11kg，发达国家浪费的食物相等于撒哈拉沙漠以南非洲地区的粮食生产总量。由于发达国家质量标准过分强调外观，促销活动鼓励消费者超出需求量购买，导致许多在安全、味道和营养方面没有问题的食品被丢弃。美国每年浪费的食品价值高达400亿美元。粮食损失和浪费不仅加剧了人口贫困，而且意味着水、土地、能源、劳动力和资金等有限资源的严重浪费，并且加剧温室气体排放。因此，要改善贫困状况，减少浪费比提高粮食产量更为有效。粮食损失主要出现在生产、收获、收获后和加工阶段，这种情况在发展中国家很严重。其主要原因是基础设施薄弱、技术水平低下、对粮食生产系统投资不足以及确保生产与需求更好协调的销售信息不足等。[1]其中的核心问题即缺乏物联网智慧系统的管理。环境保护主义者用“食物里程”（Food Miles）来衡量供应链效率高低。如在美国艾奥瓦州，普通胡萝卜产自1 600英里之外的加利福尼亚州，土豆产自1 200英里之外的爱达荷州，而牛肩胛肉产自600英里之外的科罗拉多州，生产和销售的效率很难提高，保鲜的问题更大。美国2007年共报告17 883例食源性感染病例，而医疗保健专家认为这不过只是实际数量的1%。中国的食品安全问题十分突出，几乎到了无食物不毒的局面，处于完全

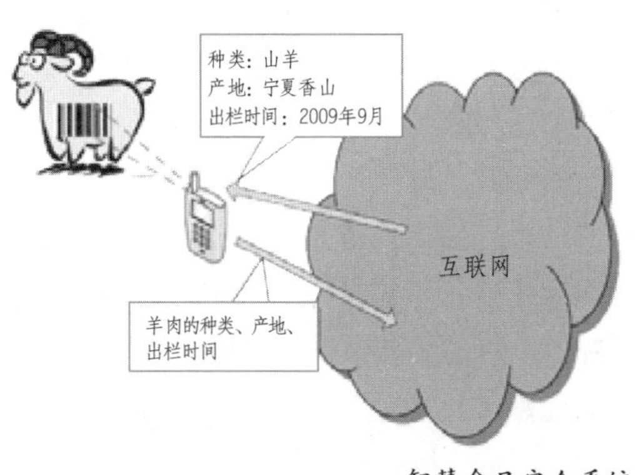

智慧食品安全系统

[1]苑星普：《粮农组织：全球每年损失或浪费13亿吨粮食》，http: // www. unmultimedia. Org / radio / chinese /。

失控的状态。其中，除了行政管理水平较低的原因外，技术监管措施缺乏也是主要问题。北欧地区已采用射频识别技术实施食品安全解决方案，对肉禽产品从农场到供应链，再到超级市场货架进行全程跟踪。IBM发明了一种食品安全模拟器，可以对食品条形码进行扫描获得其信息记录以确定是否安全。通过建立食品生产、加工、运输和销售等各环节全程监控网，政府可以对食品供应进行科学组织和质量管理，企业可以简化供应链、降低变质腐败率和减少供应中的浪费，消费者则可以随时查询相关供应和质量信息，形成社会监督机制。

五是智慧交通系统。美国的交通阻塞按时间（42亿小时）和燃油（29亿加仑）浪费计算，每年的损失高达780亿美元。根据某公共交通倡议组织的一项研究，纽约一些街道上45%的交通流量是在街区间重复往返造成的。另一项研究表明，洛杉矶某商业区每年汽车为寻找空车位的车程加起来可使1辆汽车环球旅行38次，消耗4.7万加仑汽油，排放730吨CO_2。在北美地区，港口总吞吐量中的20%—22%为空集装箱消耗。而瑞典斯德哥尔摩的新智能收费系统则使每天搭乘公共交通车的人数增加4万人，使交通流量减少22%，CO_2排放减少12%—40%。新加坡通过道路传感器实时采集的数据建立的模型对城市设计中交通量的预测已达到90%的准确度，日本京都则以数百万辆车的数据模型对城市未来交通进行仿真模拟。由此可见，智慧交通系统可以对交通流量进行实时监控和调度，并通过数学运算设计效率最高的交通组织方案。

智慧交通系统

六是智慧零售系统。目前全球零售业备货要提前6—10个月，这会强制卖主签署涉及库存、消费潮流以及配送方法等方面膨胀起来达到1.2万亿美元过剩货物的赌单。而每年又会因为环节缺货而失去高达930亿美元的销售机会。据美国市场研究公司扬基集团公司（Yankee Group Inc.）调查研究，美国零售业每年因供应链效率低而造成的损失约400亿美元，相当于销售额的3.5%。智慧零售系统可以将零售的全球供应链与变动的、新的消费需求更有效地连接起来，最大限度保证商品生产适量并及时满足消费者的需求，基于消费者的实际需求和库存状况动态调配商品，精确控制商品从制造到销售的整个运输过程，商品的周转时间可以从几天缩短至几个小时。

七是智慧金融保险系统。美国金融危机的部分原因在于现有银行系统无法处理随着抵押债权证券化、融资和交易而形成的错综复杂的相互联系，对市场失去了洞察力，因而未能及时控制风险敞口。智慧金融系统则有可能帮助弥补这种缺陷。目前每天交易额达10万亿美元的全球货币市场系统就是一个好案例。智慧保险系统则可通过可测量化监测使保险公司对用户的行为进行精确记录，对保险标的的实现进行控制。提高智能洞察力可以促进保险机构对用户的分类和对风险的防范能力，并据此为用户提供个性化服务。智慧保险系统还能将风险保障职能扩展至理财乃至整个金融生态圈的协作。

智慧金融保险系统

八是智慧医疗保健系统。包括发达国家在内的全球医疗保健网络普遍不足，资源分布也不均衡，不同层次的资源利用不合理，医疗保健管理上的漏洞很多，医疗费用支出庞大，致使大量患者受到伤害甚至因此而死亡。智慧医疗保健系统可以构建一个综合的专业医疗网络，不仅能全方位整合医疗资源，防止医疗资源浪费，而且能帮助医生实时感知、处理和分析重大医疗事件，或通过信息资源采集获得全面充分的科学证据和最新技术来支持诊断，并推动临床医学研究和创新。如解决医疗费用过于昂贵难以负担（特别是农村地区）、医疗机构职能效率低下、缺少高质量的病患看护等问题。通过系统的超级计算还可以预测病毒基因突变，在疾病甚至流行病发生或蔓延之前就加以预防。据估计，美国仅采用电子医疗记录每年可防止10万人因误诊误治而死亡。丹麦国家电子医疗保健（Danish National e-Health）门户网站向医生提供患者的健康历史和记录的即时访问，使医疗失误率保持世界最低水平（0.2%），同时还使这方面的行政管理成本下降到仅占总管理费用的1.3%（美国为31%）。患者对医疗系统的满意率达到94%，为欧洲最高水平。谷歌健康（Google Health）和持续健康联盟（Continua Health Alliance）

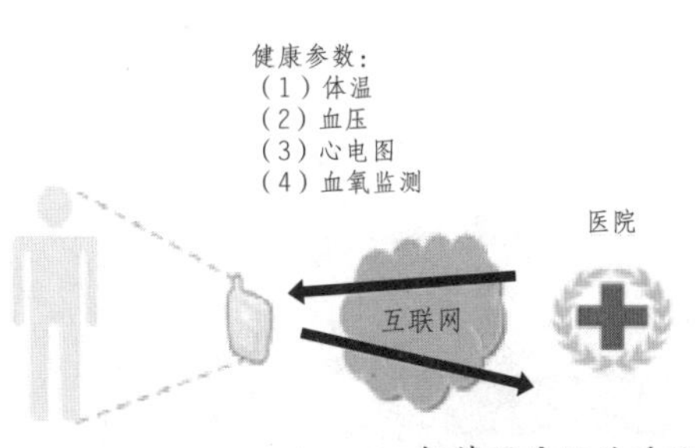

智慧医疗保健系统

正在与IBM合作建立个人和家庭健康信息系统。IBM还在帮助一些世界顶级的大学开发全球医疗保健数据网络系统，这种网络系统收集的医疗数据、诊断资源数量将是空前的。

物联网各种应用主题首先在城市展开。1900年世界上只有13%的人生活在城市，1950年全球城市化率约30%，2008年达到50%，2050年将上升到60%以上。每年全球增加的城市人口相当于7个纽约的人口。目前的城市扩张带来前所未有的城市病，环境污染、资源紧张、交通拥塞、安全危机、社会保障困难、生活质量下降、工作压力加大等问题日益突出，使城市智慧系统的建设变得尤为紧迫。美国建筑物消耗了70%的电力，其中高达50%的部分是浪费掉的。到2025年，建筑物将成为地球上最大的能源消耗器和温室气体排放器。智慧建筑则可以对建筑物的资源消费进行科学调节，使能源消耗和CO_2排放降低50%—70%，用水节约30%—50%。2008年1月21日，在阿拉伯联合酋长国首都阿布扎比举行的“世界未来能源峰会”上，东道主展示了即将兴建的没有汽车和摩天大厦的全球最环保城市、有着“太阳城”之称的马斯达尔（Masdar）城的模型。这座规划面积6.5km^2、计划于2016年竣工的城市将是全世界第一座完全依靠太阳能、风

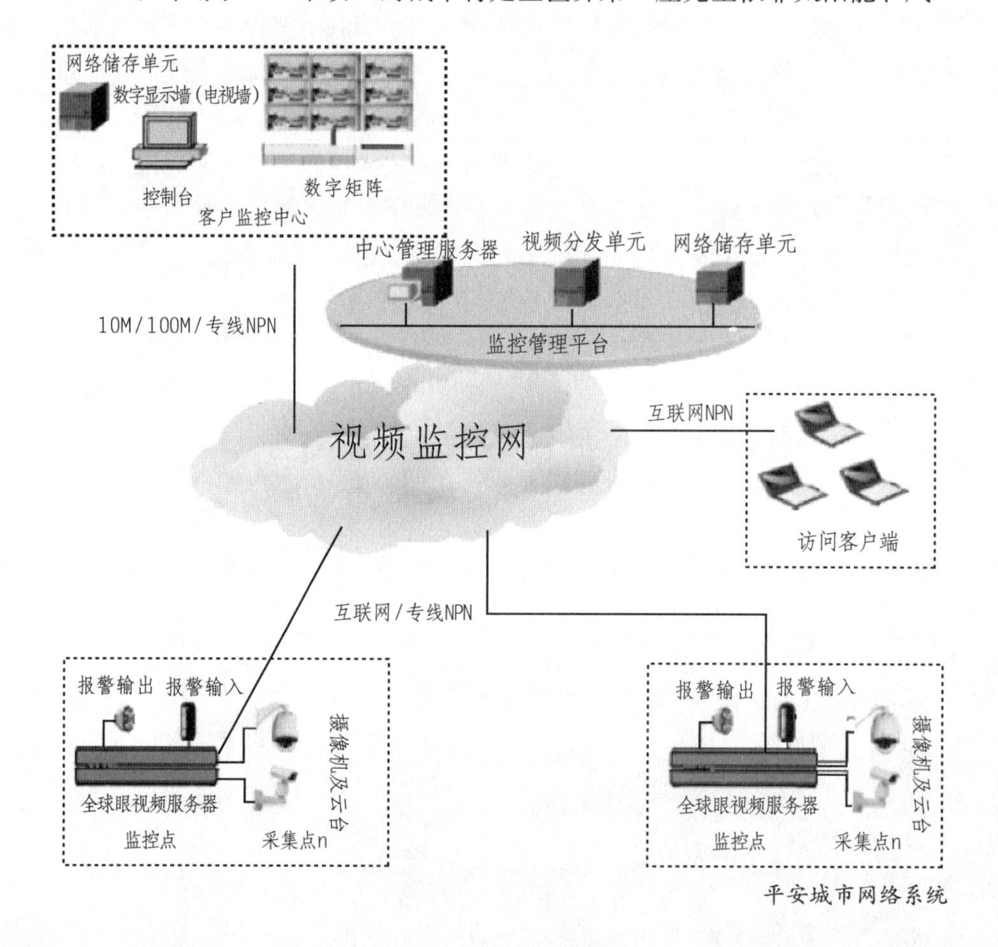

平安城市网络系统

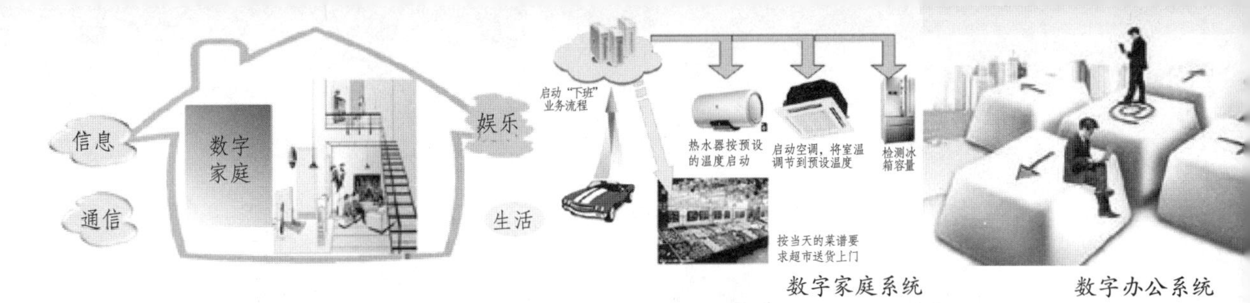

数字家庭系统　　数字办公系统

能实现能源自给自足，污水、汽车尾气和CO_2零排放的城市，有可能成为未来可持续发展城市的标尺。它主要利用沙漠的烈日和波斯湾的海风建造风力和光发电厂，还利用大量种植的棕榈树和红树为原料生产生物能源。大部分建筑的屋顶以及街道用于收集太阳能。建筑物限高5层，街道整体布局为“微地带”系统，林荫步道纵横交错，并有运河环绕，在潮湿的气候下仍保持空气流通。污水循环利用，海水脱盐淡化，中水灌溉花园、农场。99%的垃圾不掩埋，而尽可能回收以重复使用或用作肥料。居民出行依靠人性化的快速公共汽车，从任何地点到达交通网点和便利设施的距离不超过200m，因而无须驾驶自备车。设计者还与顶级的科学家协作创建一个互联的智慧城市系统，以集成的城市仪表板来管理城市。智慧城市系统是综合集成的系统，目前全球许多城市从不同的方面对其进行了积极探索。纽约通过“实时犯罪监控中心系统”提高综合办案效率，使犯罪率自2001年以来下降了27%，被评为全国最安全的大城市。马德里自2004年3月发生恐怖袭击之后，开发了一种新的应急响应系统。市民遇到事故时拨打一个紧急电话，系统会同时通知警方、救护车服务中心等，它们会根据实际需要适当分配资源。

以上仅仅列举了IBM基于当前可能性提出的“智慧地球”或物联网的一些开发领域。事实上，“智慧地球”或物联网可以涵盖人类生产生活的所有方面。而之所以“智慧地球”或物联网是可能的，原因在于世界既

数据爆炸性增长
且互不关联

基础设施不够灵活
且成本高，需要能
快速响应的IT架构

资源有限，使用
效率必须提高

新锐洞察
New Intelligence

智慧运作
Smart Work

动态架构
Dynamic Infrastructure

绿色未来
Green & Beyond

信息决策运作 Information Agenda	信息架构 Information Infrastructure	智慧SOA基础平台 Smart SOA Foundation	动态商业流程 Dynamic Business Process	智慧协作 Smart Collaboration	虚拟结合 Virtualization Consolidation	服务管理 Service Management	绿色IT Green IT

IBM的理想企业模式：有敏锐的洞察力、智慧的运作和动态的架构，最终给人类以绿色的未来

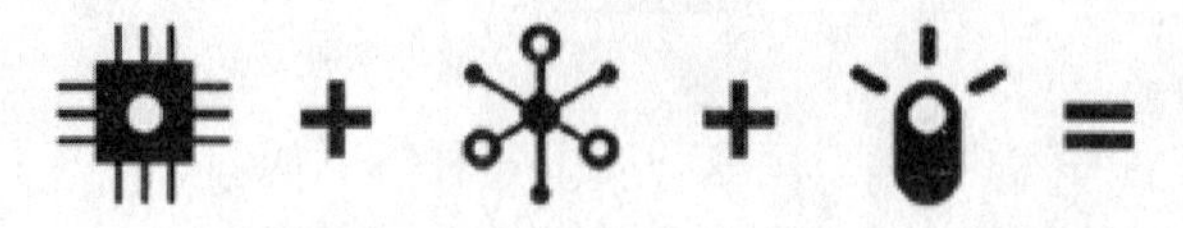

“智慧地球”：一个能够以全新方式思考和行动的机会

是“多极的”，也是“扁平的”“整体的”。世界有可能在同一水平面上整合起来，由众多复杂系统构成一个超复杂的统一系统。复杂或超复杂系统与单纯的混乱系统是完全不同的，它可以通过“智慧地球”或物联网来把握。但这并不是说未来的世界“可以预测”或随意操控，“智慧地球”只是指世界的运行方式更易于为人类所理解，并更合理地受人类的影响，也能够让人类更好地找到在这个世界的位置。

在互联网境域中，对世界运行机制的理解和把握还只是预见性的，仍无法在实际上实现，因为它只能做到对世界运行图式的模拟。人类为此尽了最大努力，做了大量猜测，花费了大量时间和资源。过去的基本思路一直局限在将物理基础设施与IT基础设施分开来考虑：一方面是机场、公路、建筑物、发电厂、油井，另一方面是数据中心、个人电脑、移动电话、路由器、宽带等。而“智慧地球”或物联网正在使实体基础设施与信息基础设施合为统一的智慧系统。在此意义上，“基础设施”这个词似乎已经过时。它更像是一块新的地球公地，世界的运行在它上面发生，包括经济、社会和文化乃至自然生态各个方面。可以将它视为一个日益整合的、由无数系统构成的全球性系统，包含全球地理、70亿人、不可胜数的智慧应用以及与之相关的设备和信息交互。而新技术的发展则使这种巨大的进步成为可能。新出现的计算模型远比先前的模型有“智慧”。强大的后台系统不仅具有史无前例的计算速度，更有高级分析、建模和虚拟化功能。新的计算模型基于一种新的应用模式，软件是组件化、动态配置和作为网络服务提供的，而不必与服务器硬连接。它基于开放标准整合异构系统，可以整合来自众多渠道的数据，并以新的方式进行分析处理。这种新的全球性系统将逐渐展现出某些与过往系统完全不同的特征：全部系统的集成和管理——跨越完全不同的行业和活动类型；下一代分析——从海量数据中发现潜在应用模式；资源利用优化——实现环境保护只是开端，还将延伸到人体能量利用等层面；智慧IT基础设施——灵活地支持各种业务应用模式，“超越防火墙”的全球一体化协作。“智慧地球”意味着更透彻的感知、更全面的互联互通和更深入的智能化。

“智慧地球”或物联网是人类历史上最长的产业链，或者说它构成前所未有的产业网，所有企业将利用“智识”在它上面对自身的发展进行重新定位。如环境保护系统中的智慧生态环境监控系统、天气警示系统、智能水路检测系统、智慧灌溉系统、防汛防旱指挥智能决策系统等，电力系统中的智能发电设备、智能输配电设备、智能电表等，石油天然气生产系统中的智慧油气田技术、智能采掘系统等，建筑系统中的高性能通信设备、家庭自动化设备、智能防盗系统、智能环境调控系统等，交通系统中的智能交通控制系统、智能交通调度系统、智能集装箱运输系统等，金融系统中的智能交易系统、智能调配设备等，商业系统中的智能供应管理系统、智能零售系统、智能商品追踪系统、智能食品安全监测系统等，医疗保健系统中的远程诊断治疗系统、医学影像档案及其通信解决方案（Picture Archiving and Communication Systems，简称PACS）、智能医院管理系统、个人健康监测系统等，人工智能系统中的智能通信系统、智能机器人等。“智慧地球”也将改变政治或社会的实现方式。哈佛大学（Harvard University）教授约瑟夫•奈（Joseph Nye）和美国前副国务卿理查德•阿米蒂奇（Richard Armitage）在给国际战略研究中心（Center for Strategic and International Studies）撰写的一份报告中提出“智慧实力”（Smart Power）概念。智慧实力既非硬实力，亦非软实力，而是硬实体和软实体的巧妙结合。“智慧地球”有助于增加政府和公民社会获得此类智慧实力的可能性，至少与它在IT和商业方面的作用一样大。而每个人则将由此改变原有的生活方式，除了政治实现和工作方式外，在诸如消费方式、学习方式、储蓄方式、交易方式、旅行方式等各个方面都将同样有较大的改变；更主要的是将由此获得更多的工作和生活的洞察力、判断力。[1]

物联网时代

姜奇平在《识别“智慧地球”中的新信号》一文中将“智慧地球”比作卡尔•雷蒙德•波普尔（Karl Raimund Popper）意义上的世界3。波普尔在1967年召开的第三届国际逻辑学、方法论和科学哲学大会上发表的《没有认识主体的认识论》一文中，首次提出并系统阐述了一种影响甚广又颇具争议的多元本体论“3个世界”的理论：“世界1”——又称第一世界，即客观物质世界，由物质及其各种现象构成，如物体和能量、宏观天体和微观粒子、无机物和有机体等。“世界2”——又称第二世界，即主观精神世界，包括意识状态、心理结构、主观经验等，如愉快与痛苦、爱与恨、

[1]王志乐、蒋姮主编：《2009跨国公司中国报告》，中国经济出版社，2009年，第94—100页。

理解与信仰等。之所以是主观的，是因为一个人的精神状态不能被其他人体验到，但它却不是自主的，因为它的存在依赖于心灵。世界3——又称第三世界，为客观知识或客观精神世界，包括一切可见诸客观物质的精神内容，或体现人的意识的人造产品或文化产品，如语言文字、科学技术知识、文学艺术作品等。世界3是从世界1和世界2派生出来的，却不受人的主观意志所支配，而具有客观实在性，构成了另一个独立自存的世界，有自身的演化或发展方式。波普尔认为，只有把客观知识世界和属于个人的主观精神世界区别开来，才会有知识自身的积累和发展，知识才能成为全人类的精神财富，而不至于仅存在于发明家的头脑里。世界3已客观化于世界1中，如语言被物化在声波或书写符号中，学术成果或文学作品被物化在笔墨纸张中，艺术作品被物化在特定材料（绘画的画布、雕塑的石膏、泥土等）中，技术被物化在设备中。尽管没有世界1的材料它们无法制造出来，但若没有人的知识作为其价值基础或灵魂，它们只能是原初的自然物质世界。世界3是自人类产生以后物质世界的思想内容。不管人们是否认识到了这些思想内容，它们都自主地存在着。世界3不仅具有客观实在性，而且具有自己的生命，它能产生以前不能预见到的推论或新的问题。波普尔又认为，3个世界虽然具有自主性，但并不表明它们之间彼此隔绝，相反，它们之间有着互生互动的关系。首先，从发生学的角度看，先有世界1，继而从中产生世界2，然后再从世界2中产生世界3。其次，3个世界之间是相互联系的，如衣食能给人以温饱的感受，这是世界1作用于世界2的结果。音乐家因情感激动而写出优美的乐章，是世界2作用于世界3的结果。优美的音乐能激发听众的内心感情，则又是世界3作用于世界2的结果。波普尔认为，肯定世界3对世界2的反馈作用是十分重要的。一般人认为，科学家可以根据本人的主观意志任意创造科学理论，而事实上世界3对科学创造也有着重要的决定意义。他曾提出著名的科学发展“四段式”动态模式，可用公式表示为：P1→TT→EE→P2……其中“P”表示问题，“TT”表示各种相互竞争的理论，“EE”表示通过批判和检验以清除错误。这一公式表明，问题被科学技术的进一步发展所不断证伪，重而不断出现新问题。世界1与世界3也是相互作用的，不过它们不是直接而是通过世界2而相互作用的。这方面最好的例子是脑（世界1）与语言（世界3）的相互作用。它们以世界2（人的意识）为中介相互作用，不仅促使了脑的进化，而且也促进了语言的发展。[1]

波普尔的3个世界理论有助于对“智慧地球”的理解。“智慧地球”是人类主观精神或世界2的成果，但却有客观实在性和自主性，是世界3的

[1]姜奇平：《识别“智慧地球”中的新信号》《智慧地球引领价值革命》，《互联网周刊》，2009年第6期。

一部分，是一块新的世界公地。姜奇平指出，“智慧地球”发出了新信号。（1）新的世界维度信号：第三种世界。“智慧地球”意味着世界的存在有以下两个基本点：第一，世界的基础结构正在向“智慧”方向发展。从世界1的物质维度、世界2的货币维度，向世界3的智慧维度发展。新文明体系不再寄居在上一代的家里，而要在未来搭建一个独立的家。人类的金融家园塌了，要建立一个智慧家园。奥巴马在回应诺贝尔经济学奖获得者保罗•罗宾•克鲁格曼（Paul Robin Krugman）的公开信中举一反三地说，建设智慧基础设施，除了先进的医疗系统外，还将投资于宽带和新兴技术，这些是美国在21世纪保留和重夺竞争优势的关键。IBM也含蓄地发出信号，希望中国应对金融危机的4万亿投资投向物质基础设施时植入“智慧”的理念，打造一个成熟的智慧基础设施平台。如果19世纪有人提醒清王朝将文明维度的重心从世界1早点转向日本所在的世界2维度，中国近代的历史也许会有所不同。这是一个一二百年才会出现一次的重要信号。第二，世界的基础结构正向数字基础架构与物理基础设施融合的方向演进。这是对第一个基本点的补充。三楼是不能离开一、二楼单独建设的。世界3的基础设施与世界2、世界1的基础设施是相互融合的，表现为物联网与互联网的融合。这与信息化与工业化融合、虚拟经济与实体经济结合有类同之处。从这个认识上说，只有转变文明价值观，才能发现新大陆。（2）新的价值信号：第三种价值。“智慧地球”与上一代经济在价值的性质上有以下重大区别：第一，通过洞察力把握事物的意义价值，从而把握更有意义的、崭新的发展契机。从价值理论方面来说，货物对应的是使用价值，货币对应的是交换价值，智慧对应的是意义价值。IBM反复谈洞察力。世界正在更加全面地互联互通，在此基础上所有的事物、流程、运行方式都具有更深入的智能化，人类将由此获得更智能的洞察力。洞察力显然不同于X光，不是对付物的；它也不同于验钞机，不是对付货币的。洞察力用来发现这个世界（包括物质和价值）与“我”的关系，也就是用来发现“此事对我有什么意义”。“智慧地球”包含了一种新价值论：意义价值从依附使用价值和交换价值独立为可感应和可度量的新价值种类。“感应和度量”不是为了搞统计调查，而是在建立新的价值尺度。让所有的地方显出“智慧”（如智慧机场、智慧电网等），为的是让所有事物包含的意义成为洞察力的对象，显示出对“我”的意义。它使第三种价值（世界3的价值）落地成为可服务的对象、可创造的价值，以将意义这种信息价值由过去看不见摸不着的东西转变为实实在在的经济。第二，通过差异竞争优势创造最有意义的新价值。洞察力所能特别加以把握的价值（意义价值）与同质化的交换价值不同，其一为差异化价值，其二为多样化价值或异质性价值，其三为不确定价值或风险价值，其四为包括生态价值在内的复杂系统价值。（3）新的制度信号：第三种组织。“智慧地球”在制度创新上释放出的重大信号体现在价值网中。价值网将成为人类继市场、企业之后的第三种组织。第一，世界不仅正变得更小、更扁平，而且“更智慧”。IBM一再提醒人们，新一代经济中的组织特点不只是扁平化，网络组织兼有市场的扁平特征与企业的结构特征。一方面，价值网是扁平的，但有别于市场，原因在于它是组件化的；另一方面，价值网具有企业特征，但有别于企业，原因在于它是扁平的、开放性成长的。所以它是第三种组织。第二，在“智慧地球”对新一代经济组织方式的愿景中隐含着一条没有言明的思考线索，这就是社会有机体论。“智慧地球”之前的工业组织观是建立在原子论、机械论基础上的，而社会有机体论把个人、企业、组织、社会、政府和自然想象为一个有机生命体。个人间形成的网络智慧、企业之间的生态合作、社会和谐、人与自然和谐，都可以得到社会有机体论的支持。“智慧地球”所说的“灵”（Smart）还有更高的通灵的意思——用物联网把智慧联通起来：不仅人人通灵，而且天人通灵。这可能是自启蒙运动以来最大的理念变化。勒内•笛卡儿（René Descartes）之“我思故我在”，需要升级为“我灵故我在”。在笛卡儿看来，世界是二元的：人类是有智慧的，人因为思想而证明自己的存在；地球是没有智慧的，它只不过是宇宙这个正20面体中的一道数学题。“智慧地球”宣告了“我思”的黄昏。

在波普尔的3个世界理论中，世界3被赋予了本体论意义。世界3在获得客观性和自主性之后，便与世界1、世界2取得了同等的地位。波普尔在论述世界3的自主性时，通过人与动物行为结构的相似性来阐释，从而否定了以往绝对的以人为中心的观念。在没有主体的认识世界里，人不再是主宰者而是一位参与者，人必须皈依其生存的环境才能重新认识自己，认识世界，认识人与自然环境、文化之间的关系，进而积极维护地球生态系统。波普尔对动物生产的某些无生命的建筑物——“动物的产品”进行了分析，比如蜘蛛网、蜂巢或蚁巢、獾穴、海狸构筑的地坝或一些动物在森林中踩踏出的小径，进而归结出两个层面的问题。第一层面是有关动物使用何种方法来构筑建筑物的问题，即有关动物行为方式的问题；第二层面是有关建筑物本身的问题。波普尔更关注第二个层面的问题，因为“它涉及在这些建筑物中所使用材料的组成和化学性质，涉及它们的几何性质和物理性质，涉及它们的依赖于特殊环境条件的进化变迁，也涉及它们对这些环境条件的依赖或适应。还有，这些建筑物的性质对动物行为的反馈关系非常重要”，所以，可以通过对第二层面问题的分析得到包括第一层面问题的分析结果，第二层面的问题是关键和基础。这就是说，通过研究动物生产的物所学到的关于其生产的知识，要多于通过生产行为本身研究所学的关于生产的知识。通过对动物“建筑物”和“动物产品”的分析，可以了解动物行为的原因、属性。波普尔指出：“蜂巢甚至在它被遗弃以后仍然是蜂巢，即使它不再被马蜂当做巢穴来用了。鸟巢即使从来没有鸟栖息其中也还是鸟巢。同样地，一本书仍然是一本书，即一种类型的产品，即使它从来没有被人阅读过。”[1]书等人类作品与动物产品一样可以反映人类行为的过程和结构，同时它以自己的存在和发展决定人类的行为，而这是整个世界的价值所在。世界3本身也构成人面对自然、理解自然、与自然发生关系的基础，所以它才是人类文明主体的传承载体。波普尔的研究者让•博杜安（Jean Baudouin）认为，波普尔运用了动物生态学的成果来解释自己的观点，特别是康拉德•柴卡里阿斯•洛伦兹（Konrad Zacharias Lorenz）的思想。“洛伦兹认为，一个刚刚出生的年幼的动物不会期待其环境通过它的感觉器官赋予它最初的确信，而是一开始就被赋予了能够使它解决其生存的最初问题的天生的期待或机制。在波普尔看来，对人认识的最初尝试，在动物与人之间并没有明显的不同。动物明显本能的行为实际上是与记录在它集体中的遗传的、先天的期望相吻合的。同样地，个人表面上看来被动的观察仍然始终充满着或多或少令人失望的假说。这些假说在激励着这些观察，组织着这些观察。”[2]波普尔从20世纪60年代中期以后侧重于进化哲学和生物哲学研究，晚年甚至还研究过生命起源问题，进化论在他的哲学体系中有着重要的位置，所以上述类比不是随意做出的。但在这种类比中，波普尔所彰显的是具有自主性的文化，人被合理委婉地由万物生灵的主宰者放归至其类属的位置。以此为全新的出发点，人被重新解释。人既然不再是客观物质世界或主观精神世界粗鲁的统治者，也就不再是自然、文化简单的把持者，而只能是整个地球生态环境的组成部分。[3]“智慧地球”的潜力超越了人类智慧或机器智能，进入了自然王国——地球生态系统，甚至人类的身体。科学家正在探索难以想象的微观前沿领域——纳米技术。比今天最小的装置还小10万倍以上的医疗装置可以嵌入人的身体监视人的健康，或释放药物进行医学治疗，甚至可以直接生成身体组织或假肢而构成身体的组成部分。这种组织同样可以应用于地球的“身体”——地球的循环系统、免疫系统、消化系统和神经系统。这不是将有限的人类智慧强加于自然，更不是有关失控的人造机械人或“灰

[1]卡尔•雷蒙德•波普尔：《客观知识：一个进化论的研究》，舒炜光、卓如飞、周伯乔、曾聪明等译，上海译文出版社，1987年，第121、123页。

[2]让•博杜安：《卡尔•波普》，吕一民、张战物译，商务印书馆，2004年，第31页。

[3]李笑春：《波普尔三个世界理论中的生态关怀》，《内蒙古大学学报》（人文社会科学版），2007年第4期。

蛊”（Grey Goo）的反面乌托邦幻想。相反，这是在发挥人体组织和地球固有的“智慧”。

二、云计算与云智慧

在个人计算机（Personal Computer，简称PC）不断普及的当口，“智慧地球”报告了后PC时代的到来。后PC时代的核心理念是“无所不在的计算”。这是第三次信息科学技术革命浪潮。从最直观的角度看，第一次浪潮是大型机时代，那时许多人共享一台笨重的大机器；第二次浪潮是PC时代，一个人享用1台计算机；而后PC时代则有无所不在的计算，可以一个人享用许多乃至无限多台计算机。具体来说，计算机经过了1/N、N=1、N>1、N~几个发展阶段。（1）1/N阶段。当早期的计算机还是只能安装在计算中心的庞然大物时，最有效的办法是采用分时操作系统，将中央处理器（CPU）分成一个个的时间片，再把每个时间片分配给各个终端用户。当计算机同时为N个终端服务时，每个终端用户可以获得的平均计算时间是总的计算时间的1/N。（2）N=1阶段。PC的出现使得计算机的普及程度大大提高，但其计算能力、软件配置、数据资源还是有限的。尤其是将个人计算机应用于办公自动化（Office Automation，简称OA）、计算机辅助设计（Computer Aided Design，简称CAD）、计算机辅助教育（Computer Aided Education，简称CAE）等领域时，更深层次的资源共享的要求就会被提出来。（3）N>1阶段。将一个实验室、一幢教学楼、一个学校、一幢办公大楼的计算机都互联起来，就可以共享局域网中互联的N台计算机的资源，实现一个用户使用N台计算机资源的理想。但随着计算机网络应用的深入，更大范围的计算机资源共享需求也要提出，这就导致全球计算机互联问题的提出。（4）N~阶段。互联网通过路由器构建了多个广域网、城域网和局域网互联的大型网际网，成为覆盖全球范围的信息资源网。这个阶段的计算机网络为物联网的发展打下了基础。

未来的互联网或物联网的资源库架构在很大程度上依赖于云计算。云计算这个概念的直接起源来自戴尔公司（Dell Inc.）的数据中心解决方案、亚马逊公司（Amazon.com）的亚马逊EC2和Google-IBM分布式计算项目。EC2发明于2006年，是现在公认最早的云计算产品，当时被命名为Elastic Computing Cloud，即弹性计算云，只有个别报道无心或因某种失误称之为Cloud Computing。2007年6月戴尔公司发布的第一季度财务报表提到：在产品与服务方面，戴尔公司将不断采纳新的标准化技术，降低用户部署解决方案、维护系统安全稳定的复杂度和成本。为此，戴尔公司采取了一系列措施，比如组建新的戴尔数据中心解决方案部门（Dell Data Center Solution Division），提供戴尔公司的云计算（Cloud Computing）服务和设计模型，使用户能够根据实际需求优化IT系统架构。但这一表述对云计算概念形成的影响，远不如IBM-Google并行计算项目和亚马逊EC2产品。2006年，谷歌公司（Google Inc.）启动了“Google101”计划，引导大学生进行“云”系统的编程开发。2007年10月，谷歌公司与IBM联合宣布，将把全球多所大学纳入类似“Google101”的平台之中。随即，IBM在2007年11月推出了“蓝云”计算平台，为用户带来即买即用的云计算平台。它包括一系列的自动化、自我管理和自我修复的虚拟化云计算软件，来自全球的用户可以据此访问分布式大型服务器池，使得数据中心在类似于互联网的环境下运行计算。亚马逊公司在云计算的发展中也发挥了重要作用。该公司是著名的网络在线零售商，拥有众多服务器，但利用率不到10%。2006年，亚马逊公司开始在效用计算的基础上通过“Amazon Web Services”提供接入服务，并研发了弹性计算云EC2和简单存储系统，为企业提供计算和存储服务。2008年10月，微软公司（Microsoft Corporation）推出Windows Azure（“蓝天”）操作系统，通过在互联网架构上打造云计算平台，让Windows真正由PC延伸到“蓝天”上。2008年7月，雅虎公司（Yahoo! Inc.）、惠普公司（Hewlett-Packard Development Company）和英特尔公司（Intel Corporation）联合宣布将建立全球性的开源云计算研究测试床Open Cirrus。2010年初，云安全联盟（Cloud Security Alliance，简称CSA）与诺维尔公司（Novell Inc.）共同实施可信任云协议计划。这些国际知名大公司在全世界建造了庞大的云计算中心。谷歌公司的搜索引擎有分布于200多个站点、超过100万台服务器的支撑，而且设施数量正在迅猛增长。2008年，IBM投资4亿美元用于其设在美国和日本的云计算数据中心改造，并在10个国家投资3亿美元建设13个云计算中心。微软公司已经配置了220个集装箱式数据中心，其中包括44万台服务器。中国移动通信集团公司从2007年开始云计算的研究和开发，提出了“大云”（Big Cloud）计划，主要目标是满足企业高性能、低成本、可扩展、高可靠性的信息计算和存储需要。其中，商业智能（Business Intelligence，简称BT）能将企业现有的数据转化为系统的知识，帮助企业经营决策。这些数据包括

Google101计划

云计算

企业的订单、库存、账单、用户和供应商以及行业状况数据等。商业智能系统经过抽取（Extraction）、转换（Transformation）和装载（Load），即ETL过程，建立一个全局性视图，并在此基础上利用合适的查询和分析工具、数据挖掘工具、联机分析处理（On-Line Analytical Processing，简称OLAP）工具等对其进行分析和处理。中国电信集团公司也发布天翼云计算战略及解决方案，计划建设覆盖全国的云计算数据中心，“十二五”期间将具备提供数百万台高性能虚拟主机的能力，并推出云主机、云存储等系列产品，重点从异构云平台、网络云承载、移动云应用、云安全、云宽带等方面进行创新。

早在1961年，计算机领域的先驱曾预测计算能力会被设计组织成一种由第三方提供的公共服务。就如自备发电机或煤气罐被电网或管道煤气取代一样，可以突破个人电脑资源和存储空间有限的局限，而处理无限量的信息。这种情况就如100多年前许多农场和公司逐渐关闭了自己的发电机，转而从高效的电网购买电力一样。互联网的广泛应用推动了并行计算（Parallel Computing）和分布式计算（Distributed Computing）的发展。分布式计算又衍生出网格计算（Grid Computing），随后又有效用计算（Utility Computing）、服务计算（Services Computing）等。云计算是在上述计算方式基础上发展起来的新的计算和服务方式。它与网格计算的目标是一致的，即通过第三方提供服务来大规模扩展计算能力。但现在大规模数据处理的量级早已与昔日不可同日而语，高成本成为问题。简单的集群化计算成本太高、可获得的资源也十分有限，因此云计算将计算建立在低成本的虚拟技术基础之上。云计算是虚拟技术、效用计算以及基础设施即服务（Infrastructure as a Service，简称IaaS）、平台即服务（Platform as a Service，简称PaaS）、软件即服务（Software as a Service，简称SaaS）等概念混合演进并跃升的结果，它将计算、数据、应用等资源通过互联网提供给用户，是互联网计算模式的商业实现，构成一种全新的网络服务方式。它将传统的以桌面为核心的任务处理转变为以网络为核心的任务处理，使网络成为传递服务、计算力和信息的综合媒介。用户可以通过网络以按需、易扩展的方式获得所需资源。提供资源的网络称为“云”。云计算有大规模、跨地域、弹性扩展、资源抽象、资源共享和按需分配等技术特性，按提供的服务类型可分为基础设施、应用平台和应用软件等部分，按服务对象可分为公有云、私有云和混合云。互联网数据中心（IDC）的统计报告显示，全球通用计算信息容量将以58%的年增长率快速增长，到2020年数字信息总量将达到35×1 012GB，数据量之大超乎想象。如果把这些信息全部储存在DVD光盘里，光盘叠放起来的高度将超过地球与月球之间平均距离的两倍。因此，创建新的技术和运营管理体系已是大势所趋。

从理论上来说，云计算已经具备了网络技术基础，因为互联网已经进入Web 2.0时代。Web 1.0的主要特点在于用户通过浏览器获取信息，Web 2.0则注重用户之间的交互作用，用户既是网站内容的浏览者，也是网站内容的制造者。也就是说，每个用户不再仅仅是读者，同时也成为作者；不再仅仅在网上冲浪，而且也成为波浪制造者。由单纯的“读”向“写”以及“共同建设”发展，由被动地接收信息向主动创造信息发展。在Web 2.0基础上，超级计算（Super Computing）和集群计算（Clustering Computing）在传统的基于应用的计算方面可以更好地发挥优势，云计算则在服务上变得神通广大。

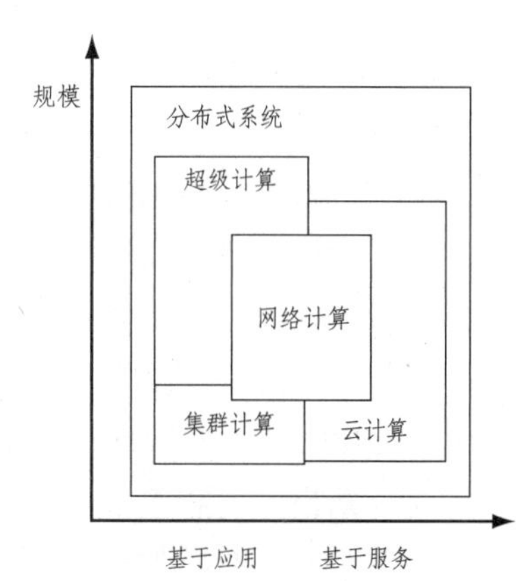

云计算与网格计算和其他计算模式比较

网格计算始于20世纪90年代中期，它的发明旨在利用网络资源共享的优势解决大规模计算问题。由于专用的高性能计算硬件资源成本较高，且不易得到，人们试图将分布在不同地理位置的资源通过网络连接起来，完成原来由特定的高性能计算机才能完成的工作。但这些普通资源通常是异构的，且处于动态变化的环境中，因此需要有专门的机制来进行分配和调度，这就要应用网格计算来实现。网格计算定义并且提供相应的标准、协议、中间件以及工具包，使分布式资源构建为一个可共享的虚拟组织系统。网格计算一般在5层体系框架上提供不同的协议和服务，其中在基础架构层对不同资源的接入进行控制，例如计算资源、存储资源、网络资源等。网格计算通常依赖已存在的组件，如本地资源管理系统。

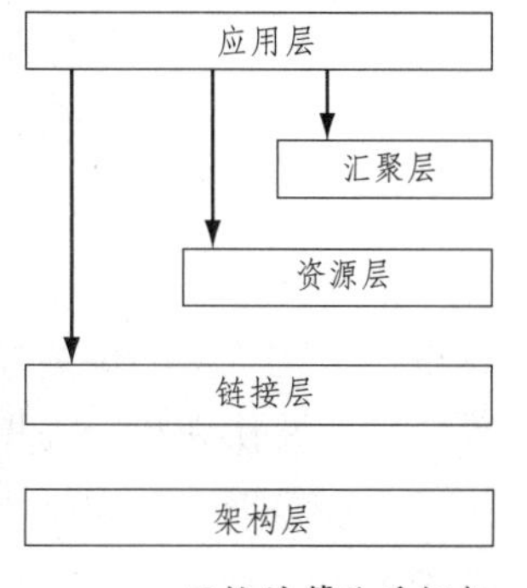

网格计算体系框架

与网格计算的某些假设不同，云计算着重处理基于互联网的问题。“云”通常被理解为一个大的资源池，池内的资源可通过抽象的接口和通用的标准访问。它可以在网络服务描述语言（Web Services Description Language，简称WSDL）、简单对象访问协议（Simple Object Access Protocol，简称SOAP）等基本Web 2.0技术和诸如表述性状态转移（Representational State Transfer，简称REST）、聚合内容（Really Simple Syndication，简称RSS）、异步的Javascript与XML技术（Asynchronous Javascript and XML，简称AJAX）等高级Web 2.0协议上构建。云计算一般可分为4层体系框架。其中的架构层是单纯的硬件资源，包括计算资源、存储资源和网络资源。统一资源层是能封装或抽象的资源，可作为整体提供给上层应用服务，通常包括逻辑文件管理系统和数据库系统等。平台层在同一资源层上增加了针对特定服务的工具包、中间件和接口，能为上层提供更为丰富的应用。应用层包括在云体系上运行的各种具体应用。云计算能提供IaaS、PaaS和SaaS3个基本级别的服务：IaaS基于硬件层次提供硬件支持和软件运行环境，其基础设施可根据用户需求动态增长；PaaS通过提供高级别的集成环境来构建普通应用；SaaS提供专用软件。

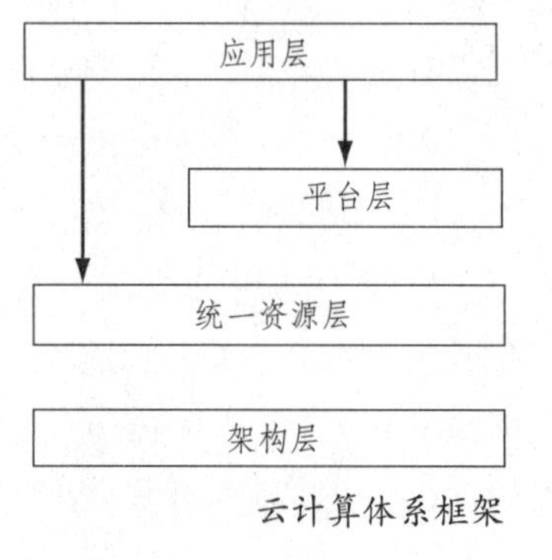

云计算体系框架

云计算诱导用户计算，或者说用户计算本是云计算的题中之意。当然，用户计算有其特殊性。一是出于安全考虑，不会将重要数据上传到云中进行处理和存储操作；二是要求在网络出现故障时依然能正常执行相应任务；三是随着多核技术的发展，未来个人超级计算机的性能会大大提升。因此，在新一代网络计算中云计算将与用户计算同步发展。

数据
消费 生产 生产 消费
云计算 通信 客户端计算

新一代网络计算模型

云计算是网格计算的一种简化形态，可以看做是信息资源向商业或服务的映射，有十分广阔的应用前景。云计算的虚拟化可能性更大。虚拟化指计算元件在虚拟的基础上而不是真实的基础上运行，它可以扩大硬件的容量，简化软件的重新配置过程，减少配置软件虚拟机的相关开销，支持更广泛的操作系统。虚拟化技术可实现软件应用与底层硬件相隔离，包括将单个资源划分成多个虚拟资源的裂分模式，也包括将多个资源整合成一个虚拟资源的聚合模式。虚拟化技术根据对象可分成存储虚拟化、计算虚拟化、网络虚拟化等。计算虚拟化又分为系统级虚拟化、应用级虚拟化和桌面虚拟化。在云计算实现中，计算虚拟化建立在“云”上的服务和应用的基础。通过虚拟化，可以使一台服务器运行多个应用程序以充分利用资源。由于各个应用程序对资源的需求不同，有些侧重于计算能力，有些则侧重于存储能力，虚拟化可以对其进行动态配置，或绑定资源。虚拟环境下所有资源都是动态分配的，系统的灵敏度较高。虚拟环境容易进行备份和实现不间断服务，因此系统的可用性和可靠性也较高。网格计算是在互联网推动下产生的利用互联网上的剩余计算资源进行的计算，云计算则利用互联网中的计算系统来支持各类应用计算。两者都试图将各种信息资源看成一个虚拟的资源池，并据此向外提供相应的服务。网格计算的目标是让用户使用信息资源像使用水电一样简单，云计算还试图让用户透明地使用资源。网格计算不仅要集成异构资源，还要解决许多非技术性的协调问题，实现起来要比云计算难度大很多。[1]

云计算、3G和物联网是2009年以来最热的3个IT词语。3G与云计算有互相依存、互相促进的关系。一方面，3G意味着大量的宽带移动用户，为云计算带来数以亿计的用户，是云计算能够取得商业成功的重要因素；另一方面，云计算能够为3G用户提供前所未有的服务体验。物联网使用数量惊人的传感器，可以采集无限量的数据，通过互联网进行传输和汇聚。云计算使用海量数据存储原理、高性能处理设施和先进的处理算法对其进行处理、分析，从而可以迅速、准确、智能地对物理世界进行管理和控制，很自然就会成为物联网的后台支撑平台。虽然云计算在目前的发展还面临许多挑战和问题，但它相对过去的计算，有更强的运算能力、无限的存储容量、更强的安全性、更强的群组协作性、更即时的软件更新、更低廉的基础设施成本、更低廉的软件开发和使用成本、更低廉的维护费用等优点，提高了操作系统和文件格式的兼容性，消除了对特定设备的依赖，改变了用户的使用习惯、软件企业的销售方式、开发者的开发模式，从而也改变了整个IT产业的游戏规则。[2]“给我一个支点，我就能撬动地球”——云计算将改变信息产业的基本格局，信息服务业将会因此更加规模化、集中化和精细化，终端设备将会更加简洁、丰富、轻量化和个性化，并使普适计算（Ubiquitous Computing）成为现实。

数据库技术经过30余年的研究和发展已经形成了较为完整的理论体系，出现了许多新型的数据库系统，如面向对象的数据库、分布式数据库、多媒体数据库、并行数据库、演绎数据库、主动数据库、工程数据库、时态数据库、工作流数据库、模糊数据库以及数据仓库等，并形

[1]Ian Foster、Yong Zhao、Ioan Raicu、Shiyong Lu：《网格计算和云计算360度比较》，杨莎莎、刘宴兵译，《数字通信》，2010年第6期。

[2]张建勋、古志民、郑超：《云计算研究进展综述》，《计算机应用研究》，2010年第2期。

成了许多数据库技术新的分支和新的应用。面向对象的数据库（Object-Oriented DataBase，简称OODB）是面向对象技术与传统数据库技术相结合的产物，它能够完整地描述现实世界的数据结构，具有丰富的表达能力。分布式数据库（Distributed DataBase，简称DDB）是传统数据库技术与网络技术相结合的产物，它在物理上分散在计算机网络各节点上，但在逻辑上属于同一系统的数据集合体，具有局部自治与全局共享性、数据的冗余性和独立性、系统的透明性等特点。多媒体数据库（Multimedia DataBase，简称MDB）是传统数据库技术与多媒体技术相结合的产物，它以数据库的方式存储计算机中的文字、图像、音频和视频等多媒体信息。多媒体数据库管理系统（Multimedia Data Base Management System，简称MDBMS）是一个支持多媒体数据库建立、使用和维护的软件系统，具有对多媒体对象存储、处理、检索和输出等功能。并行数据库（Parallel DataBase，简称PDB）是传统数据库技术与并行技术相结合的产物，它在并行体系结构的支持下实现数据库操作处理的并行化，以提高数据库的效率。超级并行计算机的发展推动了并行数据库技术的发展。并行数据库的设计目标是提高大型数据库系统的查询和处理效率，而提高效率的途径不仅依靠软件手段，更重要的是要依靠硬件的多CPU并行操作。演绎数据库（Deductive DataBase，简称DeDB）是传统数据库技术与逻辑功能相结合的产物，是具有演绎推理能力的数据库。主动数据库（Active DataBase，简称Active DB）相对于传统数据库的被动性而言，是数据库技术与人工智能技术相结合的产物。数据仓库（Data Warehouse，简称DW）是在管理和决策中面向主题、集成、相对稳定、动态更新的数据集合。它采用全新的数据组织方式对大量的原始数据进行采集、转换、加工，并按照主题进行重组，提取有用的信息。云计算建立在数据库和数据仓库技术发展的基础之上。

美国《商业周刊》（中文版）2008年第2期发表一篇题为《Google及其云智慧》的文章，其开篇提示语宣称："这项全新的远大战略旨在把强大得超乎想象的计算能力分布到众人手中。"而这其实是谷歌公司的高级软件工程师克里斯托夫•比希利亚（Christophe Bisciglia）为信心十足的谷歌应聘者们出的一道考题。他设问："如果有1 000多倍的数据量，你将怎么办？"他告诉应聘者，要想在谷歌发展，就必须学会从更宽广、更宏观的角度来进行工作和思考。他在2006年提出，将利用自己的"20%时间"（即谷歌公司分配给员工用于独立开发项目的时间）来启动一门课程，即上述"Google101"计划，着重引导大学生进行云计算的开发。这门课程在他的母校华盛顿大学（University of Washington）进行。随着"云"概念影响的扩大，谷歌公司的足迹远远超出搜索、传媒和广告领域，涉足科学研究等更多的业务领域，为学生、研究人员和企业家提供无限的计算处理服务。与传统的超级计算机不同，这一系统永远不会老化或过时，不用像通常那样在使用3年后淘汰老式计算机。目前掌控搜索系统的只有少数几家拥有吞吐海量信息并开展相关业务的大公司，构成一条单行道。众人产出数据，谷歌、雅虎和亚马逊等公司则将信息转化成观点、服务，最终变成收入。雅虎研究院（Yahoo! Research）院长普拉巴卡•拉加万（Prabhakar Raghavan）甚至说，世界上不过有5台真正的计算机，即谷歌、雅虎、微软、IBM和亚马逊这几家公司。但云计算或云智慧则使这种状况发生改变。当大公司向付费用户开放自己的计算机网络时，就不断调动各种不同的企业或个人加入云计算系统，从而无限量地扩展其功能，播撒“谷歌种子”“雅虎种子”。

《景德传灯录》卷一四《药山惟俨禅师》云：“朗州刺史李翱，初向师玄化，屡请不赴。乃躬谒师，师执经卷不顾。侍者曰：‘太守在此。’李性偏急，乃曰：‘见面不如闻名！’拂袖便出。师曰：‘太守何得贵耳而贱目？’李回拱谢，问曰：‘如何是道？’师以手指上下。曰：‘会么？’曰：‘不会。’师曰：‘云在青天水在瓶。’李欣然作礼。述偈曰：‘炼得身形似鹤形，千株松下两函经；我来问道无余话，云在青天水在瓶。’”[1]“云在青天水在瓶”不作禅学解释，对云计算可做一种形象的概括。有计算之“云”，则有我用之“水”，“云”与“水”都可长存不歇。只有到了云计算时代，计算机和互联网才真正走下神坛，与人类的日常生活打成一片，就如水、电、气等一样方便地为人类所用——这又有一点禅的味道。而水、电、气系统实际上也都是“云模式”的。一旦人类的生活进入云模式，则一切工具应用都像用水、电、气那样自然。ProMe即时问答工具是以云智慧理念结合自动问答系统的优点开发出来的即时问答软件，具有使用效率高、时效性强、回答准确率高并具有细节性等优点，很好地弥补了传统搜索引擎的缺点。ProMe取自单词Prometheus，是希腊神话中的神，代表先见或无所不知的希望；ProMe也可理解为Pro Me，也就是提高自身能力的意思。ProMe将所有用户的知识聚集为一个智慧体，每个用户都是这个智慧体的拥有者，可以随时取用信息，并不断增大这个智慧体。传统搜索是对问题答案进行的搜索，而ProMe则是对知道答案的用户进行的搜索，因而能够给问题提供最新或最具细节性的答案。用户直接用自然语言提问，ProMe能直接反馈用户所需的答案，而不是相关网页，使得搜索方式更加人性化。这样的使用方式将会是云计算或云智慧系统的普

[1]释道原撰、顾宏义译注：《〈景德传灯录〉译注》，上海书店出版社，2009年。

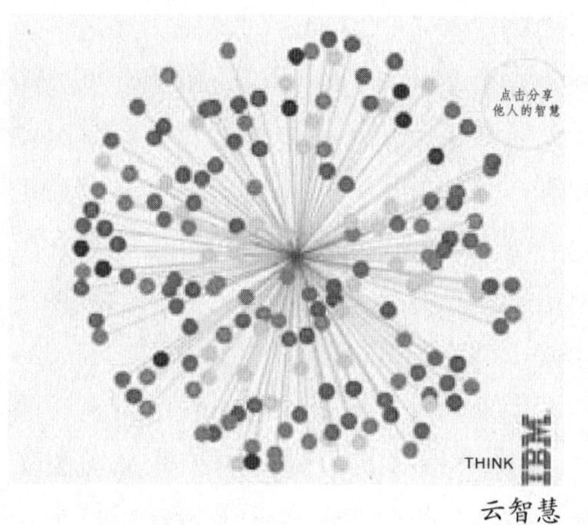

云智慧

遍方式。一位妇女丢掉了手机，她从网上征召了一群志愿者将其从盗窃者手中夺回。一个旅客在乘坐飞机时领受恶劣服务，她通过自己的博客发动了一场全民批判运动。在伦敦地铁爆炸案和印度洋海啸中，公民用可拍照手机提供了比摄影记者更完备的记录。世界上最大的百科全书是由数量甚少的编者编撰的……不论在何处，都能看见人们走到一起彼此分享，共同工作，或是发起某种公共行动。一部集众人之力的百科全书、一个丢失手机带来的传奇，这些事情看上去似乎没有什么联系，但它们乃至更多的事情实际上有着共同的根基：人类历史上第一次，交往工具可能支持群体对话和群体行动。全球分享与合作的工具交到了个体公民的手中，所有能够强化群体努力的东西终会改变社会。商业模式以一种令人头晕目眩的速度被改变，一个拥有笔记本电脑的人可以掀起一场颠覆10亿美元产业的运动。

胡泳在《未来是湿的：无组织的组织力量》一书的中文译者序中指出，克莱•舍基（Clay Shirky）此书的英文名字叫做*Here Comes Everybody: The Power of Organizing Without Organizations*，主标题来自詹姆斯•乔伊斯（James Joyce）的《芬尼根守灵夜》（*Finnegans Wake*）。在这部令人难以卒读的小说中，主人公在梦中变成了Humphrey Chimpden Earwicker，简写为HCE。这3个字母可以表示很多意思，其中之一就是Here Comes Everybody的缩写，翻译成中文叫做“此即人人”。这意味着主人公是一个人，同时又代表着人人（Everybody）；他总是看上去类似和等于他自己，然而又暗自符合一种世界普遍性——人有“无组织的组织力量”。舍基的意思并不是说等级组织完全成为明日黄花了，而是说，如果以前我们习惯于把群体行动先验性地看成有人组织方能行动，现在则要熟悉围绕话题和内容而产生的有机组织。舍基围绕着互联网和其他技术进步给群体动力学带来哪些改变而落墨，这种改变穿越了地理和文化的鸿沟。舍基思想的要点是，网络的力量在于它使构建群体的努力变成一件“简单得可笑”的事情。“简单得可笑的群体构建”（Ridiculously Easy Group Forming）的表述来自于塞巴斯蒂安•帕克特（Sébastien Paquet），蒙特利尔大学（Université de Montréal）的一位电脑科学家。互联网的价值绝大部分来自它作为群体构建的工具的作用，这一观察常常被称为里德定律（Reed's Law），它以戴维•里德（David Reed）的名字命名。里德定律称："随着联网人数的增长，旨在创建群体的网络的价值呈指数级增加。"帕克特修订了里德定律，补充说："群体交流网络的价值与开创一个群体需要的努力成反比。"换言之，如果建立群体仍很困难，则允许群体交流网络的价值会受到损害，反之网络的价值则会增益。"简单得可笑的群体构建"之所以十分重要，乃是因为渴望成为群体的一员在群体中与他人共享、合作、协调一致地行动，这是人的基础性本能。而此前这种本能一直受到交易成本的抑制。由于形成群体已经从困难变得极其简单，所以短时间里涌现出大量有关新的群体和新的类别的群体的试验。这些群体改进了分享、对话、合作和集体行动。这就是所有的人来了以后所做的事情：他们从分散在全世界的不同地方走来，共同致力于一个社会目标。舍基这本书原拟译成《人人时代：无组织的组织力量》。姜奇平很欣赏舍基的思想，尤其是"我们在历史上高估了计算机联网的价值，而低估了社会联网的价值，所以我们花了过多的时间用在解决技术问题上，而不是用在解决使用软件的人群的社会问题上"这样的观点。他建议说，何不把"社会性软件"（Social Software）与"湿件"（Wetware）串起来，因为它们有些重要的共同点：第一，它们的存在方式都是"湿"的。意思是只能存在于"活"着的人之间，存在于人的"活"性之中。第二，它们很接近于哲学上说的"主体间性"。主体间性是后现代性的核心，而社会性软件和湿件为主体间性提供了一种现实的表现形式。姜奇平致力于给出对媒体和内容的后现代经济解释，抛开他所醉心的主体间性不谈，"湿"的概念的确能够非常形象地说明现在人们的关系，特别是网络时代的技术发展所带来的一种趋势——人与人可以超越传统的种种限制，基于爱、正义、共同的喜好和经历灵活而有效地采用多种社会性工具连接起来，一起分享、合作乃至展开集体行动。这种关系是有黏性的，是湿乎乎的。在可以预见的未来，能否察觉和利用这种关系和力量有着至关重要的意义。苏联故事片《办公室的故事》中有一段对白，女上司严厉地质问男主角："你说我干巴巴的？"男主角吓得摇手说："不，正相反，你湿乎乎的。"这个社会，如何不是干巴巴的，而是湿乎乎的？即如何成为更人性的，更有人情味的？网络的终极意义，社会性软件的终极意义，就在于解决这个问题。人们往往有一个错觉，就是以为发明物联网是为了让这个世界更技术化，更干巴巴。其实正好相反，借由社会性软件，网络可以让世界变得湿乎乎的，或很俗地说，可以让世界充满爱。我们需要从"未来是湿的"角度理解舍基所讲的社会性软件和社会性网络，要借他人之酒浇心中之块垒。原因无他，因为现代社会太干巴巴了，需要加湿。

湿，是协同合作的态度。

湿，是社会资本的累积。

湿，是思维范式由一维而万维。

湿，是政治文化从一元到多元。

湿，是交流空间打破鸦雀无声，走向众声喧哗。

软件、硬件、湿件的成功组合能促成或破坏任何一个群体项目，而其中湿件又是最关键的。从技术的含义上看，湿件被用以指中枢神经系统（Central Nervous System，简称CNS）和人类的大脑。计算机的硬件相当于人的生理部分，像实实在在的身体，特别是神经系统。软件则相当于心理部分。湿件一方面是对中枢神经系统特别是大脑的生物电和生物化学性质的一种抽象，另一方面还代表着更高的概念抽象。如果在不同的神经元内传递的神经冲动（Impulse）被视为软件的话，那么神经元就是硬件。硬件与软件的混合互动通过连续不断的生理联系显现出来，化学的和电的反应在互不相关的区域间广泛扩散，这时需要一个词来概括单靠硬件和软件都无法描述的互动，这就导致了“湿件”一词的产生。它对于解释生理和心理微妙互动的现象非常重要。湿件一词的起源尚待考证，20世纪50年代中期它就被用来指称人的脑力，但直到“赛博朋克”（Cyperpunk）流行之后，该词才获得广泛传播。它出现在迈克尔•斯旺维克（Michael Swanwick）、布鲁斯•斯特林（Bruce Sterling）和鲁迪•卢克（Rudy Rucker）的小说中。特别是卢克1988年出版了题为《湿件》的科幻小说，为其3卷本系列科幻小说《软件》《湿件》和《自由件》的第二卷。它讲述了一个由人类创造出来的有感觉能力的肉身机器人（Meatboppers）如何反过来控制和改变人类，对人类脑力（湿件）与带有编码化知识（软件）的机器人（硬件）的结合最终可能摆脱人类的控制并影响人类进化的前景做了大胆的想象。卢克把湿件称为所有的火花、口味和纠结，所有的刺激—反应模式——也就是头脑的生物控制软件。他没有把这个词简单地等同于头脑，也没有说它意味着公司中的人力资源。他用湿件代表在任何生物系统中都可以发现的数据，也许与那种可以在ROM芯片即只读存储器（Read Only Memory）中发现的固件（Firmware）类似。以卢克的眼光来看，一粒种子，一棵嫁接用的嫩枝，一个胚胎，或是一种生物病毒，统统可以称作湿件。DNA、免疫系统以及大脑的进化神经架构也是湿件。卢克用充满诗意的笔触写道：假定你认为一个有机物好比一个经由某种程序生成的电脑图形，或者想象一棵橡树是一个内在于橡实的程序的产物，该遗传程序存在于DNA分子之中，我们不把这个程序称为软件，而是叫它湿件，因为它存在于一个生物细胞之中，处处都是湿的。你的软件是隐藏在遗传密码之后的抽象化的信息模式，然而你的湿件是细胞中的DNA。一个精子细胞是长着尾巴的湿件，但失去卵子的湿件就没有任何用处，精子的湿件和卵子的湿件相遇才有了生命。《芬尼根守灵夜》中的主人公汉弗莱•钦普登•埃尔威克（Humphrey Chimpden Earwicker）以Everybody为旗，代表他是亚当以来的一切男人。埃尔威克的妻子翁安娜•丽维雅•普拉贝尔（Anna Livia Plurabelle）的名字简写为ALP，与都柏林的主要河流同名。两人也即人类最早的男女亚当和夏娃的化身，而奔流不息的河水也象征着生命。网络是一个充满生机的空间，其中的生命都不是干巴巴的，而是湿乎乎的。

10年前人们还无法见证网络催生这样的社会风潮——上百万的人共同推动巨大的事业，不是为了钱，而是出于爱。长久以来，爱在小的人群中有深刻的影响，例如人人都会善待家人和朋友，但爱局限于当地并且内容有限。我们招待自己的朋友，照顾自己的孩子，为亲爱的人相伴而欣喜，这样做的原因和方式不可能以报酬和花费这样的语言来解释。然而大型和长期的行为则要求经济报酬。正如那句耳熟能详的谚语告诉我们的："天下没有免费的午餐。"生活早已教会我们，除获得金钱报酬外的其他动机是不足以支持严肃的工作的。然而现在我们在某种程度上可以忘掉这句谚语，因为随着每一年过去它都变得更加不真实。人们现在可以用大量工具来分享文字、图像、视频，并以共享为基础形成社群和实现合作。由于收音机和电视的推广，20世纪成为广播的世纪。那时的媒体正常模式是由一小群专业人员制作内容而后把它发送给庞大的消费群。然而媒体，按其字面意义是人与人之间的中间层，从来都是三方面的事情。人们当然喜欢消费媒体内容，但他们也喜欢创造它（"看我做了什么"），而且他们也喜欢分享（"看我发现什么"）。现在我们有了除消费外还支持创造和分享的媒体，在将一个世纪主要用于媒体消费之后，另外两种能力重现了。我们可以为爱做大事情了。一个旅客在乘坐飞机时领受恶劣服务，她通过自己的博客发动一场全民运动，提出《航空乘客权利法案》以保障乘客权利，其中包含的条款如："当飞机在空中或地面滞留达3小时以上，应给乘客供应基本需要。"由于运动的声势如此浩大，连美国国会都被卷入，最后航空公司被迫修订了自己的服务标准。如果说这样的乘客权利运动依然指向人们的切身利益，那么林纳斯•托瓦兹（Linus Torvalds）开发的

Linux软件则证明了为爱而做事的超常威力。这位芬兰的年轻大学生立志改造操作系统的不足，他在这个令他极具兴趣的项目上工作了3年而没有任何报酬，1994年成功地推出Linux操作系统的核心，震惊了软件世界。这种操作系统与称霸全球的Windows相反，免费发布源代码，任何人都可以在使用过程中对其加以改进。Linux操作系统已受到许多电脑厂商的支持，在全球范围内拥有2 000多万用户。超过160个国家的政府使用Linux程序，其中包括中国。而所有这些都源自托瓦兹不计报酬的工作，源自各国程序员所组成的庞大、广阔的网络。他们通过互联网相互联系，自愿地献出自己的时间和努力，共同拓展这个产品。网络是一个爱的大本营，它之所以拥有海量的内容，一个重要原因就是它构成了人类历史上最大的自愿项目之一。从Napster到Skype，从Google到Ebay，从Wikipedia到Facebook，由于功率越来越强大、用途越来越广泛的新工具流落到普通人手里，一个个财富或社会奇迹被创造出来，从根本上改变了全世界工作、玩乐、生活和思考的方式。

基于爱而展开的群体行为可以看成一个梯子上的递进行为，按照难度级别这些梯档分别是共享、合作和集体行动。共享最简单，例如，通过使用Delicious、Flickr和Slideshare等社会性工具彼此分享个人工作和资源。"9•11"之后，一位中东史教授开设博客，成为报道阿富汗和伊拉克战争的记者必去之处。2003年SARS爆发时，哈佛大学一位生物工程专家创办了两个邮件列表。其中之一叫做SARS Science，专门收录有关医学和科研信息。加入的成员包括世界各地的分子生物学家和其他研究病毒的科学家，而很多报道SARS新闻的记者都是列表的订户。另一个列表用于发送疫情新闻。共享之上是合作，Linux与Wikipedia都是好例子。合作比单纯的共享要难，因为它牵涉到改变个人行为与他人同步，而他人也同样要改变自身行为与你同步。信息共享和协同生产之间最大的结构性差别在于，协同生产至少涉及一些集体性决策。维基百科全书成果的背后是翻来覆去的讨论和修改。维基百科（Wikipedia）网站把一群对知识和教育怀有理想的人汇聚在一起，为一部全球性的百科全书做贡献，并彼此监控这些贡献。它堪称"无组织的组织力量"的最佳显现：由于无须担心机构成本，不必追求效率，而只讲求效用。网络告诉我们，人类不仅可以作为自利的行动者在市场上彼此交集，他们也具备社会性的、充满移情能力的关系，以及真正深刻的、与交易和花费无关的动机。网络作为社会性工具正在把爱和关心变成可更新的建筑材料。当然，说网络是爱的大本营不等于说网络上没有丑恶的集体行动。《未来的战争》一书的作者约翰•罗布（John Robb）将现在这一代恐怖主义分子称为“开源游击队”（Open Source Guerrillas），并指出了他们采用社会性工具来协调行动的各种方式。但我们同样可以通过网络获得更多制伏网络丑恶的手段和能力。

舍基说，我一直希望更多的人能懂得：现在群体可以为自己创造价值。20世纪最伟大的对话是“要进行大规模的活动，哪种体制最好？是在市场里运行的商业，还是政府？”极端自由主义者的回答始终是商业，极端共产主义者的回答始终是政府，大部分人的回答则是某种中间路线。这场极端间的对话最终不了了之。其原因很明显，人们无法集合到一起为自身创造价值。但像由协作完成的维基百科全书一样的模型，像Linux操作系统一样的开源软件，不断地让我们意识到一个群体可以在不追求金钱、不在制度框架内运行的情况下创造巨大的价值。舍基特别指出，他在书里讲到的每个故事都依赖于一个值得相信的承诺、一个有效的工具与用户可接受的协议的成功融合。承诺是对于每位要参加一个群体或者为此群体做贡献的人解决“为什么”的问题。工具解决的是“怎样做”的问题——如何克服协调的困难，或至少把它控制在可控水平。协议则确立了路上的规则：如果你对于这个承诺感兴趣并采用了那些工具，你可以预期得到什么，以及群体将期望你做到哪些。将这3个特征一起考察，有助于理解依赖各种社会性工具的群体的成功与失败。这3个方面的互动是极为复杂的。用舍基的话说，社会性工具的成功应用并无诀窍，每个有效的系统都是社会因素与技术因素混合作用的结果。历史上有关企业的认识是，在企业和它的每一位顾客之间存在着某种契约，这种契约可能是直接表达的也可能是隐含的。这就是为什么顾客受到劣质产品侵害的时候可以向企业提起诉讼的原因。企业所不习惯的是用户与用户之间也有协议，这事关他们一起行动之时互相对待或彼此交易的方式。这样的协议在社会情境中是非常重要的，某些情况下比企业与顾客间的协议还要重要。舍基的意思是，因为人们现在可以轻易在网上组织各种群体、运动或商业性的力量，许多企业乃至行业的基本面正在动摇，甚至可能出现覆灭的情形。他用了一个极有意思的提法——“科斯地板”（Coasean Floor）。罗纳德•哈利•科斯（Ronald Harry Coase）自问自答了经济学上一个著名的问题：如果市场的主意如此美妙，为什么还需要企业呢？为什么要有那些组织框架？为什么不能让所有人互相提供服务，用市场和契约来解决一切？科斯的发现是，巨大的交易成本使得企业在某些情况下与市场比较具备相对经济的优势。自从科斯的论文在20世纪30年代发表以后，每个人都知道科斯天花板（Coasean Ceiling）的存在。也就是说，如果公司的扩大越过了某个点，就会导致其自身的崩溃。问题在于：什么时候公司变得太大了呢？舍基说，大多数人都错过的一件事情是科斯地板的作用。总有一些群体活动尽管也会创造价值，却不值得形成一个机构来从事价值创造。由于交易存在成本，许多可能的商品和服务都没有变成现实；但随着新的技术工具的出现，曾经阻碍全球范围内共享的障碍已经不复存在了。可以将这些行为看作落到了科斯理论的地板底下（Lying under a Coasean Floor）：它们对一些人有价值，但以任何机构的方式做都太昂贵，因为欲使机构成其为机构，其基本和不可拆卸的成本都决定了那些行为不值得实施。新的工具提供了组织群体行动的方法，而无须诉诸层级结构。这就是科斯逻辑变得奇怪的地方。交易成本的小幅下降使企业变得更有效率，因为因机构困境而造成的限制不那么严苛了。而交易成本的巨幅下降使企业或者任何机构都不能再承担某些行为，因为无论从事某个特定行为的费用变得多么便宜，都没有足够的利润来支付作为机构存在的成本。由于能够以低成本实现大规模协调，出现了一种崭新的情况：严肃、复杂的工作可以不受机构指导而实施。松散协调的各类群体则可以取得此前任何组织机构都不可企及的成果，其原因正在于它们藏在科斯地板底下而不受其理论制约。在这样的巨变下，企业要做的第一件事是弄清楚，什么事情顾客自己做可能比企业为他们做反而来得更好。如果答案是“所有的事情”，那么企业的日子也就到头了。但假如答案是“在你的帮助下，顾客可能做得更好”，那么你就要开始想怎样去帮助顾客。消费者期待精确地得到他们想要的，并会自主决定他们什么时候和以什么样的方式要。例如，顾客购买一张包含着有限曲目的唱片，而且这些曲目还是由他人强制性选定的，这样的时光一去不复返了。音乐产业、电影业、报业等必须面向一个新的范式做出调整——在这种范式下，顾客不仅永远是对的，而且可以依靠一次轻轻的点击就实施自己的判断。如果一家大型书店中的每种书只有一册样书，而当顾客选中某一本的时候，书店可以当场印制出来交到顾客手中，那会是什么样的情形？如果唱片店当场刻制顾客需要的唱片又会如何？在这样的情形下，消费者得到了他们想要的，而书店或唱片店不再有库存和上下游的浪费。舍基主张大规模业余化生产，他要解构商业机构一手垄断图像、艺术、信息、舆论等状况。他讲了一个“石头汤”故事：几个士兵来到一个村庄，什么也没有带，只带了一口空锅。村民不愿给这些饥饿的士兵任何可吃的东西，于是士兵们往锅里添满水，扔进一块大石头，在村前广场上架火烧起来。一个村民感到好奇，就过来问他们在干什么。士兵回答他们在煮一锅“石头汤”，它将十分美味，虽然还欠缺一点配菜。这个村民不在乎那一点点配菜，他就帮了士兵这个忙。另一位村民路过，也问士兵怎么回事，士兵对他说这锅石头汤还欠缺点调料才能真正美妙无比，于是他们又获得了调料。这样，更多的村民贡献了各种各样的东西，最终大家真的喝上了好喝而有营养的石头汤。[1]

[1]胡泳：《未来是湿的》，载克莱•舍基：《未来是湿的：无组织的组织力量》，胡泳、沈满琳译，中国人民大学出版社，2009年，译者序第6—15页。

在舍基笔下，微软软件与开源运动在组织方式上的区别象征着旧组织与新组织（"没有组织的组织"）的区别。从更广泛的意义上说，前现代的组织是按硬件的方式组织的，现代的组织是按软件的方式组织的，后现代的组织是按湿件的方式组织的。工业化在本质上是干巴巴的，用启蒙运动的术语，这叫祛魅（Disenchantment）。它好比一台烘干机，将社会关系中一切带有人情味的东西烘干，然后用原子式契约将个体联系起来。每个生命体一旦脱离了组织就会感到惶惶不可终日，活的东西反而要将就死的东西。而未来在本质上是湿乎乎的，当人们把组织像衣服一样脱掉时发现，人与人之间可以凭一种魅力相互吸引、相互组合，凭感情、缘分、兴趣快速聚散；而不是像在机关、工厂那样"天长地久"地靠正式制度强制待在一起。这是人人时代，是组织的日常生活化，或用舍基的话说叫"大规模的业余化"。人人与人民的不同在于人人是一个一个具体的、感性的、当下的、多元化的人，他们之间的组织是一种基于话语的、临时的、短期的、当下的组合，而不是一种长期契约。缔约的交易费用在湿乎乎的润滑或零摩擦的关系中可以忽略不计，集中资源办大事的方式在这种"小的就是好的"临时速配关系中显得是一种浪费，因为人人可以靠社会性软件连接。按舍基的观点，社会性软件是指支持成组通信的软件（Social Software，Software That Supports Group Communications），如电子邮件、聊天室、博客、开放源代码等聚集人气的地方，不如说它是一个协同合作的工作空间（A Collaborative Workspace）。博客、掘客、聚友网（MySpace）、维基、搜索引擎等都不是关键所在，它们只是技术，关键是人与人之间关系的改变。在云计算中，人与人之间恢复了部落社会才有的湿乎乎的关系——充满人情、关注意义、回到现象、重视具体。西方工业理性在带来伟大进步的同时，越来越多地把它的负面因素暴露出来。它把人性中的洪水制伏了，却又带来了人性的沙漠。物极必反。所以，未来需要用湿来中和一下：让未来多一点绿色、多一分潮湿。[1]

[1]姜奇平：《未来为什么是湿的》，载克莱•舍基：《未来是湿的：无组织的组织力量》，胡泳、沈满琳译，中国人民大学出版社，2009年，译者序第4—5页。

三、透明的物思与可移动泛在感知

物联网发展可以分为信息汇聚、协同感知和泛在聚合3个阶段。物联网在应用初期的主要作用是信息汇聚，发展期的主要作用是协同感知，终极目标则是泛在聚合，也即“智慧地球”意义上的应用。在“智慧地球”观念下，世界不仅更加全面地互联互通，其各个部分或环节都在变得智能化，而且地球万物彼此感应、主动作用等将会受到空前的重视。在此意义上，传统的泛灵论似乎应该重新解释。泛灵论亦称物活论、万物有灵论，是一种主张一切物体都具有生命、感觉和思维能力的哲学学说。它认为一棵树和一块石头都跟人类一样，具有同样的价值与权利。泛灵论或物活论是不可证明的，也是不可证伪的，因此没有可能完全否定。它不仅是宗教或人文精神基本的存在根基，也是后现代生态主义思想的重要基础。生态主义的基本主张是非人类中心主义。非人类中心主义思想主要可以归纳为以下三大流派：一是动物权利／解放论（Animal Rights / Emancipation）。强调动物像人一样具有道德地位，有资格获得人类的道德关怀。其代表人物是汤姆•里根（Tom Regan）和彼得•辛格（Peter Singer）等人。他们认为，动物与人一样是“性命的主体”，有意识、期望、愿望、感觉，拥有一种独立于他者的功用的个体幸福状态。因而动物拥有不遭受不应遭受的痛苦的权利。动物的这种权利决定了人类不能仅仅将其当做工具来利用，而必须尊重它们的存在。人类应当把适用于自己这个物种所有成员的平等原则扩展到动物身上去。二是生物中心论（Biocentrism）。它将生态观念扩展到包括人、动物、植物等所有的生命。代表人物是保尔•W.泰勒（Paull W. Taylor）。泰勒认为，生物具有天赋的价值，因为生物的生命本身即成目的；而无生命的物质和人造器物不具备这一特点，因而没有天赋价值。泰勒的这种观点被称为“性命原则”。三是生态中心论（Ecocentrism）。它认为，必须从道德上关心整个生态系统、自然过程及无生命的自然存在物。大地伦理学的创立者奥尔多•利奥波德（Aldo Leopold）认为，人、土壤、水、植物和动物一起组成了“大地共同体”，人是大地共同体的成员，而不是征服者。人类应当尊重他的生物同伴和大地共同体，既要承认它们永续生存的权利，又要承担起保护大地的责任和义务。深生态学的创立者阿恩•纳斯（Arne Naess）认为，人类自我意识的觉醒，经历了从本能的自我（ego）到社会的自我（self），再从社会的自我到形而上的“大自我”（Self）即“生态的自我”（Ecological Self）的过程。这种“大自我”或“生态的自我”，才是人类真正的自我。它是在人与生态环境的交互关系中实现的。就某种意义而言，纳斯的“生态的自我”概念揭示了人类自身的生态学本质。而主张自然具有内在价值的霍尔姆斯•罗尔斯顿（Holmes Rolston）认为，创生万物的生态系统是宇宙中最有价值的现象，人类应该从生命物种的保存、进化和生态系统的稳定、完美出发，采取符合生态规律的行动，承担起对自然的义务。生态中心论建立在整体主义世界观的基础上，将道德关怀的范围扩展至整个自然世界。生态主义强调自然主体的在场，不仅在与自然直接发生的关系中坚持自然存在的意识，而且在人与人之间发生的关系中也时刻意识到自然这一第三方存在。生态主义强调构建人与自然的主体间关系。自然能够满足人类全面发展的需求，人类也要满足自然完美进化的需求。“智慧地球”是对一切自然生态元素的感知，是一切自然生态主体的被感知，也是人类主体在自然生态中的被感知。在这种意义上，“智慧地球”或物联网是一种普遍的“物思”。苹果公司联合创始人之一斯蒂夫•盖瑞•沃兹尼亚克（Stephen Gary Wozniak）在参加一次论坛时感叹：“瞧瞧这个日新月异的社会，每一项新科技的诞生都意味着人类又少了一次可以动手的机会。我们已经创造出了太多高科技产物，我认为人类早就已经不能与机器相提并论，我们在逐渐沦为它们的宠物，它们的‘看门狗’。”沃兹尼亚克的感慨颇为接近中国古代思想家庄子的观点：“物物而不物于物”，意为人应该控制机器，做到“物役于人”；而不是“人为物役，心为行役”，沉溺于机器而不能自拔。但从物联网意义上的万物来说，人借助机器反而在一定程度上为自然所役并非不是好事。

电影《阿凡达》中所有生物通过神奇的渠道相互联系构成物思意义上的物联网

美国施乐公司帕洛阿尔托研究中心（Xerox Palo Alto Research Center）首席科学家马克•D. 维瑟（Mark D. Weiser）被公认为普适计算之父。1988年，维瑟提出“普适计算”这个新概念，还创造了“Ubicomp”这个新术语。10年后，比尔•盖茨（Bill Gates）借用了这一概念，但为避人耳目而将“Ubiquitous”换成同义词“Pervasive”，改装为“Pervasive Computing”，并通过他的影响力将这一创新理念贴上了他的商标。1999年4月27日，维瑟这位集哲学家、艺术家和计算科学家于一身的“后PC之父”在位于硅谷的帕罗奥多（Palo Alto）市的家中猝然去世，享年仅46岁。他在6周前获悉自己得了癌症，马上投入人生的最后一项工程——写一本有关“无所不在

马克·D. 维瑟（Mark D. Weiser）

的计算”的权威性著作。他拼命工作，不仅仅想让人们系统了解他的技术观点，而且还要向后来者阐述这场革命的精神核心和哲学灵魂：技术将如何和谐地融入我们的生活之中。但没想到，身体状况会恶化得如此迅速。他甚至来不及构思出这本书的大纲。但如今，后PC时代曙光初现，“无所不在的计算”开始喷发。维瑟一反计算机发展“更快、更好、更强”的主流思想，认为人类与计算机的关系需要一个根本性的范式转换，而提出了“更小、更轻、更易用”的理念，像先知一样勾画出信息技术的新蓝图。他在《科学美国人》《连线》《纽约时报》等媒体发表了无数的文章，宣传“无所不在的计算”。在维瑟的视野中，这是全新的信息技术革命，其终极目标是“宁静技术”（Calm Technology），使技术无缝地融入我们的生活。20世纪80年代末90年代初虚拟现实技术如日中天，维瑟却冷静地告诫，以技术为导向的虚拟现实的实际应用十分有限。1992年，他著文预言虚拟现实技术不可能受到用户欢迎：“虚拟现实的目的是愚弄用户，使人远离真实的物理世界。这与计算机融入人类生活的方向是背道而驰的。”当时每一个人都在以谈论虚拟现实为荣，他却说：“不！我们不会消失在电脑空间中，而是电脑将消失在我们的生活中。”维瑟不仅仅是思想家，更是实践家，他的办公室堆满了各式各样的计算机原型，它们大多数都没有对外公布。这些计算机可嵌入各种日常用具（如墙壁、桌子、钱包）当中，其中也有各种发布信息的袖珍装置。其核心功能在于将人们从桌面的屏幕上解放出来，而可以随时随地收集、发送、检索信息。维瑟居然还将文字看成一种技术，说文字可能是最早的信息技术，既是一种信息存储的技术，也是一种信息传播的技术。这种技术是如此地易于使用，以至于你在使用它时意识不到它的存在，因此它很火，被到处部署。基于硅的信息技术还远没有达到文字使用的境界，但不能没有这样的理想。他预言未来的计算技术将向泛在化方向发展——为人使用，但不为人所知。未来的网络将如同空气和水一样，自然而深刻地融入人类的日常生活和工作中。这是一种透明的物思。

维瑟将普适计算定义为“一种使用物理上的多台计算器加强计算能力，同时让用户无感知地使用的方式”，其中的要素有：（1）普适计算不仅面向传统的计算设备，更是面向小型的甚至于无法看见的设备。这些被称为“智能物品”或者“数字化物品”的计算设备能够无缝地融合在日常生活的环境中。（2）智能物品包含了各种传感器和触发器。传感器给智能物品带来了环境的感知性，让智能物品能够依靠真实的情况通过触发器做出决定或行动。（3）普适计算是包含非常大数量的、非传统计算器的“智能物品”的网络计算。（4）计算设备组成的网络具有支持移动终端的能力，其处理能力和处理范围取决于自组织网络的大小。云计算和物联网印证了维瑟的预想。泛在感知网通过把物理的处理器与它们处理的信息真实关联，将虚拟和现实连接起来，带来真正意义上的网络革命——网络开始从以人为核心变成人与物共构。为了实现这种理想的智能化或者泛在目标，需要泛在感知网中的各个事物与所处的环境能够相互交流。其中微小的嵌入式传感设备和标签可以做成微米级或纳米级的尺度。

这种利用计算技术监测和控制物理设备行为的嵌入式系统称为网络化物理系统（Cyber-Physical Systems，简称CPS）或者深度嵌入式系统（Deeply Embedded Systems）。CPS也可以翻译为“物理设备联网系统”。美国总统科学技术咨询委员会（President's Council of Advisors on Science and Technology，简称PCAST）在2007年发布的题为《挑战下的领导地位：在世界竞争中的信息技术研发》的咨询报告中，明确建议把CPS作为美国联邦政府研究投入最重要的优先级课题，由此启动了美国高等学校和研究机构研发CPS的热潮。这份咨询报告认为，CPS的设计、构造、测试和维护难度较大、成本较高，通常涉及无数联网软件和硬件部件在多个子系统环境下的精细化集成。在监测和控制复杂的、快速动作的物理系统（例如医疗设备、武器系统、制造过程、配电设施）运行时，CPS在严格的计算能力、内存、功耗、速度、重量和成本的约束下，必须可靠和实时地运行。绝大部分CPS系统都必须是安全的系统，在外部攻击下能够继续正常工作。这种融合信息世界和物理世界的技术具备以下特征：（1）它是未来经济和社会发展的革命性技术，是信息领域的网络化技术、信息化技术与物理系统中的控制技术、自动化技术的融合。可以连接原来完全分割的虚拟世界和现实世界，使得现实的物理世界与虚拟的网络世界连接，通过虚拟世界的信息交互优化物理世界的物体传递、操作和控制，构成一个高效、智能、环保的物理世界。（2）它是材料技术与信息技术的融合。小型化、低成本、环保节能的新型材料传感器、显示器等制造技术都是其关键技术。（3）它是计算技术与控制技术的融合。把已有的、处理离散事件的、不关心时空参数的计算技术与现有的、处理连续过程的、注重时空参数的控制技术融合起来，使得网络世界可以采集物理世界与时空相关的信息，并进行相应的操作控制。（4）它不是传统的封闭性系统，而是需要通过网络与其他信息系统进行互联和互操作的系统。因此，需要标准的网络访问接口和交互协议、标准的计算平台和服务调用接口、标准的计算环境和管理界面。（5）它具有可靠性和确定性。被植入各种基础设施、与日常生活密切相关的领域，大部分应用领域是与食品卫生一样的安全敏感领域，必须进行严格的安全认证和监管。在某种程度上，CPS可以看做是物联网的专业称呼，它侧重于表达物联网内部的技术内涵；而物联网是CPS的通俗称呼，侧重于CPS在日常生活中的应用。从专业角度看，CPS提供了物联网研究和开发所需要的理论和技术内涵；从应用角度看，物联网提供了CPS未来应用的直观画面，更加适合于普及有关CPS的科学知识。

泛在感知网（Ubiquitous Network）或U网即无所不在、无所不包、无所不能的网络，其通信超越了人与人的范围，既有人与物的通信，也有物与物的通信。通过泛在感知网的结构分析可以看到以下几个方面的技术在其中起着举足轻重的作用：（1）RFID技术。泛在感知网首先对环境有感知性，要求环境中的各种设备能够智能地被感知网识别出来。而RFID技术让远距离的识读变得可能，通过射频信号自动识别目标对象，无须人工干预。RFID技术的发展让每个标签能够存储更多的内容，这些便宜的、低功耗的、轻薄如纸、轻巧如沙的标签将在不久的未来代替各种传统的条码。此外，RFID的特别防冲撞技术让整组的识别变得可能。此时泛在感知网已经不再像DOS系统那样只能单线程操作，而是如同几十年前改变我们操作习惯的Windows可以实现多个物品的同时阅读和处理。（2）传感器和控制器技术。相对于传统的鼠标、键盘、显示器和打印机，传感器和控制器让未来的输入和输出变得不可思议。智能的衣服、智能的书本等的控制系统，将使我们忘去传统的键盘和鼠标会。取而代之的是可以不用敲击键盘就能输入的传感器和不仅仅是用眼睛来感知的触发设备。纳米剪裁效应带来了与众不同的各种具有独特性能的新材料，使传感器价格更低、能耗更低、功能更全、体积更小。同时，传感器不再孤立，而是构成同一种类传感器甚至各种不同类传感器组成的能够互相通信的网络。传感器网络具有更密集的节点部署，面临更严峻的环境和更加频繁的拓扑改变，点对点通信被更频繁的广播通信代替。传感器将真实世界的温度、压力、光线和其他各种物质变成比特（Bit）和字节（Byte），而触发器则是泛在感知网的手，将RFID和传感器所“观察”到的各种信息处理结果真实地反馈回来。与传感器一样，新技术也使触发器变得更加轻巧和智能。传感网不仅仅获取信息，同时也能对获得的信息及时进行处理。例如智能农业大棚不仅仅能够观察植物的含水量、光照、温度，也能实时浇水或调节温度。又比如，智能治疗衣服不仅仅能够感觉到脖子肌肉的紧张，也能发出轻微的电流来缓解肌肉酸痛。（3）泛在感知网通信技术。泛在感知网对通信的要求变得越来越高，最终目的是实现人与人、人与物、物与物之间毫无障碍的通信。GSM通信技术将被3G通信技术取代，4G也将发展起来。更大的带宽和更好的数据传输系统让随时随地的接入变得可能。与此同时，新的短距离无线通信技术也在发展。已有50多个国家和地区开始新一代互联网协议IPv6的研究。IPv6网络与IPv4网络有着根本差异，它不仅功能更强大，而且可以与更简单、更小巧、更廉价的设备配合使用，如普通家用电器和汽车定位装置等。（4）系统的架构和中间件技术。泛在感知网将对传统网络潜力进行挖掘并提升其效能，在传统网络业务应用层与网络接入及承载层之间加入两种功能，即基于泛在网的业务支撑能力和对网络资源的控制能力。由于接入的各种设备和网络具有异质性，以及支持的设备和硬件具有广泛性，泛在感知网需要中间件设备支持多种多样的协议和语言。（5）人机互动界面技术。泛在感知网中的用户不是被动地接受服务，而可以主动提出所需的服务。Wii、Xbox等体感游戏在世界各地的流行是人们对更加人性化的人机互动的要求，iPhone的诞生使人机互动进入了新阶段。[1]

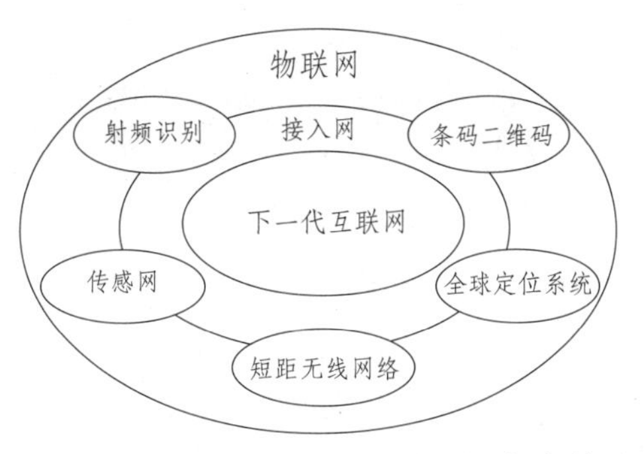

物联网概念模型

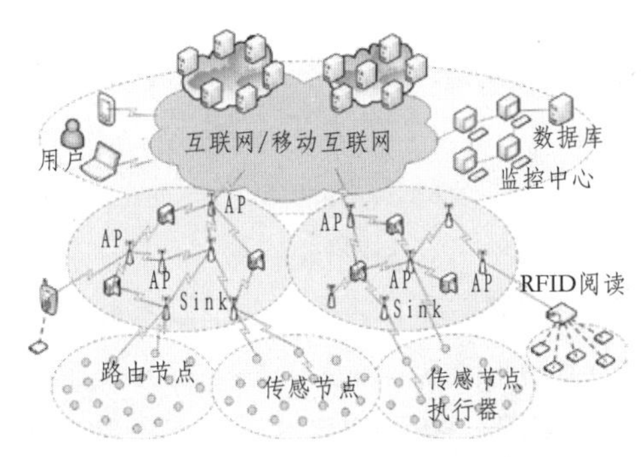

物联网系统架构图

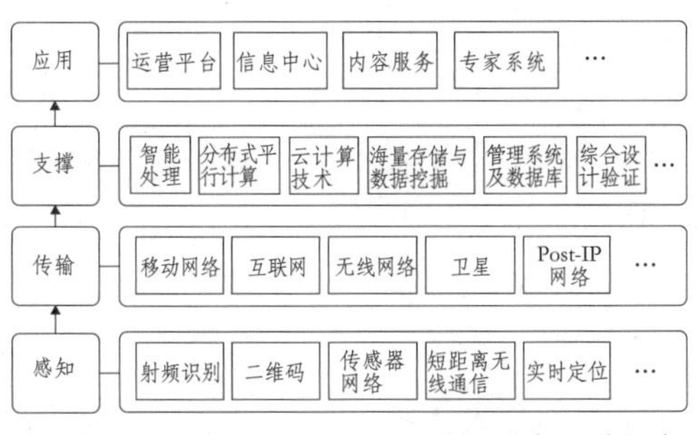

物联网技术体系框架

泛在感知网即物联网。物联网是基于互联网、传统电信网等信息承载体，让所有能够被独立寻址的普通物理对象实现互联互通的网络。它具有

[1]高歆雅：《泛在感知网络的发展及趋势分析》，《电信网技术》，2010年第2期。

普通对象设备化、自治终端互联化和泛在服务智能化3个重要特征，使无处不在的终端设备（Devices）和设施（Facilities）——具备“内在智能”的传感器、移动终端、工业系统、楼控系统、家庭智能设施、视频监控系统等和“外在使能”（Enabled）的如贴上RFID的各种资产（Assets）、携带无线终端的个人与车辆等“智能化物件或动物”或“智能尘埃”（Mote）——通过各种无线/有线的长距离/短距离通信网络实现互联互通（M2M)、应用大集成（Grand Integration)，提供安全可控乃至个性化的实时在线监测、定位追溯、联动报警、调度指挥、预案管理、远程控制、远程维护、危机防范、在线升级、数据统计、决策支持、领导桌面（集中展示的Cockpit Dashboard）等服务，实现对“万物”高效、节能、安全、环保的“管、控、营”一体化。

物联网的实践最早可以追溯到1990年施乐公司的网络可乐贩售机（Networked Coke Machine）。1999年在美国召开的移动计算和网络国际会议上，麻省理工学院自动识别实验室（The MIT Auto-ID Laboratory）的凯文•阿什顿（Kevin Ashton）首先提出物联网概念，当时的解释是一种结合物品编码、RFID和互联网技术的解决方案。2005年在突尼斯召开的信息社会世界峰会（World Summiton the Information Society，简称WSIS）上，国际电信联盟（International Telecommunications Union，简称ITU）发布《ITU互联网报告2005：物联网》，引用了“物联网”概念，并将物联网定义为主要解决物到物（Thing to Thing，简称T2T）、人到物（Human to Thing，简称H2T）、人到人（Human to Human，简称H2H）之间的互连。与传统互联网不同的是，H2T指人利用通用装置与物之间的连接，H2H指人与人之间不依赖于个人电脑而进行的互连。许多人又喜欢将其表述为M2M，可以解释为人到人（Man to Man）、人到机器（Man to Machine）、机器到机器（Machine to Machine）。但M2M所有的解释在现有的互联网已可以实现。人到人之间的交互基本可以在互联网上直接实现，至少也可以通过其他装置间接地实现，例如第三代移动电话可以实现十分完美的人到人的交互；人到机器的交互一直是人体工程学和人机界面领域研究的主要课题，而机器与机器之间的交互已经由互联网提供了成功方案。因此，使用M2M概念不很恰切。《ITU互联网报告2005：物联网》指出，无所不在的物联网通信时代即将来临，世界上所有的物体，从轮胎到牙刷、从房屋到纸巾都可以通过互联网主动进行交换。射频识别技术、传感器技术、纳米技术、智能嵌入技术将得到更加广泛的应用。在物联网时代，通过在各种各样的日常用品上嵌入一种短距离的移动收发器，人类在信息和通信世界里将获得一个新的沟通维度，从任何时间任何地点的人与人之间的沟通连接扩展到人与物和物与物之间的沟通连接。[1]

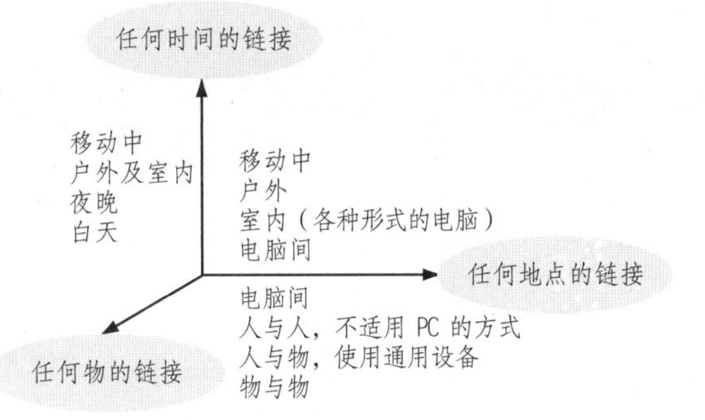

国际电信联盟（ITU）对物联网的描述

综合归纳国内各种表述，可以将物联网通俗地定义为“物物相连的智能互联网”。其中有3层意思：第一，物联网的核心和基础是互联网，它是在互联网基础上的延伸和扩展的网络；第二，物联网终端延伸和扩展到任何物，物与物之间都可以进行通信或信息交换，而不局限于人与人或人与物之间；第三，物联网具有智能属性，可实施智能控制、自动监测和自动操作。具体一点说，物联网是通过射频识别、红外感应器、全球定位系统、激光扫描器等信息传感设备，按约定的协议，将物与互联网连接起来进行信息交换，以实现智能化识别、定位、跟踪、监控和管理的网络。其中的“物”必须满足以下条件：有相应的信息接收器，有数据传输通路，有存储功能，有CPU，有操作系统，有专门的应用程序，有数据发送器，遵循约定的通信协议，在网络中有可被识别的唯一编号。[2]物联网体系结构设计遵循以下5条原则：一是多样性原则。根据物联网节点类型的不同，分成多种类型的体系结构。二是时空性原则。有较强的时空感应功能，并能满足多方面的需求。三是互联性原则。能够平滑地与互联网连接。四是安全性原则。能够防御大范围的网络攻击。五是坚固性原则。具有稳定性和可靠性。物联网主要提供以下几类服务：（1）联网类服务，如物品识别、通信和定位；（2）信息类服务，如信息采集、存储和查询；（3）操作类服务，如远程配置、监测、操作和控制等；（4）安全类服务，如用户管理、访问控制、事件报警、入侵检测、攻击防御等；（5）管理类服务，如故障诊断、性能优化、系统升级、计费管理等。根据不同领域的物联网应用需求，以上服务类型可以进行相应的扩展或裁剪。

物联网节点可以分成无源CPS节点、有源CPS节点、互联网CPS节点，其特征可以从以下方面进行描述：电源、移动性、感知性、存储能力、计算能力、联网能力、连接能力。无源CPS节点就是具有电子标签的物品，是物联网中数量最多的节点，例如携带电子标签的人可以成为一个无源CPS节点。无源CPS节点一般不带电源而可以具有移动性，具有被感知能

[1] International Telecommunications Union, *ITU Internet Reports 2005: The Internet of Things*, 2005.

[2] 网舟联合科技（北京）有限公司：《2010年中国物联网产业发展研究报告》，http: // doc. mbalib. com / view / bc2e7ed58d6a3ce19b1caa1356aa85c7. html。

节点类型	无源CPS	有源CPS	互联网CPS
电　源	无	有	不间断
移动性	有	可有	无
感知性	被感知	感知	感知
存储能力	无	有	强
计算能力	无	有	强
联网能力	无	有	强
连接能力	T2T	T2T，H2T，H2H	H2T，H2H

物联网节点类型与特征

力和少量的数据存储能力，不具备计算和联网能力，提供被动的T2T连接。有源CPS节点是具备感知、联网和控制能力的嵌入式系统，是物联网的核心节点，例如装备了可以传感人体信息的穿戴式电脑的人可以成为一个有源CPS节点。有源CPS节点带有电源，可以具有移动性、感知、存储、计算和联网能力，提供T2T、H2T、H2H连接。互联网CPS节点是具备联网和控制能力的计算系统，是物联网的信息中心和控制中心，例如能够提供时空约束服务的互联网节点就是一个互联网CPS节点。互联网CPS节点不是一般的互联网节点，它是属于物联网系统中的节点，采用了互联网的联网技术相互连接，但具有物联网系统中特有的时空控制能力，配备了物联网专用的安全、可靠的控制体系。互联网CPS节点带有不间断电源，不具备移动性，但可以具备感知能力和较强的存储、计算、联网能力，可以提供H2T、H2H连接。

上述物联网节点可以构建为不同的连接类型，例如无源节点与有源CPS节点、有源CPS节点与有源CPS节点以及有源CPS节点与互联网CPS节点之间的连接。这些类型的连接结构构成了物联网互连的体系结构。无源CPS节点通过物理层协议与有源CPS节点连接，例如通过RFID协议有源CPS可以获取无源CPS节点上电子标签的信息。有源CPS节点之间通过物理层、数据链路层和应用层的协议交互，可以进行信息采集、传递和查询。有源CPS节点不适合配置已有的IP协议，而应当配置面向物联网的数据链路层协议，这样才可以确保可靠、高效、节能地采集、传递和查询信息。有源CPS节点之间的信息转发和汇聚则可以通过应用协议实现。有源CPS节点需要通过CPS网关才能连接到互联网节点。CPS网关构建了互通的协议栈。在以上定义的物联网体系结构中，物联网物理层协议提供在物理信道上采集和传递信息的功能，具有一定的安全和可靠的控制能力；物联网数据链路层协议保证对物理信道访问的控制、复用，确保服务质量；应用层协议提

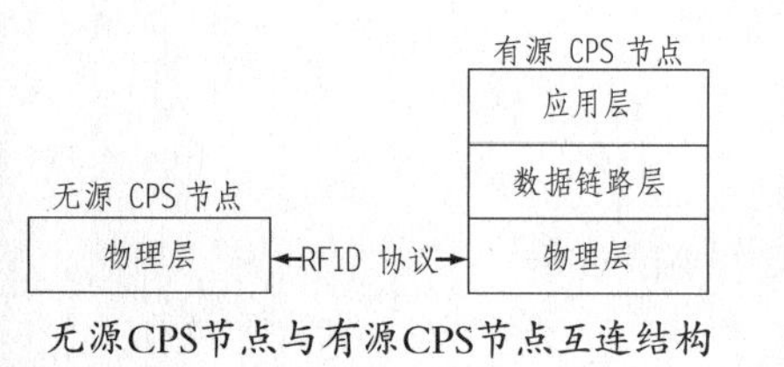

无源CPS节点与有源CPS节点互连结构

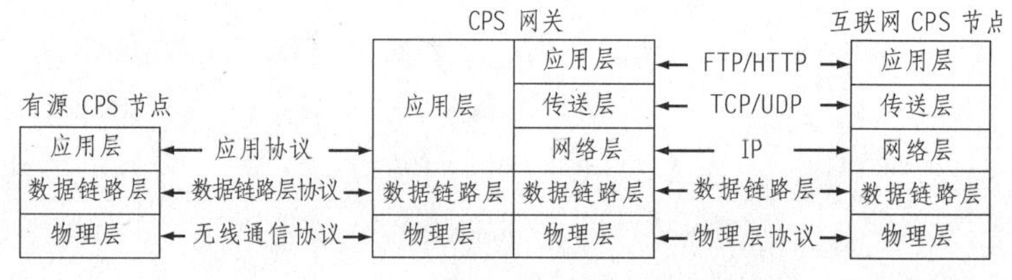

有源CPS节点与有源CPS节点互连结构

供信息采集、传递、查询功能，具有较为完整的用户管理、联网配置、安全管理、可靠性控制能力。

构建物联网通常需要分为识别物品、建立物品联网系统和建立物联网应用系统等步骤。（1）识别物品。食品、纺织品、道路、桥梁、楼房、汽车、飞机、轮船、生产线等人造物品加装传感装置就可以改造成CPS节点，动物、植物、山峰、河流、湖泊等自然物品同样可以如此做。例如牛角上贴上电子标签，奶牛成为一个CPS节点，便可以对奶牛进行智能化管理；盲人穿着具有电子标签的鞋子也成为一个CPS节点，它只要与盲道上的电子标签阅读器协同就可以帮助行走。电子标签，特别是用于自然物品的电子标签，需要具备防水、耐磨、耐高温等特性，并且具备一定的电磁特征，这需要采用先进的信息材料技术。由于电子标签和低端传感器应用面广量大，信息材料技术在降低成本、提供质量方面的任何改进都会扩展物联网的应用面。识别物品的另外一项技术是统一编码技术。目前还没有针对物联网的全球物品编码技术。产品电子代码（Electronic Product Code，简称EPC）是关于全球产品类电子代码编制的一个规范，由全球产品电子代码管理中心（EPCglobal）负责标准化工作。全球产品电子代码管理中心国际物品编码协会（Global Standards 1，简称GS1）和美国统一代码委员会（Uniform Code Council，简称UCC）组建的一个中立的、非赢利性的标准化组织在全球范围内建立和维护EPC网络。EPC网络由自动识别中心（Auto-ID Center）开发，其研究总部设在美国麻省理工学院，有美国麻省理工学院（Massachusetts Institute of Technology）、英国剑桥大学（University of Cambridge）、澳大利亚阿德莱德大学（University of Adelaide）、日本庆应义塾大学（Keio University）、中国复旦大学（Fudan University）、韩国信息与通信大学（Information and Communications University）和瑞士圣加仑大学（Universität St. Gallen）7所大学的实验室参与。（2）建立物品联网系统。即建立可以识别、验证和采集被识别物品的物联网节点联网系统。首先要设计和建立有源CPS节点与无源CPS节点、有源CPS节点与有源CPS节点之间的无线通信机制，以及基于信息编解码技术的物品识别机制。其次是设计和建立通信信道复用机制，使得一条信道上可以同时实现多个无源或者有源CPS节点之间的通信，例如同时识别许多个具有RFID标签的物品。最后还要设计和建立通信信道上的可靠传输机制、实时传输机制，以满足网络传输可靠性和实时性的要求。（3）建立物联网应用系统。针对不同应用领域设计和构建不同控制力度的应用中间件，形成应用服务平台。物联网应用系统包括基本应用系统和特定应用系统。基本应用系统可以包括物品命名管理系统、物品身份真伪验证系统、物

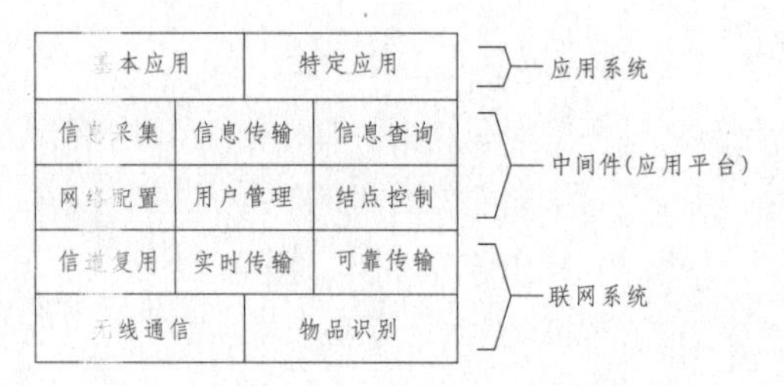

有源CPS节点实现系统

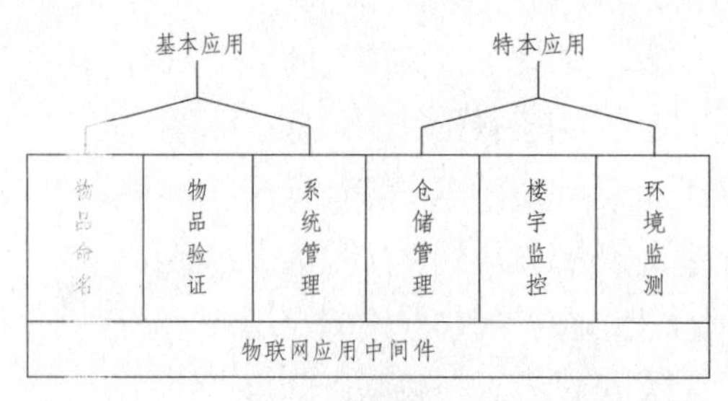

物联网应用系统逻辑结构

物联网应用系统部署结构

联网系统管理等，特定应用系统可以包括仓储管理系统、楼宇监控系统、环境监测系统等。物联网应用系统的网端分为物联网端和互联网端。物联网端部署在有源CPS节点上，可以作为应用系统的用户端（采用用户机／服务器），也可以作为应用系统的对等端（采用P2P应用模式），必须功能简捷可靠。互联网端部署在互联网CPS节点上，可以作为应用系统的服务器端（采用用户机／服务器），也可以作为应用系统的对等端（采用P2P应用模式），都需要提供较为强大的存储和后端处理能力。

当前物联网研究和开发主要面临3个方面的挑战：（1）基础研究方面的挑战。爱德华•A. 李（Edward A. Lee）分析了当今计算和联网方式与物理处理过程后指出两者的差异：物理部件在安全性和可靠性方面与通用计算部件存在质的差异；物理部件与面向对象的软件部件也存在质的差异，计算和联网技术采用的基于方法调用和线程的标准抽象体系在物理系统中无法工作。由此，他提出这样的疑问：今天的计算和联网技术是否能够为开发CPS系统提供基础？其研究结论是必须重构计算和网络的抽象体系，以便统一物理系统的动态性和计算的离散性。再造计算和网络的抽象体系是物联网基础研究的核心内容，包括如何在编程语言中增加时序、重新定义操作系统和编程语言的接口、重新划分硬件与软件、增强互联网的时序、增强计算系统的可预测性和可靠性等。（2）技术开发方面的挑战。物联网是嵌入式系统，也是联网和控制系统的集成，它由计算系统、包含传感器和执行器的嵌入式系统等异构系统组成，需要解决物理系统与计算系统的协同问题。在物联网环境下，事件检测和动作决策操作涉及时空，操作必须准确和实时，需要设计具有时空条件限制的分层物联网事件模型。还必须建立物理装置与网络系统的相互依赖模型，其中包括构建定性的物联网交互依赖模型、量化的物联网交互依赖模型，按照物联网中的物理装置和网络部件属性描述其可依赖性，验证这种可依赖性模型的正确性。研制面向物联网的中间件也有技术难题。中间件可以减少50%的软件开发时间和成本，但由于有CPS资源限制、服务质量要求、可靠性要求等，通用的中间件无法满足CPS应用的需求，而开发一个面向CPS的中间件的难度较大。提供实时的数据服务技术、正确性验证技术、嵌入式万维网服务（Embedded Web Server，简称EWS）开发技术、隐私保护技术以及安全控制技术等也都是决定物联网能否实现广泛应用的关键技术。（3）示范系统建设的挑战。建设和部署物联网示范系统在社会层面和技术层面也面临较大挑战。首先，物联网系统的典型示范系统，例如楼宇内部的照明、电表、街道路灯系统等，会涉及较为复杂的基本建设工程和公共设施工程。其次，消耗最多能源的、具有最大节能潜力的物品通常都是巨大的、昂贵的装置，改造这些装置有许多难以解决的困难。另外，如何让人们愿意使用并且可以维护物联网也是难题。[1]

[1]沈苏彬、范曲立、宗平、毛燕琴、黄维：《物联网的体系结构与相关技术研究》，《南京邮电大学学报》（自然科学版），2009年第6期。

第二章　红移市场与超摩尔定律量级产业

一、红移需求与红移市场

IT产业的发展有自身的规律。这些规律被IT领域的人总结成一些定律，称为IT定律（IT Laws）。其中，摩尔定律（Moore' s Law）、安迪—比尔定律（Andy and Bill' s Law）和反摩尔定律（Reverse Moore' s Law）这3个定律合在一起，可以描述IT产业中最重要的组成部分——计算机行业的发展规律。

被称为计算机第一定律的摩尔定律指出，计算机存储器新芯片的容量大体上是上一代芯片的2倍，而每个新芯片的产生都在上一代芯片产生后的18—24个月内。因此，计算能力相对于时间周期呈指数性增长。人们还发现这不光适用于对存储器芯片的描述，也精确地说明了处理机能力和磁盘驱动器存储容量的发展周期。该定律成为计算机工业预测的基础。事实上，摩尔定律与戈登•摩尔（Gordon Moore）的原创有一定差异。1965年，时任美国仙童半导体公司（Fairchild Semiconductor Corporation）研究开发实验室主任的摩尔应邀为《电子学》杂志35周年专刊写了一篇观察评论报告，题目是《让集成电路填满更多的元件》。摩尔应这家杂志的要求对未来10年半导体元件工业的发展趋势做出预言，他在文中推算，到1975年，在面积仅为1/4平方英寸的单块硅芯片上将有可能密集6.5万个元件。他是根据器件的复杂性（电路密度提高而价格降低）与时间之间的线性关系做出这一推断的。其原话是这样说的：“最低元件价格下的复杂性大约每年翻一番。可以确信，短期内这一增长率会继续保持，即便不是有所加快的话。而在更长时期内的增长率应略有波动，尽管没有充分的理由来证明。这一增长率至少在未来10年内几乎维持为一个常数。”这就是摩尔定律的最初原型。1968年，摩尔与罗伯特•诺伊斯（Robert Noyce）、安迪•格鲁夫（Andy Grove）在硅谷创立了英特尔公司。1975年，摩尔在国际电信联盟的学术年会上提交了一篇论文，对1965年的结论进行了重新审订和修正。按照摩尔本人1997年9月接受《科学美国人》杂志一名记者采访时的说法，他当年把“每年翻一番”改为“每两年翻一番”，并声明他从来没有说过“每18个月翻一番”。而就在摩尔的论文发表后不久，有人将其预言修改成“半导体集成电路的密度或容量每18个月翻一番，或每3年增长4倍”。甚至列出了如下的数学公式：每个芯片的电路增长倍数=2（年份—1975）/1.5。这一说法后来成为许多人的“共识”，流传至今。

事实上，摩尔定律反映了整个信息技术进步的速度。相比于运行速度，计算机存储容量甚至增长更快，大约每15个月就翻一番。1976年，苹果PC的软盘驱动器容量为160KB，大约能存下80页中文书籍。今天同样价格的台式PC硬盘容量可以达到500GB，是当时的300万倍。网络传播速度也几乎以摩尔定律预测的速度在增长。1994年，电话调制解调器的传输率是2.4Kb/s，下载谷歌拼音输入法需要8个小时。现在商用的非对称数字用户环路（Asymmetric Digital Subscriber Line，简称ADSL）通过同样一根电话线可以达到10Mb/s的传输率，是13年前的4 000倍，几乎每年翻一番。下载谷歌拼音输入法只要10秒钟左右。40多年来，计算机从神秘的庞然大物变成多数人不可或缺的工具，信息技术由实验室进入无数个普通家庭，互联网将全世界联系起来，多媒体视听设备丰富着每个人的生活。这一切背后的动力都是半导体芯片或整个信息技术的快速发展，也就是说，这是摩尔定律在发挥作用。在纪念摩尔定律发表40周年之时，作为英特尔公司名誉主席的摩尔说：“如果你期望在半导体行业处于领先地位，你无法承担落后于摩尔定律的后果。”从昔日的仙童半导体公司到今天的英特尔公司、摩托罗拉公司（Motorola Inc.）、先进微电子器件公司（Advanced Micro Devices Inc.）等，半导体产业围绕摩尔定律的竞争像大浪淘沙一般激烈。毫无疑问，摩尔定律对整个世界意义深远。信息技术专家预言，随着半导体晶体管的尺寸接近纳米级，不仅芯片发热等副作用逐渐显现，电子运行也难以控制，半导体晶体管将不再可靠，摩尔定律将不再有效。1995年，摩尔在《经济学家》杂志上撰文写道：现在令我感到最为担心的是成本的增加。这是另一条指数曲线。他的这一说法被人称为摩尔第二定律。近年来，国内IT专业媒体上又出现了“新摩尔定律”的提法，指的是中国互联网主机数和上网用户人数的递增速度大约每半年翻一番。这一趋势在未来若干年内仍将保持下去。

生产IT产品所需的原材料非常少，成本几乎是零。以半导体行业为例，一个英特尔酷睿双核处理器集成了2.9亿个晶体管，而30多年前的英特尔8086处理器仅有3万个晶体管。虽然两者的集成度相差近1万倍，但是所消耗的原材料相差不太多。IT产业的硬件成本主要是制造设备的成本。据半导体设备制造商美国应用材料公司（Applied Materials Inc.）介绍，建一条能生产65纳米的酷睿双核芯片的生产线，总投资在20亿—40亿美元。2006—2010年，英特尔公司每年的研发费用为60亿—70亿美元。当然不能将它的全部算到酷睿上，但是英特尔公司并不能在1年内研制出1个酷睿这样的产品，所以它的实际研发费用大约与英特尔公司1年的研发费用相当。假如将这些成本平摊到1亿片酷睿处理器中，平均每片约100美元。当收回生产线和研发两项主要成本后，酷睿处理器就可以大幅度降价。一种新的处理器收回成本的时间不会超过1年半，此后通常会开始大幅降价。在这种意义上，摩尔定律给所有的计算机消费者带来一种希望：如果今天嫌计算机太贵买不起，那么等18个月就可以用一半的价钱来买。但如果真是这样简单的话，计算机的销售量就上不去了。需要买计算机的人会多等几个月，已经有计算机的人也没有动力更新计算机。其他IT产品的销售也会出现这种情况。事实上，在过去的20多年里，世界上的PC销量在持续增长。那么是什么动力促使人们不断地更新自己的硬件呢？IT界把它总结成安迪—比尔定律，即比尔要拿走安迪所给的（What Andy Gives，Bill Takes Away）。安迪即原英特尔公司CEO安迪•格鲁夫（Andy Grove），比尔即比尔•盖茨。尽管在过去的20多年里英特尔处理器的速度每18个月翻一番，但计算机内存和硬盘的容量却以更快的速度在增长。微软操作系统等应用软件越做越大，运行越来越慢。所以现在的计算机虽然比10年前快了100倍，运行软件的速度在感觉上还是与以前差不多。现在的计算机能装的应用程序数量与10年前差不多，虽然硬盘的容量增加了1 000倍。更糟糕的是，如果不更新计算机，很多新的软件就用不了，连上网也会成问题。而10年前买得起的车却照样可以跑。网络上流传着这样一个笑话，说的是盖茨与通用汽车公司（General Motors，简称GM）总裁的一段对话。盖茨说，如果汽车工业能够像计算机领域一样发展，那么今天买1辆汽车只需要25美元，1加仑汽油能跑1 000英里。GM总裁则反唇相讥：“说的是没错！

可是你总不想你的汽车一天死机至少4次吧？”如果GM真的像微软那样的话，我们现在开的汽车会变成：（1）每次道路交通标志重画后，用户就得买辆新车。（2）发生事故车里的安全气囊弹出前，系统会先问你：“你确定吗？”（3）买车就送“探险牌”地图一份，而且会镶在挡风玻璃上拿不下来。如果私自换成“浏览家”地图，车辆会在行驶途中失控。（4）行驶时有时还会出现提示：“方向盘驱动程序：这个程序执行作业无效，即将关闭，原因不明或是刹车系统没有在指定的时间内回应！请与汽车制造商联系！Abort，Retry，Fail？”

美国太阳计算机系统公司（Sun Microsystems Inc.）首席技术官（CTO）格雷格•巴巴多布罗斯（Greg Papadopoulos）指出，在IT行业中，消费者的需求发展远比技术发展要快，具有红移市场效应。在天文学上，红移（Redshift）用于描述当天体远离观察者时其发射的光线的波长产生的变化：它会逐渐变长，并向红光一端移动。红移理论最早由在声波中观察到这一现象的克里斯琴•安德烈亚斯•多普勒（Christian Andreas Doppler）提出，埃德温•哈勃（Edwin Hubble）则将此理论应用于光学领域，并进而得出结论：宇宙在膨胀。巴巴多布罗斯则用红移理论描述计算需求呈现的迅猛增长状况。不仅谷歌公司等新兴网络公司如此，就连制药、金融和能源公司等应用高性能计算的传统大型企业，其数据处理需求也已超出了摩尔定律所定义的范畴。苹果公司更是奇特地打破了摩尔定律。2007年6月29日，以生产“卓越的设计和性能”产品著称的苹果公司开始向全球发售其著名的手机产品iPhone。这款只有一个按钮、其他完全用指尖触碰操作的手机，尽管8G版售价高达599美元，但在中国水货价被炒到了6 000元以上。10个月以后，第二代3G版iPhone上市，16G版售价降到了299美元，更加激发了全球的购买热潮。2009年6月19日，新一代iPhone 3GS发售，16G版零售价又回到了599美元。但这一手机引爆的轰动，仅仅在1年后的6月8日第四代iPhone 4GS面市便戛然而止。而iPhone 4GS手机的芯片处理能力已经超过了1969年阿波罗飞船登月用的计算机，而我们仅仅用它来玩用红色的小鸟砸绿猪的游戏。尽管iPhone的更新速度提升至10到12个月，却并不是每款产品都能实现芯片处理能力和内存的倍增；同样在售价上，苹果产品一贯保持着昂贵的冷漠和孤傲，鲜因新品而显著降低价格。而苹果公司另一款革命性产品平板电脑iPad的出现，使摩尔定律更是到了被无视的地步。2010年1月，史蒂夫•保罗•乔布斯（Steve Paul Jobs）突然手拿这款介于手机和笔记本电脑之间的玩意走上了旧金山的芳草地中心，随后仅用了12个月iPad 2就以一枚双核A5芯片实现了运算处理能力的倍增。同时爆发的庞大的第三方应用程序产业，更新和升级速度更是以天来计算。与严格以摩尔定律的技术节奏为主导、按部就班更新产品并与整个PC产业的上下游形成稳固垄断的英特尔公司相比，苹果公司的产品具有“终结者”的意味：iPhone消灭了按键与手写笔，iPad摒弃了键盘和鼠标，一切功能和应用的需求以及便捷舒畅的使用体验都简化凝缩到一块触摸屏上。巴巴多布罗斯指出，未来红移公司的业务将会连续翻番。

然而，该理论也存在着一个显而易见的矛盾：红移公司在投入大量资金扩建IT基础设施的同时，还要保持业务成倍增长，其难度可想而知。为了帮助这些公司摆脱这种两难境地，巴巴多布罗斯提出了以Sun技术为核心的解决方案：通过迁移到低成本、低风险的公用计算（Utility Computing）模式，同时将大部分业务运行于可处理复杂计算需求的大型服务器上，这些企业即可克服摩尔定律的固有局限性，也就是以云计算来支撑未来。太阳计算机系统公司为那些尽管面对大规模计算需求，但尚未做好准备将所有基础设施悉数转移到互联网云的公司量身定做了黑盒（Black Box）数据中心。它曾应用于斯坦福大学（Stanford University）的斯坦福线性加速器中心（Stanford Linear Accelerator Center）。斯坦福大学科学计算与计算服务系高性能存储与计算负责人兰迪•梅伦（Randy Melen）介绍说，由于使用了这种集装箱式数据中心，斯坦福大学无须新增投资计算能力就增加了1/3以上。巴巴多布罗斯甚至预言：未来，谷歌模式，也就是那些部署有几百台低端服务器的数据中心，将让路给极度密集的高端产品，如黑盒和太阳计算机系统公司的最新超级计算机星座系统（Constellation System）。后者是基于Sun Blade 6000服务器的、高效低功耗系统，可用来运行气候、气象及海洋建模等复杂应用程序。第一台星座系统部署在得克萨斯大学（The University of Texas）的得克萨斯高级计算中心（Texas Advanced Computing Center）。巴巴多布罗斯以电网为例，对两种模式进行了比较。他说，这就好比一座发电量达几百万瓦特的热电厂与一组便携式本田（Honda）发动机之间的对决。那么，Sun的“大铁箱”就一定能优于成百上千的“商品箱”吗？毫无疑问，前者的功能是强大的，但无论多么强大，它的功能都是有限的；而云计算或云智慧的谷歌模式在功能上却是无限的。或许，前者将会最终变成后者的一部分。但不管如何，巴巴多布罗斯押宝“以大胜小”的策略取得了成效。在经历了网络泡沫连续5年亏损后，太阳计算机系统公司借助它起死回生。

那么，红移会永远持续下去吗？会有永远的红移市场吗？或许在摩尔定律的作用下，再加上微软们的技术革命性改进，单就人的信息交流所用计算机硬件和软件而言其需求会达致极限。然而“智慧地球”或物联网意义上的需求则是无穷尽的。据美国权威咨询机构佛瑞斯特研究公司（Forrester Research Inc.）预测，到2020年，世界上“物物互联”与“人与人通信”的业务比例将达到30：1，也有预测这个比例可能为100：1甚至1 000：1，发展前景十分广阔。物联网因此被称为下一个“万亿蛋糕”，它对经济和社会发展的影响是不言而喻的。在当前大力提倡节能减排、控制气候变暖的新形势下，“智慧地球”或物联网适时地提供了实现“高效、节能、安全、环保”的一体化关键技术，将掀起第三次信息科学技术革命浪潮，也将掀起前所未有的产业革命浪潮。由于物联网内涵的广泛性和表现形式的多面性，多年来一直不被认为是一个产业，其真实的市场规模难以确定，没有权威的产业评估报告可以做出结论。但作为一次新的技术革命，它与前两次变革一样，必将引起企业间、产业间甚至国家间竞争格局的重大调整和变化，也将彻底变革人类的生产、生活方式。以汽车为例，物联网的应用似乎就是无限的。影片《变形金刚》中的“汽车人”大黄蜂勇敢善良，与主人亲密无间，深受观众喜爱。这是未来智慧汽车的一种想象类型。IT产业将牵手汽车共同开辟一个新天地——汽车IT行业或汽车物联网产业。物联网意义上的数字化汽车对汽车的安全性、节能性、舒适性将产生重大影响，它能驱使汽车走向智能化、人性化，甚至向“汽车人”转变，变成有“感情”的汽车。如德系车智能化的配光可变式汽车前照灯（Adaptive Front-lighting System，简称AFS）可以随动转向，根据行车速度、转弯的角度自动对偏转进行调节，提前照亮未到达区域。加上红外夜视辅助系统慧眼识路，可以让你如处白昼。奔驰车的牵引力控制系统（Tata Consultancy Services，简称TCS）可以用电子传感器探测车轮转向时的数据，并发出信号调节油门、气门开度、点火时间等，以防止打滑；制动力辅助系统（Brake Assist System，简称BAS）则根据驾驶员紧急刹车的速度，在1秒钟内将制动加至最大，缩短刹车距离。万一真“一失手”，车辆转向过度或打滑造成事故，也能避免造成千古恨——预防性安全保护系统（Pre-Safe System）会自动拉紧安全带，调节座椅角度，并打开气囊，关闭天窗，将人员受到的伤害降至最低。日系车同样也有了许多安全性设计。德系、日系车在自动泊车技术应用方面也较为突出。美系汽车一向留给人个头大、制作较粗糙的印象，但自从福特汽车公司（Ford Motor Company）与微软公司携手将手机和汽车绑定，福特同步软件系统便可以朗读手机短信，搜索与你当前所听音乐类似风格的音乐并为你保存。它还可以进行全程语音导航，以及检查车况。一旦遇到紧急情况，还将自动接通紧急救援电话。诸如此类，不一而足。

“智慧地球”或物联网的规模超过任何产业，很难说出它的边界。或许可以用信息和通信技术（Information and Communications Technology，简称ICT）产业的乘数来表达。ICT是信息技术和通信技术的统称，涉及信息的获取、存储、处理、通信、显示及应用技术等各个方面，核心是计算机、软件和通信技术，发展重点为微电子和光电子技术、高端计算机技术、计算机网络技术、光纤通信技术、人工智能技术、信息安全技术、卫星遥感技术、磁盘及光盘存储技术、液晶和等离子体技术等。ICT产业包括信息技术（IT）产业和通信技术（CT）产业，可定义为从事信息和通信技术的研发和利用、信息通信设备和器件的制造以及为经济社会发展提供信息和通信服务的综合性生产活动和基础设施，是传统IT产业的替代。随时随地的联通是人们无拘束地获取和交互信息的一种内在需求，因而也是通信发展的最终目标。第三代移动通信的目标面向高速数据和多媒体应用，使用时终端传输率在室内可达2Mb/s，步行时为384Kb/s，汽车高速行驶时为144Kb/s。在发展3G的同时，全球已开始研究开发第四代移动通信（4G）和第五代移动通信（5G）。4G的传输速率可达10Mb/s，可以把蓝牙（Bluetooth）、无线局域网络（Wireless Local Area Networks，简称WLAN）和3G技术等结合在一起组成无缝的通信解决方案以及相应的产品。5G终端除了通话和接收丰富的多媒体信息外，还可以表达三维图像。4G、5G在业务上、功能上、频带上都将不同于3G，可称为广带（Broadband）接入和分布网络，对所有人或所需要的地区进行全覆盖，可以在任何地方宽带接入互联网或卫星通信，具有信息通信之外的定位定时、数据采集、远程控制等综合功能。其非对称的大大超过2Mb/s的数据传输能力使全速移动的用户也能提供高质量的影像服务。乘数效应（Multiplier Effect）指系统中某一变量的增减所引起的总量变化的连锁反应程度。在经济学上它更完整的表述是支出/收入乘数效应，是一个宏观经济学概念，也是一种宏观经济控制手段，指支出的变化导致经济总需求与其不成比例的变化。物联网是所有产业或事物与ICT产业结合的产物，这种结合有无限种可能，因此产业规模也是无限量乘数式扩张的。

二、实在虚拟经济

150多年前，卡尔•海因里希•马克思（Karl Heinrich Marx）以劳动价值论为基础，在《资本论》中提出了虚拟资本一词：国债“这种资本，即把付款看成是自己的幼仔（得息）的资本，是虚幻的虚拟的资本”。“因此，银行家资本的最大部分纯粹是虚拟的，是由债权（汇票）、国债券（它代表过去的资本）和股票（对未来收益的支取凭证）构成的”。[1]依照马克思的理论，所谓资本，必须有价值，并且必须能产生剩余价值。证券类资本本身没有价值，但却能够产生某种形式的剩余价值，故被称为虚拟资本（Fictitious Capital）。但是，马克思并未提及虚拟经济（Fictitious Economy），且对银行资本家的虚拟资本持贬斥态度。而随着现代经济或后现代经济的发展，虚拟资本和虚拟经济的作用越来越大，其总量已经超过实体经济。虚拟经济是经济虚拟化或罗纳德•I. 麦金农（Ronald I. Mckinnon）、E. S. 肖（E. S. Shaw）金融自由化意义上的“金融深化”（Financial Deepening）的必然产物。价值系统包括物质价格系统和资产价格系统。与由成本和技术支撑定价的物质价格系统不同，资产价格系统是以资本化定价方式为基础的特定的价格体系，它构成虚拟经济。由于资本化定价受心理因素影响，因而虚拟经济运行时具有波动性。北京航空航天大学、中国航空工业集团公司联合组建了广义虚拟经济研究中心，由虚拟经济向广义虚拟经济（Generalized Virtual Economy）进行了拓展性研究。高歌《宇宙演化总论》一文提出了一种对宇宙演化的猜想：宇宙由信息和物质两个基本要素所构成。就宏观而言，宇宙空间是由运动着的信息态空间和物质态空间共同构成的。就微观而言，宇宙中最基本的粒子单奇子，是一种具有物质和信息两态性的粒子，即单奇子以10^{-15}s的周期在物质和信息两种状态间不停地互变着。[2]上述猜想具有现代物理学根基。林左鸣将这种宇宙变化状态称为容介态（Rongjie State），并将其解释为宇宙中某一已经存在的事物通过容纳入信息介质后实现质变的一种运动形式或运动状态，是宇宙进化运动的最高形态。容介态的基础是信息态，没有信息的存在和变化就形不成容介态。林左鸣将这种宇宙猜想引入广义虚拟经济学：“今天的经济研究中，缺失了一个重要部分，即对广义虚拟经济的成因、发展规律及其对整个经济所产生影响的理论研究。尽管广义虚拟经济事实上已广泛地存在于今天的经济生活中。”“各种经济形态因‘跨界’而形成交叉，所以有必要将同时满足人的物质需求和心理需求（并且往往是以心理需求为主导）的经济，以及只满足人的心理需求经济的总和定义为广义虚拟经济。其基本特征表现为二元价值容介态，即传统商品价值由于不断融入旨在满足人的心理需求的信息介质而进化为更高级的商品价值。它实质上是一种基于‘生活价值论’的人本经济，着重考虑人的心理需求和由此反映出来并以社会进程中所生成的信息态为基础的进化及其发

[1] 卡尔•海因里希•马克思：《资本论》第三卷，中共中央编译局译，人民出版社，2004年，第527、532页。

[2] 高歌：《宇宙演化总论》，《前沿科学》，2009年第4期。

展规律。”[1]在亚伯拉罕•哈罗德•马斯洛（Abraham Harold Maslow）提出的人的基本需求5个层次，即生理的需求、安全的需求、归属和爱的需求、尊重的需求、自我实现的需求中，只有1个半是生理需求，因为安全可以理解为生理需求和心理需求各占50%，其他3个半则完全是心理需求，占了70%。可见，心理需求是人的基本需求的主体。正是这种心理需求催生了广义虚拟经济。满足人的生理需求的是使用价值，交换这种使用价值的经济属于物本经济、实体经济的范畴；创造和交换满足人的心理需求的价值成为今天经济活动的重要特征。这种有别于使用价值的价值被定义为虚拟价值，围绕创造和交换虚拟价值的经济活动就是广义虚拟经济。广义虚拟经济强调的是主体和客体、物质生产与精神生产、实物价值与虚拟价值、生理需求与心理需求、物质形态与非物质形态（信息态）的交互作用。在这种交互作用中，一方面，主体客体化，精神物质化，虚拟价值实物化；另一方面，客体主体化，物质精神化，实物价值虚拟化。

[1]林左鸣：《广义虚拟经济：二元价值容介态的经济》，人民出版社，2010年，第9、3页。

虚拟经济的存在具有通史性，它既游离于社会形态之外，又融于任何经济社会之中。而在社会经济链条中，“乐”是广义虚拟经济出现的显著标志。“乐”是人类的一种天性。考古发掘显示，在原始时代，除了那些简单的石器工具外，还可以在人们居住生活过的洞穴里发现很多图腾，这些图腾主要用来满足原始人的某种心理需求。当今时代“乐”的概念被无穷扩展，成为人的一种基本生活或生理需求。由于人的心理需求具有无限性，致令由生产它们的行业组成的庞大产业乃至相关产业日益兴盛，并逐步在GDP中占有越来越高的比重。不仅如此，事实上在衣、食、住、行链条各环节也都渗透着虚拟价值。如人们穿品牌衣服，品牌便内含着虚拟价值。虽然其虚拟价值依存于实体，但它与实体如影随形，既能满足人的生理需求，又能满足人的心理需求，“跨界”而交叉。同样是劳动甚至同样时间的劳动，在容纳入品牌形象和不容纳入品牌形象的情况下所创造出的价值大相径庭。“乐”十分突出地表现了信息态的特征，即全息性的特性。[2]

[2]林左鸣：《广义虚拟经济：二元价值容介态的经济》，人民出版社，2010年，第324页。

由于虚拟经济条件下的财富是可以被人和社会所确定、赋予的，与传统的劳动没有必然的关系。劳动能创造价值，生活更能创造价值。经济的铁律变成了虚拟价值越大，交换价值就越大。而有些劳动并不创造价值，甚至创造负价值。唐三彩在唐代的使用价值无法与保存至今的唐三彩的虚拟价值相提并论，两者体现在价格中的比例相去甚远，价值的增加并不是因劳动的增加，而是被赋予的。现在若大量仿制唐三彩，盲目施以“劳动”，非但不能创造价值，反而可能破坏价值，因为这样的价值是无法复制的。现代的许多商品则根本没有使用价值，人们却愿意花大价钱为之买

谷歌公司每层楼都装有可供游乐和逃生的滑梯

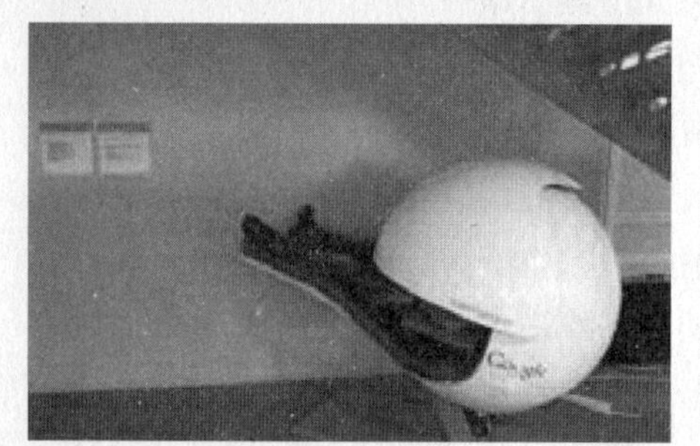
谷歌公司供员工睡觉的隔音太空舱

谷歌公司的游艇沙发

单。比如，股票作为一种特殊商品即上市公司的价格，更多地体现为一种期值，它与人的心理判断有直接关系。以门票、广告收入、赞助费、纪念品等组成的体育经济居然成为社会总财富的重要组成部分，它们从满足人的物质需要来说没有什么实际用处，而只与人的心理判断和精神需求相关。生活对象化和劳动对象化一样也创造财富，因而商品的种类被心理时空所放大，价值的种类也就会拓展。在市场竞争背景下，劳动对象化往往是被动的，而生活对象化则是主动的。劳动创造价值甚至是痛苦的，以至于马克思辛辣地指出："人们会像逃避瘟疫那样逃避劳动。"相反，后现代创意劳动却是轻松愉快、诱人的，因为它成为了一种生活方式。[1]谷歌公司多次获得全球科技行业最佳雇主称号，它构建了一个劳动或公办的"欢乐谷"或"梦工厂"。员工可以睡到自然醒自定时间上班，还能带孩子、宠物、玩具上班，下班则可以坐滑梯下楼。上班爱穿什么就穿什么，甚至可以穿睡衣。办公室像家居，甚至有太空站、划艇式的工位。有免费的美食厨房、健身中心、按摩服务、私人教练、游泳池配套，随时可以离开办公室去调节或享乐一下，也可到隔音太空舱睡觉。"自由散漫"的工作方式模糊了工作和生活的界限，使谷歌公司的员工常有不像上班、不想下班的感觉，即便不付工资也愿意在这里义务劳动。Gmail、Orcut等杰出产品都是员工休闲时冒出的灵感创造的。人绝不只是以劳动，而是以自己的全部生活来与世界进行交往的；人也绝不只是以劳动，而是逐渐将自己的全部生活抽象为价值形态来与世界进行交换的。从生活价值论的观点来看，价值的本质既是狭义上的劳动一般，也是广义上的生活一般。[2]在虚拟经济时代，产品不再被看做是物品，而成为人们之间互换心理需求的载体，是一个个承载着价值、信念的文化产品。企业不再是单纯的物品制造所，而是文化生产、销售的单元。国际贸易中交换的也不再是货物，而是文化。这样的定位显然对人类更有益，更能让人身心愉悦，让人类更有尊严。[3]苹果公司的发展战略生动诠释了广义虚拟经济的市场特征。它借助商业模式创新，成功实现实物价值与虚拟价值的有机整合；通过文化品牌营销策略，赢得超高的"人气"资源；而追求极致体验的价值文化，建立了与消费者间紧密的情感联系。如果说，GDP表现为交换价值的总和，那么传统经济学所描述

[1]钟兴永、刘旖：《〈广义虚拟经济：二元价值容介态的经济〉述论》，《云梦学刊》，2010年第3期。

[2]尹国平：《广义虚拟经济视角下的财富、价值与生活》，《北京航空航天大学学报》（社会科学版），2010年第2期。

[3]晓林、秀生：《看不见的心》，人民出版社，2007年，第24页。

的社会总财富中虚拟价值的涌入，就是当今这个时代所有经济活动和经济现象中最本质的变化。当今生产力已经发展到相当发达的程度，物质短缺在一些发达国家已经基本成为历史，以创造实物财富为主并以满足人们实物需求的经济形态（实体经济）已逐渐被一个不但创造实物财富，而且创造附加于其上的满足人们精神需求的经济形态（虚拟经济）所替代。尽管世界贫富悬殊在拉大，但基本生活品并没有都聚集在富人手里，基尼系数的增加主要是由于虚拟财富分配差距的拉大，并不都是实物财富分配差距的拉大，因而对社会的杀伤力大大减弱。虚拟经济反而弥补了硬通货的不足，促进了生活品的流转，是实现财富合理分配的又一个强有力的杠杆。非但如此，虚拟经济还带来了国家发展战略、文化意识形态、军事和战争、社会生活等诸多方面的变化。虚拟经济占整个经济总量的比率即虚拟经济系数可以表达这种本质。虚拟经济系数是恩格尔系数的反函数，它越小，国家越不发达，国民也越穷；反之，国家越发达，国民越富裕。实体经济发展到一定阶段以后，虚拟经济将逐渐成为经济增长的主要来源。在当代发展经济有赖于一种新的视角的建立，这个视角将是一种虚拟经济的视角。[1]

在广义虚拟经济境域中，信息的集聚和信息的使用成为生产的基本要素。信息不仅本身可以直接成为虚拟商品，而且可以控制物质商品的生产。如通过对物流的控制可以提高物质商品生产的效率。信息还直接衍生使用它的物质商品，如计算机、手机、宽带网线等。更重要的是，信息消费在当代已成为一种人的生活方式。互联网成为人们的社会交往方式、工作方式、商品交换方式、游乐生活方式，物联网则更是将信息转化为十分普遍的生产生活方式。相对于传统的生产关系，建立在信息交互上的物联网的生产关系更为开放，更为包容、自由。这种新的生产方式具有以下特点：（1）制信息权构成核心。不管是知识意义上的信息，还是作为信息态的产品，抑或是生活对象化的凝结，信息都是存在要素。一旦获得制信息权，便获得竞争优势。（2）对传统经济的高整合。信息将传统的物质资料生产整合到它的范畴中，或者将物质资料的小生产整合在一起，对经济结构进行重新规划。信息流变动在前，物流变动在后。而且信息本身构成的经济虚量大于经济实量，虚的成为撬动实的变化的原动力。（3）重塑了商品货币关系。在传统生产方式下，解决商品与货币的关系基本上以物品的稀缺程度为依据。当服务成为商品的附加值（其实也是商品）大踏步进入经济总量时，仍然没有改变这种状况。全社会的货币量与商品量基本是均衡的，中央银行对货币供应量的把握相对容易，财政部门在制定

[1]林左鸣：《虚拟价值引论：广义虚拟经济视角研究》，《北京航空航天大学学报》（社会科学版），2005年第3期。

政策时也容易有现实的判断。信息则使价值具有黑洞效应，容介于商品之上的信息像光和电一样吸引消费，使两者的非均衡关系成为常态。这对实施货币政策提出了新的挑战。（4）突出了泛媒体在生产中的参与性。传统经济将铁路、公路、机场、码头、电信等视作基础设施，而后现代传媒业深入经济体系的每一根神经以后，它们成为最重要的基础设施。而且在泛媒体时代，媒体的概念在不断放大，比如手机就被媒体化了。（5）颠覆了传统的生产程序。传统的生产程序往往是生产在前，销售在后，后现代生产程序往往“倒因为果”。一种商品在生产出来之前，往往已经以信息的方式提前销售给了消费者。生产之前也往往靠“蓝图”引导，一个蓝图往往可以找到数目可观的风险投资。（6）突出了创意和文化与生产的关联性。在物质资料生产方式下，有形的自然资源和劳动力是主要的生产要素，科技创新的速度不仅慢，传导也不广泛。物联网不仅通过信息传导提升科技创新水平，而且可以快速地将人的智慧创意以及文化观念融入生产，使创意和文化成为最为重要的生产要素。[1]在这种意义上，英文中的虚拟经济以Virtual Economy或Visual Economy来表达似乎比Fictitious Economy更恰当。Virtual Economy指以信息技术为工具所进行的经济活动，包括网络经济等；Visual Economy指用计算机模拟的可视化经济活动。而Fictitious Economy主要指股票、债券、外汇、期货等虚拟资本的交易活动。

[1]吴秀生：《广义虚拟经济生产方式初探》，《广义虚拟经济研究》，2010年第2期。

物联网改变了人的财富观。工业社会强调财富的物质性，用机械论、还原论、决定论的认识方法来寻求和论证客观、精确的价值。而在物联网时代，财富越来越多地以非物质形态呈现。财富载体的变化也不是连续的，而更多地呈现出跳跃性的变动特点，基于艾萨克•牛顿（Isaac Newton）绝对时空观的理论无法对这种现象进行有效解释。相对论和量子力学颠覆了牛顿物理学赖以存在的时空观和分析方法，使得微观高速的运动描述有了理论支撑，并由此形成了一种新的社会科学研究范式。它改变了财富观或价值观，财富或价值在泛化。[2]财富的确定基于人类共同的主观需求对客观载体的判断。社会财富由此可以划分为3个层次：一是天然存在、可被人类利用的经济价值，包括土地、山川、河流等自然资源；二是人类经济活动所创造的商品价值，即通过劳动、技术、管理、资本运作等活动带来的价值；三是人类的认知改变所生产的价值，即对客观载体效用或稀缺性认识的提高带来的对价值的重新评估。创意也直接创造价值。高速微观的虚拟财富世界的运行完全不同于低速宏观的实体财富世界，它对物质的依存性减小，而有很强的精神特征。市场供求不只遵循从量变到质变连续变化的规律，供给和需求曲线带有更多的跳跃性和不确定性。投入

[2]林左鸣：《广义虚拟经济：二元价值容介态的经济》，人民出版社，2010年，第53页。

产出规律由此发生了根本性变化，非物理成本所能描述。[1]物联网经济是广义虚拟经济的最高表现形态之一，或者说是一种典型的二元价值容介态经济。它在使用价值和虚拟价值两种价值间滑动，同时在统一、融合和增生两种价值。它延长了经济链条，渗透到各行各业以及衣食住行各方面，既有物理感知又有非物理感知，既有生理感知又有心理感知。它实现心理需求向物质需求的“跨界”，并使这种物质需求较好地符合生理需求和心理需求。物联网时代不仅以物质商品的稀缺拉动经济增长，更以差异化的生活或心理需求推动经济增长。

与其说物联网是经济学创新，不如说是哲学创新。之所以这么说，是因为认识物联网重要的不在于经济活动领域的划分，而在于思想视角的建立；发展物联网重要的不在于新经济活动要素的寻求，而在于思维方式的改变；研究物联网重要的不在于追求多少时髦的概念，而在于从人本、流程、需求、商品、价值和财富等基本概念入手，把握信息态在其中扮演的重要角色。认识和把握物联网必须运用复杂性思维和复杂性方法。复杂性思维、复杂性方法的一个重要方面或者说一条重要规律，就是互补性规律或互补性思维。坚持互补性规律或互补性思维就是要克服非此即彼、两极对立的思维方式。复杂的认识对象有时表现为不能用统一的理论逻辑体系来解释，或者说解释它的理论彼此常常不可化归，而形成彼此独立的两个或更多的系统。但复杂性思维或复杂性方法却把它们看成是互相补充的，而不是互相对立、互相排斥、水火不容的。物联网的“生活对象化”“生活价值论”“心理时空”“人本经济”并不是对“劳动对象化”“劳动价值论”“物理时空”和“物本经济”的简单否定，而是一种辩证的否定，一种扬弃，一种超越。它吸取了后者的合理因素，把它们包含于自身之中，并增添了物本经济所没有的新内容。似乎也可以说，物理时空是对心理时空的一种狭义理解，劳动对象化是生活对象化的一种狭义理解。物联网已经把传统经济作为一种特殊的极限情况包括在自身之中，并对其做出新的解释。在物本经济学中，社会必要劳动时间是衡量商品价值的尺度，可是在物联网时代，传统的关于商品价值衡量的尺度失灵了，使用价值和虚拟价值同时进入交换领域，价值度量的复杂性大大增加，商品的价值与生产商品的社会必要劳动时间并不表现为正相关的线性函数关系。虚拟价值的大小完全取决于创造者之外的消费者整体对其的感受及认同，与创造者付出的劳动时间没有必然的关系，或者也可呈负相关的关系。[2]

[1]林左鸣：《虚拟价值引论：广义虚拟经济视角研究》，《北京航空航天大学学报》（社会科学版），2005年第3期。

[2]林左鸣：《广义虚拟经济：二元价值容介态的经济》，人民出版社，2010年，第12、91、90页。

三、无限创意经济

早在1912年，美国经济学家、思想家约瑟夫•阿洛伊斯•熊彼特（Joseph Alois Schumpeter）即在《经济发展理论》一书中提出，现代经济发展的根本动力不是资本和劳动力，而是“创新”。熊彼特还在他的成名作《资本主义、社会主义和民主主义》一书中借用生物学术语，把“不断地从内部使这个经济结构革命化，不断毁灭老的，又不断创造新的结构”的过程，称为“产业突变”。他使用著名的“创造性毁灭”或“创造性破坏”（Creative Destruction）来指称这个“资本主义的本质性的事实”，即不断地摧毁陈旧的和效率低下的生产方式，用新的更有效的生产方式取而代之。[1]美国麦肯锡咨询公司经济学家理查德•福斯特（Richard Foster）、莎拉•卡普兰（Sarah Kaplan）用10余年时间建立了“麦肯锡企业绩效资料库”，并运用熊彼特的理论分析了40年来横跨15大产业的1 008家企业的绩效状况。他们在研究成果《创造性破坏：市场攻击者与长青企业的竞争》一书中指出，企业运营面临重大改变的必然性即“不连续性”或“断层”，因为企业长期运营的绩效增长是有局限性的。美国联邦储备委员会前主席艾伦•格林斯潘（Alan Greenspan）在其自传《动荡年代：新世界中的探险》一书中也指出，美国经济比起其他国家更明显地反映出熊彼特所谓的创造性破坏。这种创造性破坏过程在美国是持续的，并已明显在加速。新兴的科技赶走了老科技，资本由老科技往新科技移动。当使用老科技的生产设备变得陈旧，金融市场即会支持使用新科技的生产方式。只要美国保持科技的领先优势，经济增长率会长期保持在0%—3%之间。熊彼特所说的“创造性破坏”在当今表现为创意经济的发展。但熊彼特时代的创意还是受资本支配的，资本决定生产、劳动或创意。当今建立在网络基础上的创意在经济发展中则占据了主动地位，成为资本的追逐目标。创意可以通过网络迅速调集资本构建强大的生产机器。创意经济也不仅仅拘泥于竞争性市场的“创造性破坏”，还可以拓展“新蓝海”。这种“蓝海战略”代表经济发展战略的范式性转变，从给定结构下的定位选择向改变市场结构本身转变，即把视线从市场的供给一方移向需求一方，从关注并比超竞争对手转向为买方提供价值。

[1]约瑟夫•熊彼特：《资本主义、社会主义和民主主义》，绛枫译，商务印书馆，1979年，第104页。

创意在很早以前就发挥历史作用。古希腊的雅典即独特的创意舞台，2 000年后意大利的佛罗伦萨也成为创意中心，工业革命后英国、德国、美国的一些城市也因创意而辉煌。但从根本属性来说，创意是后现代的重大社会特征，后现代在一定意义上即创意时代。1996年，托尼•布莱尔（Tony

Blair）在对英国的历史和现状深入研究的基础上撰写了《新英国：我对一个年轻国家的展望》一书，提出经济社会发展“第三条道路”理念，即所谓的“布莱尔主义”，强调通过变革和创新应对全球化挑战，改变英国的老工业帝国形象，建设强大的、充满活力的“新英国”及国际新秩序。1997年布莱尔赢得大选后又将发展创意产业列为“新英国”构想的重大策略。通过推行“新英国”计划和发展创意产业，英国从昔日的“欧洲病夫”一跃成为21世纪的“优等生”。经布莱尔政府的特别整合和定义，原本已经存在但概念并不清晰的创意产业或创意经济迅速得到几乎所有发达国家和许多发展中国家的特别看待和重视，并在近10多年间迅猛发展，成为维持经济持续增长的巨大助推器。后现代思想家认为，创意正在促成社会形态的重大变革。其主要特征是：资本在全球范围更深层次渗透和均质化，生产不再主要依靠资本，自然资源的消耗也将受到节制，创意取代资本成为生产的决定因素；普遍化和总体化的知识基础、理性主义以及与之相应的一致性观念和因果观念将逐渐消解，代之以多样性、多元性、片断性、不确定性观念以及被社会和语言非中心化了的碎裂的主体，人处于时空经验的改变和创造、创新的可能性之中；社会发展主要目标不再是经济增长而是人的生活质量——物质生活质量逐渐趋同，精神和文化生活高度多样化，生活成为一种创意活动。美国经济学家理查德•弗罗里达（Richard Florida）在《城市与创意阶层》一书中甚至将社会发展分为农业经济时代、工业经济时代、服务经济时代和创意经济时代，并断言创意时代已经到来。

1998年英国政府《英国创意产业路径文件》对创意产业最早做出定义：“所谓创意产业，是指源于个人创造力、技能及才华，通过知识产权的生成和取用，具有创造财富并增加就业潜力的产业。它通常包括广告、建筑艺术、艺术和古董市场、手工艺品、时尚设计、电影和录像、交互式互动软件、音乐、表演艺术、出版业、软件及计算机服务、电视和广播等。此外，还包括旅游、博物馆和美术馆、遗产和体育等。”[1]这个定义有便于狭义的创意产业的部门统计，但不准确。英国学者西蒙•路德豪斯（Simon Roodhouse）认为，创意产业应从上述部门中分离出来，成为独立的产业部门。它生产的产品如广告、建筑、服装、手工艺品中的创意设计、电影电视中的题材构思、出版和软件制作中的选题策划、艺术表演的导演形式、各种产品的生产工艺和标准以及销售模式等，已经不是大众消费的最终文化产品，而是文化生产甚至所有生产过程中的中间产品。创意产业的本质规定性实际体现在“创意”二字的内涵上。英文

[1] *Creative Industries Fact File, CREATIVE INDUSTRIES DIVISION, DEPARTMENT FOR CULTURE, MEDIA AND SPORT*, UK, 2002, http: // www. culture. gov. uk / PDF / ci_fact_file. pdf.

Creative Industry中的Creative原义确实指一般意义上所说的"创造"，但若从一般宽泛的意义上来规定创意产业，其特殊性很难概括或界定，比如科技产业可能全部被归为创意产业。中文将Creative Industry译为"创意产业"，比英文更达词意、更得神韵。《词源》"创意"条云："犹言立意，指文章中提出的新见解。汉王充《论衡•超奇》：'及其立义创意者，褒贬赏诛，不复因史记者，眇思自出于胸中也。'唐李翱《李文公集》六《答朱载言书》：'六经之词也，创意造言，皆不相师。'"由这种意义引申，可以将"创意"解释为"创造性构想"或"创造性理念"，是一切创造或创新活动开展或进行中前置的构思、谋划、设计，规定活动的基本内容以及性质、方式或发展方向。《孙子兵法》中有句名言："上兵伐谋。""创意"就是指这个"谋"。因此，创意产业既不是通常说的科技产业乃至高新技术产业，也不是文化产业。澳大利亚、新加坡等国和中国台湾地区将创意产业表述为文化创意产业（Cultural & Creative Industries），其实际含义是文化加创意产业。这种表述有其内在矛盾，在实践上有淡化创意内涵的负面效应。在这种认识的支配下，中国一些地方政府又将创意产业归到文化行政管理部门管理，"创意"的要义变质，减弱了创意产业作为区域发展战略核心的作用。创意产业具有非常丰富的文化因素，但不等同于文化产业。文化产业是现代的，创意产业是后现代的；文化产业是工业经济，创意产业是知识经济、智慧经济；文化产业可以是简单的机械复制，创意产业以数字传输为基础；文化产业实行全球标准化生产，创意产业实行全球多样化生产；文化产业可以不依赖信息网络，创意产业以信息网络为基础；文化产业以集中方式组织生产，创意产业以分散方式生产；文化产业以大众消费为市场目标，创意产业以分众消费为市场目标；文化产业可以自发成长，创意产业的成长需要特殊的政策扶持。创意产业也不完全重合于美国、日本所称的版权产业、内容产业。创意产业是文化产业或内容产业、版权产业的核心产业、高端产业、关键产业和后现代模式。

由于创意产业或创意更多地以融合于其他产业或者说以容介态为存在特征，因此从创意经济（Creative Economy）的角度来把握它才更恰当。创意产业与传统产业的融合使原有的产业链和价值链发生迁移，多个产业的产业链和价值链由此被重新组合，形成产业网和价值网。创意产业是规定所有产业内容和性质的前置的创造性产业，而融入创意产业的一切产业活动或者说具有创意规定性的产业活动的总和则构成创意经济。创意产业是创意活动构成的独立的产业部门，是后工业社会的"黄金产业"；创意经济不等于创意产业，它除了包括创意产业外，还包括经创意改造的效益农业、新型工业和新兴服务业等在内，涵盖新经济总体。由于创意经济涵盖面非常广，可以是所有产业的中间性、前置性决定要素，它所实现的不仅是产业革命，而首先是思想革命。但我们现下谈创意经济多半停留在创意产业的层面，这样容易忽视创意对经济总体深刻的观念影响作用，容易忽视创意与其他产业的内在联系，容易忽视创意对经济总体的强大改造和构建作用。

创意经济是促进产业变革和社会改造的思想经济、观念经济、信念经济、智慧经济、点子经济，可以总体表述为理念经济（Idea Economy）或智慧经济（Smart Economy），它生产好点子（Good Idea），并用这个点子去“点石成金”。有创意产业之父之称的英国经济学家约翰•霍金斯（John Hawkins）《创意经济：如何点石成金》一书的副标题原文为How People Make Money from Ideas，意为“人如何由理念赚钱”。理念（Idea）在哲学上指最高的精神存在。知识经济（Knowledge Economy）中的知识（Knowledge）易被解释为客观知识或书本上的知识，这种意义上的知识是对客观世界的适应性反映，是对既往形成的客观规律的捕捉。但Knowledge Economy之本意上的知识是人的主体性知识，反映人的能动本质和人的创新过程。这种知识是一种思想方式、行为方式甚至生产方式，是人对未来的一种主体性塑造和整合能力，超越于物化、异化和消极性的知识，具有生命性、能动性、整体性等特征。从这种意义上来说，Knowledge Economy译为“智慧经济”更达词意。信息经济（Information Economy）不是信息产业（Information Industry），也不是信息技术在各产业的应用，其实质是知识经济、智慧经济。从新经济或未来经济的角度来说，知识经济、信息经济与创意经济具有同一性。考虑到这些概念在使用上的一些特殊性，也可以将创意经济界说为知识经济、信息经济的核心层。在知识经济或信息经济时代，对未来的战略设计和洞察能力，正成为国家竞争能力的核心，创意经济的竞争正在成为国家间最高层面的战略竞争。物联网具有直观的产业融合功能，它是目前为止产业网最大、涵盖面最广的一种经济形态，实质上是创意经济的一种高级实践形态。

从哲学和经济学、社会学综合的高度来审视，创意经济具有如下一些基本特征：一是边际成本递减的高成长性经济。现代经济是一种迂回经济，它通过社会化创造价值，同时也在这种社会化的迂回路径中耗费价值。社会化的范围超过一定限度，其边际成本增加，边际效益下降。创意经济则是非迂回的直接生产方式，生产者与消费者的时空距离被消解，在社会化上耗费的物质成本几乎可以忽略不计，同时自身又建立在创造性思维这种“无形并在通常情况表现为无限的资源基础上”，低消耗、无污染，不受资源稀缺限制，所以突破了大卫•李嘉图（David Ricardo）生产边际成本递增、要素边际收益递减的经典结论，使生产“从一个收益递减的社会逐步进入收益递增的社会”。[1]二是合目的的融合型经济。人类社会的经济形态经历生产与消费过程合一的农业经济、生产过程与消费过程分离的工业经济、生产过程与消费过程重新统一的创意经济3个阶段。农业经济是一种自在的直接经济，受自然条件的限制，人性受物性支配；工业经济是一种自为的间接经济，人的本质被对象化、商品化，人的存在与本质对立；创意经济使劳动与资本、生产与消费相统一，劳动成为资本，知识和创意成为生产要素，生产与消费合于同一目的，人的本质回归于存在之中，“理性的经济人”成为自在自为的自由人。创意经济在这种背景下使人的合目的性生产达到最高境界，并使人成为更高的生命存在。创意经济还以居于价值网高端的地位渗透和融合于所有新兴产业，并且链接于它们的关键环节作为“引擎”，决定其生产模式、市场空间。三是崇尚自由的体验经济（Experienced Economy）。体验经济概念源出美国经济学家B. 约瑟夫•派恩二世（B. Joseph Pine II）和詹姆斯•H. 吉尔摩（James H. Gilmore）合著的《体验经济》一书。该书指出，一种新的经济形态即体验经济正从服务经济中分离出来，它是继产品经济、商品经济、服务经济后的第四种经济形态，最鲜明的特征是通过生产提供一种让人难以忘怀的体验。托夫勒1970年出版的《未来的冲击》一书也曾提出过制造业、服务业和体验业三段论。“星巴克出售的不是咖啡，而是对于咖啡的体验”——星巴克公司（Starbucks Corporation）创始人霍华德•舒尔茨（Howard Schultz）这句经典之语是对体验经济的绝好注脚。从街头表演场所，到布鲁克林（Brooklyn）的音乐创作广场，到切尔西艺术画廊（Chelsea Art Galleries），到百老汇（Broadway）的剧院，再到麦迪逊大街（Madison Avenue）的广告，创意经济不仅提供了产品或服务，更重要的是还向美国消费者提供了一种人文消费体验。有的经济学家甚至认为以体验经济取代知识经济等概念更好。在法兰克福学派（Frankfurt School）那里，快乐体验可以在高于生活的艺术创造中实现。在创意经济的意义上，产品只是一种道具，生产所提供的真正价值是一种新的生活方式，快乐未必仅仅是艺术体验，人人其实都可以在日常消费中实现对平庸的超越。人与审美对象的“间隔”“距离”被消解，生产与生活相融，生活就是审美体验——“美是生活”。四是生产者与消费者知识权力均衡型经济。创意经济使生

[1]约翰•霍金斯：《创意经济：如何点石成金》，洪庆福、孙薇薇、刘茂玲译，上海三联书店，2006年，第135页。

产与消费相互扬弃，是生产者与消费者的相互渗透。知识产权维护生产者主权，与之相对立的是消费者主权，它们代表知识权力的左（Copyleft，非知识产权）右（Copyright，知识产权）两种方向。盖茨和理查德•斯台尔曼（Richard Stallman）同出于哈佛大学，对这两种主权的维护采取不同的态度。盖茨的路径通向知识霸权主义，斯台尔曼则酝酿了由黑客文化衍生出来的自由软件运动。斯台尔曼的口号是“思想共享，源码共享”：自由软件供使用者按需要使用、拷贝、散布、学习、修改。他提出的这种知识消费的自由模型是一种免费模型，即公共品市场模型，打破了传统经济学公共品只能由政府提供的“马其诺防线”（Maginot Line）。由于知识不像有形产品那样具有使用上的排他性，通过这种自由模型，可以使知识创新打破知识垄断的局限，无限制进行资源整合和智力碰撞。斯台尔曼认为，知识产权的存在合理性在于维护消费者利益，出版商和作者虽然应当享有部分权和利，但那不过是指导或改变其商业行为的一种刺激因素。保护知识生产还有其他许多正途，如鼓励科学研究和试验发展（Research and Experimental Development，简称R&D）投入、鼓励风险投资、鼓励企业上市、激励人才成长等。网络公司在知识产权方面的损益就可以通过庞大的网络资源由股市来赢利。创意经济发展的初始阶段会比较重视知识产权，到一定阶段则逐渐将利益保护的天平倾向于消费者主权。五是在风险中取得确定性的经济。创意产品与创意活动一样具有多样性、差异性的特征，事前没有市场的销售检验，生产投入又往往要依靠风险投资的支持，成功建立在大量失败的基础之上，存在一定的风险。风险的本质是不确定性，而信息或知识的本质则是确定性。基于信息或知识的创意设计或创意经济不仅可以获得具体的确定性，而且包含了可以指导获得具体确定性的一般的确定性，即能带来确定性的确定性。英国战略学家格雷•汉默尔（Gory Hamel）在《重构竞争的基础》一文中指出：“创造未来的巨大挑战不是预见未来。并非前方只有一个未来会实现，而唯一的挑战是要力图预见到潜在的几种未来中哪一种会最终实现。相反，我们的目标是要力图想象出一个可信的未来——一个你能创造的未来。”英国商业哲学家查尔斯•汉迪（Charles Handy）在《在不确定中寻找真理》一文中指出：“未来的激动人心之处在于我们能够塑造它。”“你的生活只能是迈步走进充满不确定性的前方，然后在不确定性中努力创建自己的安全岛。”[1]我们必须决定我们自己想过什么样的生活，然后去创造这样的生活。生活中重要的而令人满意的是一种超越自我的目的感。通过创意设计寻找人的存在目的性和确定性正是创意经济的根本目标和绝对优势。[2]六是集群化网络经济。创意

[1]格雷•汉默尔：《重构竞争的基础》，查尔斯•汉迪：《在不确定中寻找真理》，载罗文•吉布森（Rowan Gibson）：《重思未来》，杨丽君、彭灵勇译，海南出版社，1999年。

[2]姜奇平：《新知本主义：21世纪劳动与资本向知识的复归》，北京大学出版社，2004年。

经济是文化、科技和经济相互交融与作用所形成的综合经济形态，是多学科广域人才集成创新的产物。产业单位以小型化、扁平化、个体化为主，但一般采取集群化、网络化方式分布形成规模优势。分布地缘往往具有工作与生活结合度高、生产与消费有高效的市场连接、风险投资资本充裕、产业政策宽松灵活、思想自由活跃、文化或自然环境优越等优良条件。它可以是局地，但这些局地也与广域相连接，是无数个创意局地的网络。

创意经济与以往的经济形态相比更突出发展理念和人性化实现。“创意”是人类理性发展在后工业时代的重大历史特征。经过产业实践，创意的理念从产业向经济整体延伸，也可以向整个社会延伸。弗罗里达认为，就像再强大的引擎也要有一个底盘才能让它的强大动力发挥出来一样，经济系统也需要一个能够管理它的机构和社会体系，否则就无法完全释放自己的潜能。中国甚至整个世界发展创意经济所面对的真正挑战是如何建立一个高效的创意社会，让它来疏导创意经济的能量大潮。对此，弗罗里达给出了一张创意时代议程表，里面包括“完全释放每个人的创新能力”“为创意基础设施投资”以及“重视高校建设，改进教育体系”等行动纲领。互联网是目前人类造就的最大的创意基础设施，物联网将是未来更大的创意基础设施。创意只有运行于物联网上才能构建为创意经济、创意社会，物联网因为有了创意才能实现其根本性的价值。

创意引擎

物联网的越界与融合所拓展的创意空间，较网下的创意组合有了更多的自由和更令人意想不到的可能。这种创意不止于产品，还包括业务流程、商业模式、管理制度、服务方式等各个环节的创意。创意空间不仅由产品设计向商业延伸、由内在思想向外在实体拓展、由有限现存向无限未来开辟，更是商业由设计实现、外在实体由内在思想收敛、无限未来由有限现在谋划的方式，大大扩展了创意构思的来源和解决问题的协作范围。网下创意即便可以开发新产品，也需要通过功能创意才能开发出新用途或增值业务。2010年5月26日，苹果公司以2 213.6亿美元的市值一举超越微软公司，成为全球最具价值的科技公司。苹果公司在努力提高产品的性能和品质、实现产品差异化的同时，更关键的是充分挖掘了大众需求题材，将许多业已存在的商品和服务通过软交换方式组合在一起，借助商业模式创新建立一套新的供给组合，成功实现实物价值与虚拟价值的有机整合。通过“口碑营销”“饥饿式营销”策略和紧凑的供应链，实现了文化、产品、品牌和口碑之间的良性循环，赢得大批忠实的“苹果迷”。而以完美、个性展现的苹果产品给消费者带来顶级的价值感和便捷的情感联系，成为公众心中恒久的快乐体验。在传统商业社会，公司商业活动范围存在于产业范围之内，单一产业的整体市场容量往往决定公司的收入和价值最大化，这是可以被预测的市场。事实上，由于充分市场竞争关系存在，产业内单一企业很难轻易取得垄断势力，它的商业活动范围将大打折扣，而其真实的市场地位却主要取决于企业自身的资源禀赋，包括技术、品牌、原材料等具有独享意义的资源，企业可以据此不断提升纵向一体化能力拓展竞争范围。如同彼得•F. 德鲁克（Peter F. Drucker）所说，企业战略是依据企业所拥有的资源勾勒未来的发展方向。20世纪70年代末，苹果电脑凭借出色的工业设计成为消费者心目中最完美的PC产品，但在过去的30多年间苹果电脑却也一直是PC产业内的另类者。公司奉行独断专行的技术路线，无论是Macintosh计算机还是Mac OS操作系统，都与主流的“奔腾机”和Windows操作系统不兼容。苹果公司为此付出沉重的代价，苹果电脑的全球市场占有率一度由最高的20%滑落到不足3%。如今，苹果公司实行了全新的商业转型。2001年推出iPod，2003年推出iTunes。起初iTunes只是一个和iPod相匹配的音乐管理平台，如今则成为苹果终端的管理平台，无论是iPod、iPhone还是iPad，都通过iTunes来管理。iTunes因此成为苹果产品的创新枢纽。在产品与服务之间，苹果公司的商业范围跨越了数码产品制造业、互联网服务业、唱片业、软件及信息技术业等多个产业边界，成功实现实物价值与虚拟价值二元的有机整合。“iPod + iTunes”“iPhone + iTunes App Store”的组合提供了一种新型的“产品+服务”商业模式，这种服务不同于传统制造业的售后服务。其延长产品寿命的策略不仅仅取决于技术和产品更新，也不仅仅在于努力改善售后服务体系，而借助于庞大的第三方软件开发商群体。在这个商业模式中，作为服务形态存在的iTunes、iTunes App Store在自身实现赢利的同时，对于拉动iPod和iPhone的销量、延伸产品寿命、提升顾客忠诚度都具有非常明显的作用。而其硬件产品所获得的利润率也远远高于行业平均水平。这说明新产品必须融合网络的其他功能、技术手段和价值增长模式，才能获得超常的成功。在物联网环境下，新的创意资源的扩散和传播具有一种弥漫效应，常常会以出人意料的方式在互不相干的领域间开辟出无数的通路，从而使思想的分享、功

“苹果”创意的成功

能的交换和技术的兼容等变得非常容易。在产业与新技术的结合过程中，除新兴产业的不断涌现外，还将催生并带动以新兴产业为核心的众多周边产业。物联网创意的多元性意味着广泛的物物关系的重构、企业集群的形成、人才的集合。

物联网意义上的创意经济价值和社会效用呈现乘数效应。1897年，意大利博学家维弗雷多·帕累托（Vilfredo Pareto）通过研究英格兰的财富和收入结构，发现约20%的人口控制着80%的财富。这一结论被称为“二八定律”。2004年美国《连线》杂志主编克里斯·安德森（Chris Anderson）发表了著名的《长尾》一文，认为文化和经济重心正在加速转移，从需求曲线头部的少数大热门转向尾部的大量利基产品市场。这就是著名的长尾理论（The Theory of the Long Tail）。[1]由于成本递增和收益递减同时起作用，传统经济最后10%—20%的市场是成本最高而收益最低的。而在创意经济中，由于边际成本递减和边际效益递增，最后这部分就可以成为成本最低而收益最高的市场。物联网以与传统经济迥然有别的方式，用创意替代或部分替代资本、土地等生产要素，生产既比工业化生产的社会化程度更高、成本更低，又比工业化生产的个性化程度更高、价值更高的产品。它不仅有可能通过网络编码解码减少锁定市场的摩擦阻力，通过网络协同共享而非网下知识产权保护提高产出率并降低生产成本，还可以通过网络框架进行结构性产业制度创新。工业原材料在生产中逐渐消耗，创意理念或创意产品的消费则相反，它可以重复使用，并且伴随重复使用规模的扩大而更具价值。它不仅在消费者的欣赏中实现自身的价值，而且在不同的多次使用中遭遇不同的知音，触发众多不同的新创意，因为元创意存在着让每个参与人进行再创意的空间和潜质。物联网不仅集聚了每个有愿意表达创意和想象力的个体，而且突破了阻隔创意传播系统的种种壁垒。在物联网支持下，基本不追加投资或边际投入极小也可以实现经济价值的最大化。[2]

日本管理学家野中郁次郎将知识创新的场所命名为“巴”，它是知识分享、知识创新和知识使用的“场”。“巴”既指物理的场所，如办公室、饭桌以及其他商务场所，也指虚拟空间如网络，其中包括经验、观念和理想等精神交流的空间。野中郁次郎指出，与其说“巴”是一个容纳知识和容纳有知识的人的物理空间，不如说“巴”本身就是知识。知识创新的过程就是创造“巴”的过程。[3]野中郁次郎有关“巴”的讨论主要限于企业组织内部，而构建广义上的“巴”更为迫切。埃伦·J. 斯柯特（Allen J. Scott）在《创意城市：概念问题和政策审视》等文中指出，产业综合体

[1]克里斯·安德森：《长尾理论》，乔江涛译，中信出版社，2006年，第35页。

[2]姜奇平：《创意产业经济学的批判》，《互联网周刊》，2006年第9期。

[3]野中郁次郎等：《组织知识创新的理论：了解知识创新的能动过程》，载迈诺尔夫·迪尔克斯（Meinolf Dierkes）等：《组织学习与知识创新》，张新华等译，上海人民出版社，2001年。

内具有促进学习和创新效应的结构构成创意场（Creative Field），这是一种促进和引导个人创造性表达的相互关系。这种关系是产业综合体中新思想、新灵感和洞察力产生的关键要素之一。创意场的发展水平与产业集群的发展水平和它们间的互动作用力大小相一致，也与社会间接资本（基础设施、大学、研究机构）投入有关，同时也是文化、惯例和制度的一种表达。而目前物联网是创意场的最充分的表达方式。

农业经济是分布模式的经济，工业经济是集中模式的经济，网络经济是集中模式复归分布模式的经济。网络经济可以发挥传统意义上的规模生产的优势，但它是在分布模式上提升规模的。阿里巴巴集团号称要解决200万人就业，并不是把200万人集中在一排大房子里上班，而是集聚在网络状态下，是分散中的集中，分散中的规模，因此其豪言壮语是有可能实现的。物联网经济不仅具有这种规模和分布方面的特征，而且还与大规模定制联系在一起，可以直接进行远程合作生产，是规模经济与和它相反的定制经济的结合。物联网不是基于生产中心的规模经济，而是基于需求节点的规模经济。规模经济意味着较高的社会化程度和较低的生产成本，定制经济意味着较高的个性化水平和较高的生产价值。物联网在关注需求中不断变动设计、策划、营销，创造消费惯例、涵养消费人群、引导时尚潮流，分众化、动态化趋势日益增强。20年前的消费者10人1种需要，10年前的消费者1人1种需要，今天的消费者1人10种需要。消费对象的发展趋势是大众—小众—个人，消费方式的发展趋势是固定—移动—双向互动。动态化意味着可以实现定制生产。定制生产不仅可以降低原料消耗和库存成本，而且可以在终端上将生产风险降到最低。物联网的可测量性、智能化、实时互动和按需变更等技术支持，更使成本节约贯穿于生产到销售的每个步骤或环节。与终端相连的实时互动的网络信息，消除了传统传播方式必须通过调查获取消费需求信息的时间差以及调查信息的不准确性，从而可以及时依据不同层次的消费需求分别实施特定的服务。

网络造就了不同于现实环境的虚拟空间，网众之间可以“隔空”发生关系，黑客、骇客、博客、闪客、奇客（极客）、播客、红客、掘客、威客、维客、切客、叨客、拍客、搜客、沃客、摩客、晒客、飞客、绿客、调客、冰客、蓝客、酷客、换客、淘客、账客、米客、网客、粉客、灰客、问客、流客、短客、图客、醒客、协客、丫客、炫客、掮客、捐客、摸客、爱客、测客、印客、拼客、秀客、娱客、读客、彩客、台客、影客、哄客、职客、K客、泥客、漫客、聚客、游客、旅客、骚客、看客、食客、辩客、乘客、门客、房客、顾客、刺客、侠客、镖客、剑客、刀客、骚客、生客、熟客、稀客、堂客、香客、说客、墨客、政客、麦客、过客、朋客（朋克）、做客、作客、生客、常客、外客、亲客、陪客、茶客、贵客、异客、迁客、幕客、沙发客等集中爆发。这些网客是出现在网络空间或赛伯空间（Cyberspace）这个“虚拟会客室”的各种类型的行为主体。网客在网络空间中的一些特定存在方式繁衍出各种各样的“客文化”。随着物联网的发展，网络从独立并超越于现实生活的一个虚拟的审美性领域快速向与现实联系密切的功利性领域转换，其交互功能由“人—机”和“人—机—人”的弱连接向“人—人”的实质性社会交往以及“人—物”控制的深连接转变。“客文化”也反“客”为主，不仅逐渐成为人们自我表达和日常交往的主流方式，而且也日益成为现实的社会交往和商务发展的重要机制，产业化前景日益明朗。

网客大致可划分为以下三大类：其一，兴趣或自我表达群落。马歇尔•麦克卢汉（Marshall Mcluhan）认为，在机械时代，人类凭借分解切割的机械技术，文明得到了外向的“爆炸”（Explosion）式增长，实现了身体在空间范围的延伸。然而在电子技术出现以后，文明的延伸不仅是物理上的膨胀式增长，而且“迅速逼近人类延伸的最后一个阶段——从技术上模拟意识的阶段”。“在这个阶段，创造性的认识过程将会在群体中和在总体上得到延伸，并进入人类社会的一切领域，正像我们的感觉器官和神经系统凭借各种媒介而得以延伸一样”。[1]文明的增长是“内爆”（Implosion）式的。以“人—机”互动为主要特征的弱连接网络相对少了利害关系、社会身份等因素带来的拘束，没有现实社会交往的隔膜和压力，网客可以自由自在地展示自我。这种交往颠覆了主体实在的确定性身份，网络承担了“无知之幕”的功能，使得参与者可以躲在“幕”后摆脱束缚充分表达意见。[2]“无知之幕”是约翰•罗尔斯（John Rawls）假设的理想情境。兴趣聚合群落通过网络空间聚集在一起，重新配置和组合社交资源，把虚拟社区现实化。其二，创意聚合群落。弗罗里达指出：“创意经济时代一个最大的自相矛盾的问题便是：它需要每个人都发挥企业家精神，燃起激情的热火，但同时只有在得到社会的支持和关心后，人们的光和热才能保持下去。需要解决的问题是：怎样把我们融入一个更为广阔、生产能力更高、更能实现自我价值的创新经济。”[3]创意聚合群落是拥有理想和宗旨的社群组织，它的结构不是金字塔形的，而是远离独占的、垂直等级的、同质化的形态，向分权的、分散的、不同类型的、平面式的模式演进。个人在其中有不受控制的感觉、不确定的感觉、独立的感觉、相对的感觉，以及令人满意的超越自我的目的感，可以自由地组织自己的思

[1]马歇尔•麦克卢汉：《理解媒介：论人的延伸》，何道宽译，商务印书馆，2000年，第20页。

[2]吴冠军：《中国社会互联网虚拟社群的思考札记》，《二十一世纪》，2001年2月号。

[3]理查德•弗罗里达：《创意经济》，方海萍、魏清江译，中国人民大学出版社，2006年，第139页。

网客与客文化

想，也可以选择自己的发展主题。创意人才、创意经济单位乃至一切新经济体都是这个庞大网络系统的有效单元。好莱坞模式是创意经济单元的典范。在那里，创意人为电影拍摄计划组合在一起，甚至没有一个常设中枢，只设立临时办公室。这些合作有时会延续几年，但大部分情况下不到一年。他们分散后为了新计划再重新组合。不能用工业的方式来理解这种网络——像生产线，像以自我为整体——而必须以一种有机生态学的方式来理解它。生态学意义上的成长机制就是内生长机制。其三，商业组织群落。目前网客商业正方兴未艾，出现了协作营销模式、知识出售模式、易物交换模式、品牌推广模式、劳务出售模式等诸多形态。维客网站基于信息免费共享的优势，把人类已有的杂乱信息结构化而做成可免费共享的知识。协作营销模式是维客网站常采用的，它通过设立的相关品牌条目与购物网站合作，为需要的人提供购物指导以及购物网网址链接。这种行为已不是单一的广告宣传，而可以直接销售商品。威客将网络视作人大脑的联网，而不仅仅是机器的联网。网络上的知识都具有或多或少的经济价值，可以作为商品进行交易。知识出售模式是威客网站常采用的，它们通过出售各种创意产品、知识集成系统、专业技术或开办各种培训班等方式来赢利。威客网站的用户有两类：一类向网站提出需求（简称“一类用户”），一类向网站提供能够满足“一类用户”需求的实施方案（简称“智囊团”）。网站是“一类用户”与“智囊团”的中介，网站向“一类用户”寻求需求，向“智囊团”招标能够满足“一类用户”需求的实施方案。如果“智囊团”提供的方案得到了“一类用户”的认可，“智囊团”便可获得约定的报酬，网站也可以有一定的赢利。由于这种运营模式的实质是出售“智囊团”的点子，把属于“智囊团”内部的智慧资源推向社会，使其公开化，故称为“智库开门”运营模式。一般的创意产业是典型的热门中心主义行业，威客打破了这个热门中心的神话，通过网络创造了一个以个性化微内容为主的创意长尾。个人化的创意和需求一直存在，资源十分丰富，但是在非数字化原子存在状态下受时空限制，搜寻、匹配以及交易成本过高，只能构成一个不经济市场，双方都无法从长尾中获益。而在网络状态下，创意供给以数字化形式表现出来并可以进行经济性传递，长尾效应便可能发生。由于经营成本很低，利基产品在长尾市场中的利润可能超过传统市场。威客的实质就是一个长尾“集合器”。品牌推广模式常为试客网站采用，其基本做法是通过虚拟社区对试用者反馈的信息进行分析、加工，进而整理出对产品改良有意义的信息，帮助推动生产贴近市场需求，提高品牌影响力。劳务出售模式常为调客网站采用，它满足了劳动力市场调节的需要，帮助一部分人就业。易物交换模式常为换客网站采用，它通过物物交换、物务交换、务务交换等方式来赢利。目前电子商务市场已由原来的少数群体逐渐向普通消费者蔓延，但传统的电子商务模式毕竟相当不完善，它只是传统零售业的一种变异模式，自动化、规模化程度不高，远程支撑能力不强，资源集合度有限，诸如商品瞬时定位查询、货款支付、物流效率、质量管理等方面的诸多问题正在成为发展瓶颈。物联网则基于完全的网络交易系统构建了网络商业组织群落，将上述网客或网客文化在网络信息和物理商品两种维度上组建在一起，成为一种有效的媒介经济体。这种物联网意义上的创意经济可以集聚全球范围的创意资源，将过去很难拓展的合同协作转变为超时空信用协作，将形如散沙的创意人和创意机构构建为有机聚合系统，进行智慧或创意的“核试验”。

托马斯•弗里德曼（Thomas Friedman）在《世界是平的：21世纪简史》中将全球化划分为3个阶段。“全球化1.0”主要是国家间融合的全球化，开始于1492年克里斯托弗•哥伦布（Christopher Columbus）发现“新大陆”之时，持续到1800年前后。劳动力转移推动着这一阶段的全球化进程。这期间世界从大变为中等。“全球化2.0”是企业之间的融合，从1800年一直到2000年，各种硬件的发明和革新成为这次全球化的主要推动力——从蒸汽船、铁路到电话和计算机的普及。中间因大萧条和两次世界大战而被迫中断。这期间世界从中等变小。“全球化3.0”是网络融合，它使地域、文化、技术、知识等一切因素都不再成为分工与合作的障碍，创造了单一的全球市场，世界的疆界被抹平，世界变平了，从小缩成了微小。这个时代的物质产品、人口、符号和信息跨时空流动，使人类社会成为一个即时互动的社会。信息的自由传播模式打破了很多传统的贸易壁垒，资本不再是决定生产力水平的关键要素，掌握资本运转的信息和创意更重要。资本可以支配生产，信息和创意却可以支配资本。发展中国家可以利用相对充足的人口资源来积累人力资本，着力培养一批掌握先进信息技术的人才。各国之间的产业竞争越过了中间环节，可以直接在最高端的信息产业、创意产业展开。个人却因此变得更强大，任何人都可以是决定生产的主人，都可以根据自己在全球范围内的比较优势来经营事业。今天，网络已大于我们的存在，网络也大于现有文明，它可以成为解放思想的支点。保罗•M.罗默（Paul M.Romer）曾说，伟大的进步总是来源于思想。弗里德曼指出，“电子族”民族与国家及“金色紧身衣”（自由市场经济）之间的相互影响力是当今全球化体系的核心。“电子族”已经成为资本的主要源泉，一个国家如果想繁荣兴旺，不仅必须穿上“金色紧身衣”，而且还必须与“电子族”沟通。“电子族”对“金色紧身衣”情有独钟，因为“金色紧身衣”包含了“电子族”希望一个国家应有的各种自由及自由市场的规则。这是一个技术、资本和信息的民主化同时到来的时代。弗里德曼列举了10股造成世界平坦化的重要力量，其中包括中国加入WTO这个重要因素。他认为，在世界变得更平坦的未来30年之内，世界将从“卖给中国”变成“中国制造”，再到“中国设计”甚至“中国所梦想出来”。托夫勒曾说有3个中国，第一个是信息中国，第二个是工业中国，第三个是农业中国。我们要把3个中国变成1个中国，用信息和网络来改变中国。[1]

[1]托马斯•弗里德曼：《世界是平的：21世纪简史》，何帆、肖莹莹、郝正非译，湖南科技出版社，2006年。

第三章　新网络合作与新联盟战略

一、网络协议、网络法治与利益重组

物联网的产业网很大，整体架构涉及的层面较多，包括传感技术、嵌入式智能技术、纳米技术、识别技术、发现技术、计算技术、网络通信技术、软件技术等多种技术，相关的技术标准繁杂。目前为其制定相关标准的国际标准组织可以分为以下几类：（1）总体框架类。如国际电信联盟的多协议和IP网络及其互通研究组（ITU-TSG13）、欧洲电信标准协会（European Telecommunications Standards Institute）的M2M技术委员会（ETSI M2M TC），主要对物联网架构、安全、编号等进行总体规范。（2）感知延伸类。如美国电气和电子工程师协会（Institute of Electrical and Electronics Engineers，简称IEEE）的802.15工作组、互联网工程任务组（Internet Engineering Task Force，简称IETF）的6LoWPAN/ROLL工作组和EPCGlobal GS1工作组等，主要对部分低速率近距离无线通信及RFID寻址等进行标准化规范。（3）网络通信类。如国际电信联盟远程通信标准化组织（ITU-T）、第三代合作伙伴计划（3rd Generation Partnership Project，简称3GPP）、全球移动通信协会（Global System for Mobile Communication Association，简称GSMA）、开放移动联盟（Open Mobile Alliance，简称OMA）等，主要对智能SIM卡、M2M无线网络等进行优化和给出适配标准。（4）相关应用类。如ITU-T、IEEE、美国联邦通信委员会（Federal Communications Commission，简称FCC）、欧洲标准化委员会（Comité Européen de Normalisation，简称CEN）、欧洲电信标准化协会（European Telecommunications Standards Institute，简称ETSI）等，主要对智能交通、智能家居、智能电网、智能医疗等具体应用实施标准化。中国的标准组织主要有中国通信标准化协会（China Communications Standards Association，简称CCSA）、中国电子技术标准化研究院（China Electronics Standardization Institute，简称CESI）等。CESI侧重传感器通信技术标准化，CCSA侧重于M2M通信网络标准化。从这几年的标准化工作进展来看，国际上各标准组织对物联网的研究缺乏统一的协调和协作，如制定RFID标准的国际组织有30多个，一共制定了250多个标准。ZigBee联盟有超过225家会员，分为促进者（Promoter）、参与者（Participant）和应用者（Adopter）3级。其中，Promoter级有16家，包括德州仪器（Texas Instruments，简称TI）、意法半导体（STMicroelectronics，简称ST）、飞思卡尔（Freescale）、摩托罗拉（Motorola）、飞利浦（Philips）和华为等大公司。每个国际标准组织一般都局限于物联网的某一方面或某一擅长的领域，国内的相关研究也十分零散，缺乏整体系统的端到端的研究，因而与市场发展无法匹配。许多厂商只能制定企业标准。

美国未来学家保罗•沙弗（Paul Saffo）曾说，如同个人电脑是20世纪80年代的标志、万维网（World Wide Web）是20世纪90年代的标志一样，下一个巨大的变化将会是廉价传感器时代的到来。1999年，美国《商业周刊》将“网络化的微型传感器技术”评为21世纪最重要的21项技术之一。[1]这种集成了数据采集、数据处理和数据通信三大功能的微型化、智能化、网络化和多样化的分布式传感系统就是传感器网络。传感器是一种物理装置或生物性器官，能够探测、感受外界的信号、物理条件（如光线、温度、湿度）和化学成分，并将探知的信息传递给其他装置或器官。按被测量要求可分为力敏、热敏、光敏、磁敏、气敏、湿敏、压敏、离子敏、射线敏、光纤敏、生物敏等大类。智能传感器是传感器集成化与微处理机相结合的产物，具有信息处理功能，自检测、自修正、自保护功能，判断、决策、思维功能，双向通信、标准化数字输出或符号输出功能，而且可靠性、稳定性、分辨力高，自适应性强。智能传感器有3种实现方式：一是非集成化实现，即将传统传感器、信号调理电路、带数字接口的微处理器组合为一个整体；二是集成化实现，即采用微机械加工技术和大规模集成电路工艺技术，用硅作为基本材料制作敏感元件、信号调理电路、微处理单元，集成到一块芯片上；三是混合实现，即根据需要将系统各个集成

[1] *21 Ideas for the 21st Century, BUSINESS WEEK,* Aug. 30, 1999.

化环节组合在一起。传感器网络是长时间运行的分布式计算系统，由大量具有传感功能的节点组成。这些节点协同工作以收集、传输并处理信息，既可以实时侦测，也可用于远程控制。由于传感器网络中的每个节点都具有数据采集、数据处理和数据通信的功能，因此每个节点都是一个微型智能单元。如果给每个节点加入机械动作命令执行功能的话，甚至可以认为每个传感器节点就是一个微型机器人。由成千上万个这样的微型传感器节点互联所组成的网络系统可以被看做是一个智能网络化的大型机器人。以传感器为基础的传感器网络是物联网区别于互联网、功能大于互联网的物理根据。自20世纪70年代以来，第一代点对点传输、第二代有线综合传输传感器网络发展为第三代智能化的无线传感器网络（Wireless Sensor Network），从而引发网络革命。

无线传感器网络由大量随机分布的传感器、数据处理单元和通信模块的微小节点组成，节点间通过自组织方式构成网络，是一种大规模、无人值守、资源严格受限的分布系统。节点中内置的形式多样的传感器测量环境参数，在网络之间传输或传向上层网络。网络的通信方式采用多跳和对等方式，网络拓扑结构与点对点（Ad-Hoc）无线网络相似，具有自组织、自治和自适应等动态变化特性。有的文献上也将无线传感器网络定义为由一组传感器以点对点方式构成的无线网络。与传统的传感器网络相比，无线传感器网络的优势主要表现在以下几个方面：一是节点密集，数量巨大，可以分布在十分广大的区域，相应的感知数据量巨大；二是多节点联合工作，形成覆盖面积较大的实时探测区域；三是分布节点中多角度和多方位信息的综合有效地提高信噪比（Signal to Noise Ratio，指放大器输出信号的电压与同时输出的噪声电压的比）；四是高冗余设计为系统提供了较强的容错能力；五是节点与探测目标的近距离接触，大大消除了环境噪声对系统性能的影响；六是节点中多种传感器混合应用提高探测性能；七是借助移动节点对网络拓扑结构的调整能力有效消除探测区域内的阴影和盲点。由于无线传感器网络具有低成本、随机分布、自组织性和容错能力强等特点，因而它不会因某些节点在恶意攻击中的损坏而导致整个系统的崩溃，而是非常适应在各种环境（包括恶劣环境）下工作。如用于作战人员通信、战场态势监测、机动目标跟踪、环境和气象监测、生物群落观测、洪灾预警、农田管理、智能家居、智能交通、辐射监测、用于定位的信号反射（Cricket）和声音反射（Echo），以及医学图像结构相似度（SSIM）分析等众多领域。典型的传感器网络结构包括传感器节点（Nodes）、汇聚节点（Sink）、基础设施网络（如互联网、卫星通信系统）以及传感器

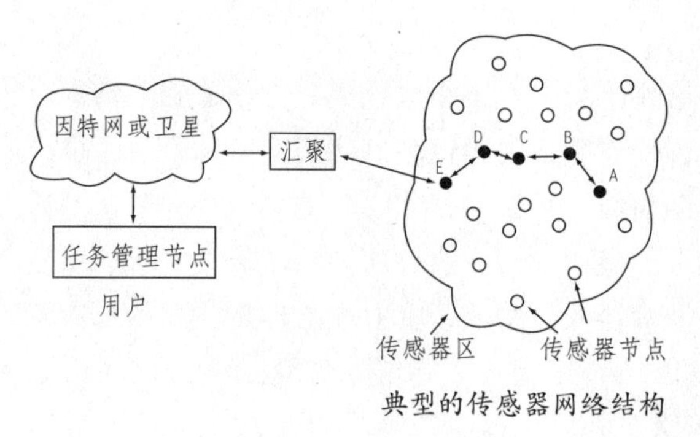

典型的传感器网络结构

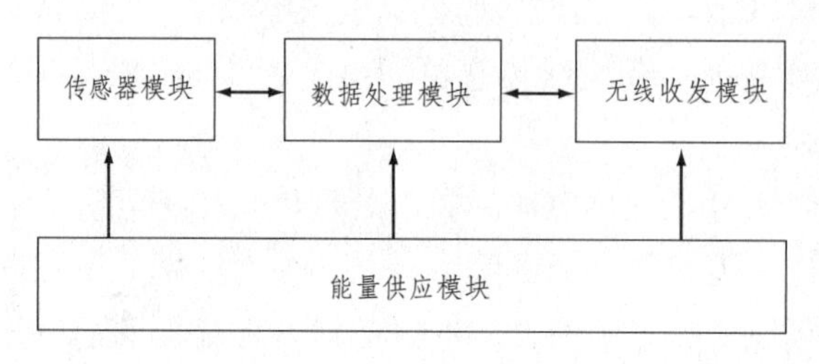

传感器节点功能结构

网络管理者（User）。传感器节点通过人工埋置或飞行器撒播等形式任意散布在被监测区域内，每个节点的采集数据既可以通过单跳方式，也可以通过多跳中继方式送到汇聚节点。汇聚节点可与互联网相连或直接与卫星通信，将整个区域内的数据传送到远程中心进行集中处理，实现监测者与传感器节点间的通信。任何一个传感器节点都具有数据采集、数据处理和数据传输的功能。传感器数据处理模块负责该传感器节点的内部操作，如运行高层网络协议、处理所采集的数据和转发其他节点发送来的需要路由的数据等；无线收发模块负责与其他传感器节点通信；能量供应模块为传感器节点提供运行所需的能量，通常是微型蓄电池。

无线传感器网络具有异构特性，目前在世界范围内虽然部署了很多传感器网络，然而由于还没有关于无线传感器网络的标准协议栈，其应用缺乏基本的互操作性，不同的应用很难进行信息资源调配或共享。无线传感器网络协议栈分为通信和管理两个层面。通信层面包含物理层、数据链路层、网络层、传输层和应用层，管理层面包括电源管理、移动管理和协同管理。物理层负责数据传输的介质规范，如是无线还是有线；还规定了频段、温度、数据调制、信道编码、定时、同步等标准。为了确保能量的有效利用，保持网络生存时间的平滑性能，物理层与介质访问控制（Media Access Control，简称MAC）子层密切关联使用。物理层的设计直接影响到电路的复杂度和传输能耗等问题，技术目标是设计低成本、低功耗和小体积的传感器节点。数据链路层除了要具备传统网络数据链路层数据成帧、差错校验和帧质检测等功能外，最主要的是构建适合于传感器网络的介质访问控制方法（Media Access Control，简称MAC），以减少传感器网络的能量损耗。介质访问控制方法是否合理高效，直接决定了传感器节点间协调的有效性和对网络拓扑结构的适应性。网络层的功能是实现数据融合，负责路由发现、路由维护和路由选择，使得传感器节点进行有效通信。路由算法执行效率的高低决定传感器节点收发控制性数据与有效采集数据的比率。控制性数据越少能量损耗越少，反之能量损耗越多，能量损耗影响整个传感器网络的生命时间。路由算法是网络层的最核心内容。根据路由转发的原理不同，传感器网络的路由协议又可分为平面路由和层次路由两种。平面路由对传感器网络的任何节点来说都是相互平等的，在一个有限的区域内只有唯一的一个对内数据和对外通信的汇聚节点。层次路由与平面路由不同。大多数传感器节点的作用都是一样的，但是也存在少数比普通节点级别高的簇头节点（Cluster）。普通节点先将数据发送给簇头节点，再由簇头节点发送给汇聚节点。平面路由与层次路由的工作原理不尽相同，协议性能也就有不同之处；即使同样是平面路由或同样是层次路由，各协议也有不同之处。目前还没有一个专门的传感器网络传输层协议。如果传感器网络要通过现有的互联网或卫星与外界通信，需要将传感器网络内部以数据为基础的寻址变换为外部的以IP地址为基础的寻址，即必须进行数据格式的转换。因而即使专门为传感器网络设计一个传输层协议，还是不能与外界网络通信。也就是说，现在迫切要做的不是设计一个新的传感器网络传输层，而是要解决传感器网络内部寻址和外部网络寻址的格式转换问题。对于传感器网络传输层的研究大多以IP网络的传输控制协议（Transmission Control Protocol，简称TCP）和用户数据报协议（User Datagram Protocol，简称UDP）两种协议为基础，主要是改善数据传输的差错控制、线路管理和流量控制等技术指标。与传输层类似，目

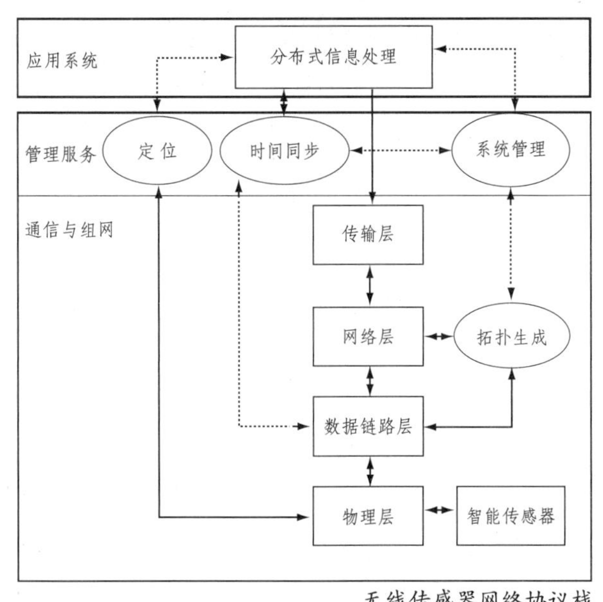

无线传感器网络协议栈

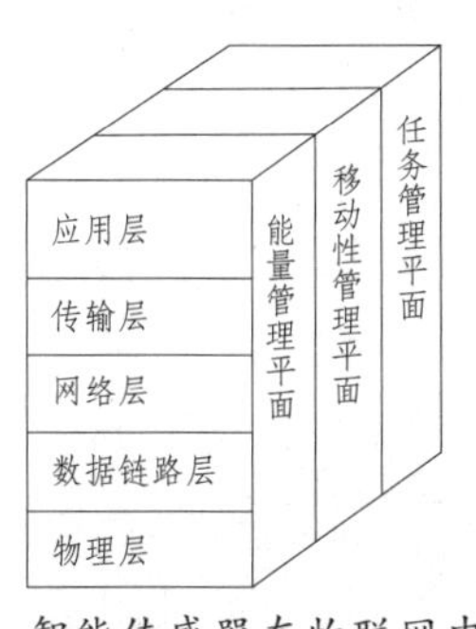

智能传感器在物联网中的地位和作用

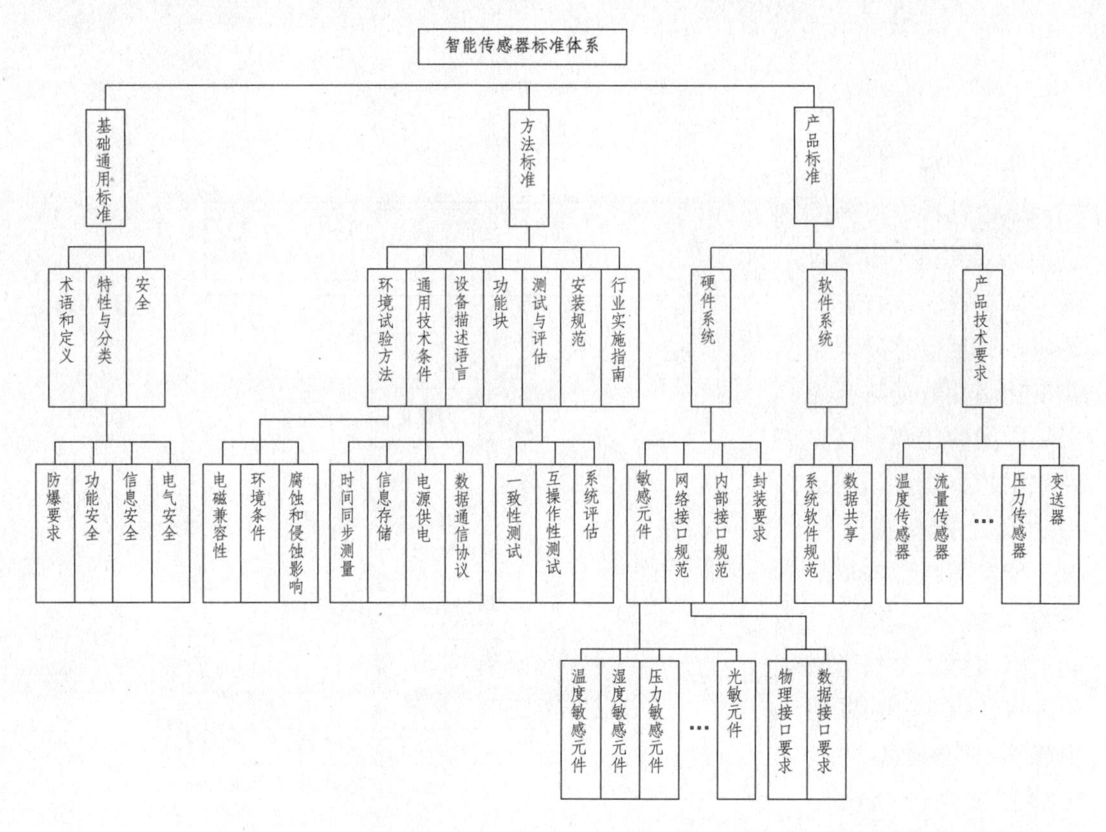

智能传感器标准体系框架

前应用层的研究也相对较少。管理层面的3个方面则在上述5个层次中都有所体现。能量管理平面和移动管理平面的研究虽没有系统化，但在网络层、数据链路层和物理层都有所考虑和体现，而任务管理平面更多体现的是传输层和应用层问题。

国际上已有多个标准化组织开展了传感器网络标准化的研究和制定工作。国际标准化组织（International Organization for Standardization，简称ISO）、国际电工委员会（International Electrotechnical Commission，简称IEC）和国际电信联盟均根据自身的分工在不同程度上开展了相关活动，而其他一些标准化组织所制定的标准也有应用价值。但传感器网络标

公共安全	环境保护	医疗和家庭看护	工业控制	军　事
精细化农业	智能交通	智能建筑	太空探索	能源和智能电网
应用子集（轮廓）标准				

基础平台标准							
通用规范	接　口	通信与信息交互	服务支持	协同信息处理	网络管理	信息安全	测　试
术　语	物理接口	物理层	信息描述	支撑服务及接口	网络管理	安全技术	一致性测试
需求分析	数据接口	MAC层	信息存储	参考模型		安全管理	互操作测试
参考架构		组　网	标　识	基础协议		安全评价	系统测试
		网关接入	目录服务				
			中间件功能和接口				

传感器网络标准体系框架

中国已编制的传感器网络国家和行业标准

计划编号	项目名称	标准性质	完成时间	主管部门	技术归口单位
20091414-T-469	《传感器网络》	推荐	2010	国家标准化管理委员会、工业和信息化部	全国信息技术标准化技术委员会
2009-2807T-SJ	《机场围界传感器网络防入侵系统技术要求》	推荐	2010	工业和信息化部	全国信息技术标准化技术委员会
2009-2810T-SJ	《面向大型建筑节能监控的传感器网络系统技术要求》	推荐	2010	工业和信息化部	全国信息技术标准化技术委员会
	《传感器网络网关技术要求》	推荐	2010	国家标准化管理委员会、工业和信息化部	全国信息技术标准化技术委员会
20100400-T-469	《传感器网络协同信息处理支撑服务及接口》	推荐	2010	国家标准化管理委员会、工业和信息化部	全国信息技术标准化技术委员会
20100399-T-469	《传感器网络节点中间件数据交互规范》	推荐	2010	国家标准化管理委员会、工业和信息化部	全国信息技术标准化技术委员会
20100398-T-469	《传感器网络数据描述规范》	推荐	2010	国家标准化管理委员会、工业和信息化部	全国信息技术标准化技术委员会

准化仍面临诸多困难和挑战。首先，缺乏专门的机构组织协调。须由专门的组织制定指导性原则和标准需求，发现不同标准间的空隙以实现其互操作。其次，制定具有一定通用性的应用轮廓标准，以提高各种不同标准的兼容性。再次，逐步取消生产商制定的标准。

数据采集技术领域的射频识别也是物联网标准化难题。射频识别技术利用射频通信可以实现对追踪目标的非接触式自动识别，运用的是射频信号和空间耦合（电感或电磁耦合）或雷达反射的传输原理。它不仅涉及微波技术、电磁学理论、自动识别技术，而且还融合了无线通信技术、半导体集成电路技术、传感器网络技术、普适计算技术、软件中间件技术以及供应链和物流管理技术等诸多方面。由于目前尚无统一的国际标准，国家标准也在制定过程中，因此大多数射频识别应用仍然局限于某些闭环的场景，不仅极大地限制了应用的拓展，而且可能会一再造成应用孤岛。

除传感器网络、射频识别标准外，物联网所涉及的标准还有许多，它们构成一个十分庞大的体系。中国对物联网应用领域的研究与美国、德国等欧美国家基本处于同一起跑线上，并与德国、美国、韩国等一起成为国际传感网领域标准制定的主导国家之一。国际上已成立一个物联网标

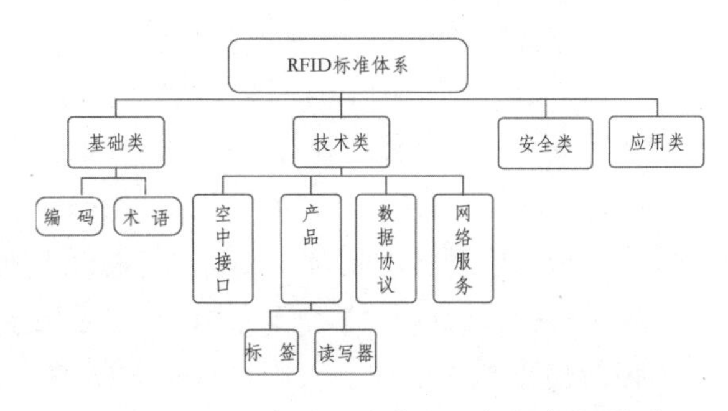

射频识别（RFID）标准体系框架

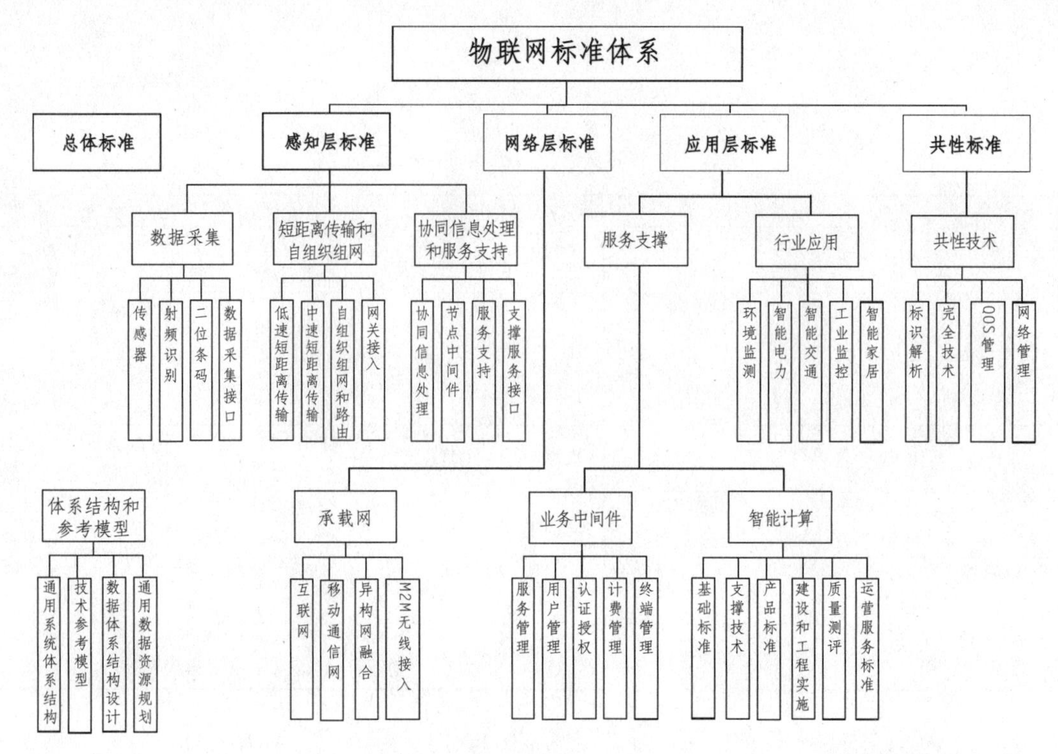

物联网标准体系框架

准研究组，中国是其中的重要角色，向国际标准化组织提交的多项标准提案也被采纳。

物联网标准体系的构建不仅是一个技术问题，更是一个利益分配和调整问题，涉及各方的博弈和协调。对于利益的权衡，必须着眼于长远，放眼于全球。物联网将形成特别庞大的产业体系，其中有的带有内部性征，如传感器产业、物流产业，也有相当大一部分牵涉其他所有行业，相关标准的确定与整个经济体发展联动。而从物联网提升效率的功能来看，它有能力提高所有行业的经济效益，而且还将创造许多高效益的新行业。因此，如何在兼顾各行业利益的前提下提升总体利益，是制定物联网标准的根本原则。制定物联网标准应当特别考虑支持与人类发展关系最为重要的领域，如生态、安全、健康等领域。2009年年初，惠普公司对外公布了地球中枢神经系统（Central Nervous System for the Earth，简称CeNSE）项目，该项目计划用10年时间在地球上部署1万亿个图钉大小的传感器，即“智慧灰尘”。这种“智慧灰尘”收集的信息会极大地改变人类对世界的已有认识，使人类能及时侦测和处理生态问题，管理各种有安全要求的建筑物。纳米传感器在航天、机械、仪器仪表、汽车制造、油气勘探、电子工程及医疗器械行业都有广泛用途，将它用于医学诊断效率会远远超过采用传统传感器的设备。美国斯坦福大学的研究人员合成出一种名为“纳米碳管”的新材料，用荧光标记物标记后注入实验体内再用拉曼光谱仪

（Raman Spectrometer）检查，可精确诊断肿瘤的位置和大小。哈佛大学研究人员则将纳米传感器与抗体受体连接，可精确检测患者血液中的肿瘤标志物。而采用英国谢菲尔德大学（The University of Sheffield）研究人员开发的纳米传感器，只要用棉花球蘸少量受检者的口腔液体涂在上面即可判断是否患有口腔癌。美国纽约州立大学石溪分校（Stony Brook University SUNY）纳米材料与传感器研究中心的两位科学家研制出一种以纳米传感器为主要部件的新型呼吸分析仪，只需用嘴对准它吐气即可显示血糖水平。诸如此类的项目或应用领域，是制定物联网标准所着重应当考虑的。

网络法治也是调整物联网利益关系的关键因素。网络法治包括两种基本方法：一是以传统法律解决网络涉法问题，二是通过新的专门立法解决网络涉法问题。网络带有虚拟等特殊性，但它毕竟是现实生活的延伸，而且物联网与互联网相比本身还以实体性特征居重，因此物联网法治应该兼顾上述两个方面。网络给宪法带来的挑战主要体现在对宪法概念的理解以及利用虚拟网络对国家安全的侵害和宪法所规定的公民基本权利的侵害上。传统的宪法是一国之法、一地之法，具有国家性。网络法律突破了国家概念，因而应由网络界所组成的国际组织来制定类似于现行国际法的法律规则。网络给刑法带来的挑战主要体现在网络犯罪方面。网络犯罪包含许多从前没有的犯罪形式，证据采集和认定也有特殊性，还涉及跨国联合执法。网络给合同法带来的挑战主要体现在合同形式、电子签名、合同成立时间、要约和承诺4个方面，传统法律没有这方面的详细规定。网络给民法带来的挑战主要体现在人格权保护方面。网络条件下侵害个人的名誉权、隐私权、姓名权、肖像权等人格权问题日渐突出。网络给知识产权法带来的挑战主要体现在对著作权使用的准确定性，如网络传输行为到底是一种公共传播行为还是发行方式。网络法不仅要具有一般法律的强制性，更应具有激励性。网络信息不充分会加大不确定性和风险，增加交易成本；而网络信息过滥，则造成信息污染，同样也会浪费个人和社会资源。由于收入不能够无代价再分配，这就出现了效率与公平之间的冲突。公益性要求将信息广泛、无偿和公开地提供给社会公众利用，然而信息所有人一般不愿免费提供，而是希望以此获取较高利润。如在著作权方面，为了追求效率价值，就要求尽可能削弱对著作权垄断的限制，激发作者的创作热情；而为了追求公平价值，则要求在一定限度内尽可能对著作权垄断予以限制，以确保公众能接触和使用作品、尽可能平等地分配利益蛋糕。每次新技术革命都会引发各种利益关系的调整，法律必须站在全社会的角度维护这种平衡。

比较完善的网络法应该包括网络关联法和网络本体法两部分。有关网络关联法的立法工作主要涉及以下几个方面：（1）根据网络特性修改现有的法律法规如《中华人民共和国票据法》《中华人民共和国民法通则》《中华人民共和国证券法》《中华人民共和国著作权法》《中华人民共和国民事诉讼法》等的相关部分。如在网络版权保护中增加“向公众传播权”，引入“安全港”制度，使著者权与传播权相平衡。“安全港”制度是美国的一种保障正常预测性信息披露不受民事责任追究的制度，体现了立法者对预测性信息披露的支持和鼓励。（2）促成现有法律、法规与国际网络法接轨。如推行互联网域名与数字地址分配机构（The Internet Corporation for Assigned Names and Numbers，简称ICANN）的《统一域名争议解决政策》。在法律适用选择上引入新利益分析说，使法院不再以短视的目光考虑一国一地的利益，而是着眼于对当事人权利最大限度的保护和最现实的救济，突破狭隘的法院地情结，实现国际社会反复谈判确立的平衡机制所保障的共同利益。（3）制定网络本体法。主要内容包括：一是网络资源的管理，包括域名管理、网络系统构建等。二是网络内容服务，包括信息发布网站和电子公告牌的登记、审查、筛选，对网络使用人言论的控制，等等。三是电子商务相关约定，包括契约和商业约定，如使用人与网络服务业之间的使用契约、网络服务业彼此之间的约定等。四是对网络物理产权的保护，包括产权界定、交易方式等。五是对包括著作权、隐私权、名誉权、肖像权、商标权、商业秘密以及财产权、生命权等在内的宪法保障的基本权利所产生的新影响的研究。制定《网络诉讼法》《数据保护法》《电子商务法》等新的部门法。

不同的法律制度有着不同的平衡原则，不同的社会时代有不同的价值取向。物联网立法或网络法治应当遵循网络规律，坚持相对宽容的规则，强调网络自治，注意信息自由与社会利益的平衡，维护网络的多元化格局，促进而不是限制网络发展。如果只单纯地强调法律的强制力，则会因监控困难而实质上有所不能。许多网络发达的国家都在立法监管的同时，将民主管理的权利赋予网络本身。网络自律的优点在于不仅可以实现更为有效的管理，使得规则的执行更加容易，而且还可以发挥网络专业化的优势。因此，对于网络秩序的形成来说，重要的也许不在于简单的立法而在于法律形成机制的构建。而法律形成机制植根于网络本身，网众博弈或民主选择的基础是正当立法的基础。

二、网络战略联盟与综合产业策略

物联网应用没有极限，因而其产业链十分庞大，甚至大到没有边界。但事实上狭义的物联网产业链涉及面也相当宽泛。传统的产业链概念事实上无法对其准确描述，而用产业网更加恰当。物联网产业链重组也将形成新的网状价值网战略联盟，构建为全球新一轮经济社会发展的强大动力。在这种意义上，物联网不仅是一种新的科学技术理念，也是促进传统产业深度融合的基础性纲领，成为人类有效降低边际生产成本，提高生活质量，应对日益突出的生态、资源、城市管理等问题的重要手段。

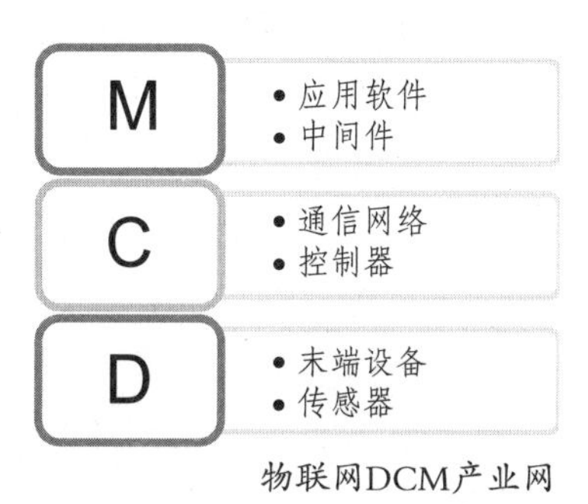

物联网DCM产业网

对于一个完整的物联网系统的构成或产业网的划分，目前业界比较统一的观点基本都认为应该包括3个层面，即泛在化末端感知网络、融合化网络通信基础设施和普适化应用服务支撑体系。周洪波将其归结为DCM，即设备（Device）、连接（Connect）和管理（Manage）。中国移动通信集团公司则概括为感知层、网络层和应用层3层。用大众化的术语来说：第一个层面的功能是全面感知，就是让“物”会“说话”，成为“智能物件”，进行识别和数据采集；第二个层面的功能是可靠传递，即通过现有各种有线和无线通信网络将信息进行可靠传输；第三个层面的功能是智能处理，对所采集的数据进行处理和展示。此外，业界也有多于3层的描述，不过实际内容与3层划分无本质区别。

虽然业界在DCM3层划分方面基本统一，但对每一个层面所包含内容的解读还是存在很大差异的，这与三大人群的不同出发点有关。例如，在网络层面，中国移动通信集团公司主要关注3G或4G的CDMA无线网络；而中国电信集团公司以往的M2M业务主要局限于固定网络，公司重组后有了3G无线网络，因此又开始关注固定网络和无线网络组合的方式；传感网和RFID人群则主要关注无线网状网（Wireless Mesh Network），包括Zigbee、Insteon、Z-Wave等10多种基于短距离射频技术的无线网络技术。工业化、信息化两化融合企业主要关注现场总线（Field Bus）技术，包括Can-Bus、Mod-Bus、Profi-Bus、Lon-Works、Bac-Net等。这种现象对物联网产业的长久发展是不利的，因为网络之间的兼容性和标准化至关重要，需要各行业通力合作。尤其是当物联网从运行于“内网”和“公网”的“物连网”

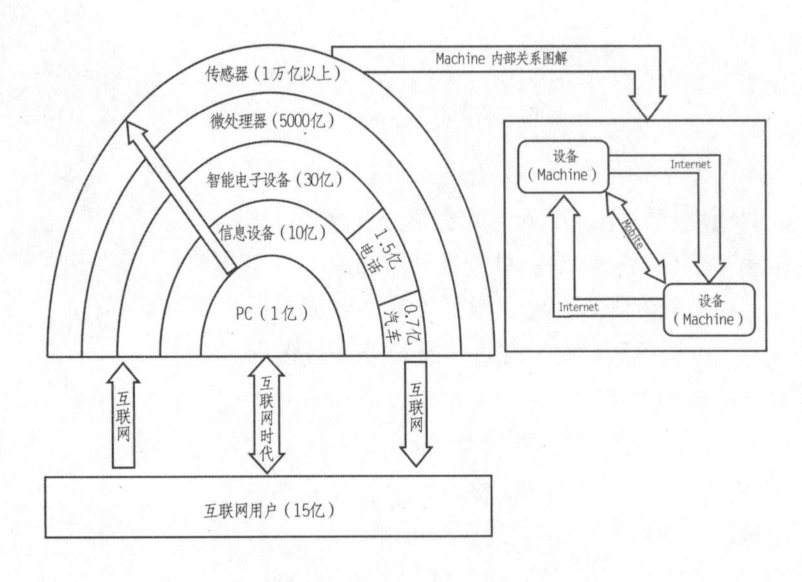

物联网未来若干年的末端数量

发展到真正运行于互联网上的“物联网”的时候，兼容性和标准化成为关键问题。

泛在化末端感知网络的主要功能是现场感知。“泛在化”主要指无线网络覆盖的泛在化以及无线传感器网络、RFID识别与其他感知手段的泛在化。“泛在化”的特征说明两个问题：第一，全面的信息采集是实现物联网的基础；第二，解决低功耗、小型化和低成本问题是推动物联网普及的重要因素。“末端网络”是相对于中间网络而言的，它可以产生数据，通过与它互联的网络传输出去，而自身不承担转发其他网络数据的作用。在智能机器人的意义上，它也是物联网的操作触角。可以将“末端感知网络”类比为物联网的末梢神经。物联网要连接的对象是末端设备（Devices）和各种资产（Assets），其中包括静止或移动的资产、各种基于微处理器做成的应用系统、各种智能卡和RFID卡等，数量在万亿以上。每个“智能尘埃”或“微尘”含有一个微型处理器（Micro Controller Unit，简称MCU）、无线通信芯片、传感器以及相应的内存和硬件，能够以较低的功耗执行监视和控制任务。由于M2M这个概念所指有较大的局限性，其中的Machine不能代表所有的“物”（Things），因而有人认为应该用T2T这个词才更合适。但其实没有MCU的“物体”是不能联网的，只有MCU-Enable的物才能成为“智能物件”，作为物联网的一部分。例如一个水质监测传感器需要被装上全球卫星定位系统（General Packet Radio Service，简称GPRS）的通信模块才能“开口说话”。而有的设备（Device）本身就具有“开口说话”功能，如智能卡、RFID卡和手机等。

融合化网络通信基础设施的主要功能是实现物联网的数据传输。目前能够用于物联网的通信网络主要有互联网、无线通信网和卫星通信网、有线电视网。在互联网应用环境中，人通过计算机接入互联网时是通过网络层的IP地址和数据链路层的硬件地址（网卡）来识别地址的。当用户要访问一台服务器时，只要输入服务器名，域名系统（Domain Name System，简称DNS）就能够找出服务器的IP地址。而在物联网中，增加了末端感知网络和感知节点识别，因此在互联网中传输物联网数据和提供物联网服务时，必须增加对应于物联网的“地址管理系统”和“识别管理系统”。物联网网络通信基础设施是连接智能设备和控制系统的桥梁，用通俗的话说无外乎两大类：“天上飞的”无线（Wireless）通信和“地上走的”有线（Wireline）通信。有线通信技术可分为相对短距离的现场总线和中长距离的可支持IP的网络（包括PSTN、ADSL和HFC数字电视Cable等），按宽带网和窄带网划分是更常用的分类方法。现场总线一般为窄带网，有10多种，是为满足节能减排、工业信息化、电子政务、楼宇信息化等需要而设置的，已经在一些领域得到广泛应用，体现在远程测控终端（Remote Terminal Unit，简称RTU）、数据传输单元（Data Transfer Unit，简称DTU）、电力网络路由器（Power Line Communication，简称PLC）、分布式控制系统（Distributed Control Systems，简称DCS）等控制器以及传动装置（Actuator）或通信模块中，是物联网应用的主要通信手段之一。在目前已经存在而且应用比较成熟的“物物相连”的世界里，基于现场总线技术的系统总体规模可能是最大的。与有线通信技术类似，无线通信技术主要可分为短距离接入技术的无线网状网、RFID、无线相容性认证（Wi-Fi）、全球微波互连接入（WiMAX）和中长距离的GSM、CDMA（2G/3G/4G）以及卫星通信技术等几大类。近距离无线网状网是传感网业务的主要基础。目前移动运营商是扛M2M（物联网）大旗的主力，在欧美市场，提供M2M网络连接服务的基于GPRS/CDMA的移动运营商主要可以划分为以下3类：传统的移动网络运营商MNO（Mobile Network Operators）、移动虚拟网络运营商MVNO（Mobile Virtual Network Operators）和主要针对M2M市场的M2M移动运营商MMO（M2M Mobile Operators）。相对于传统的移动

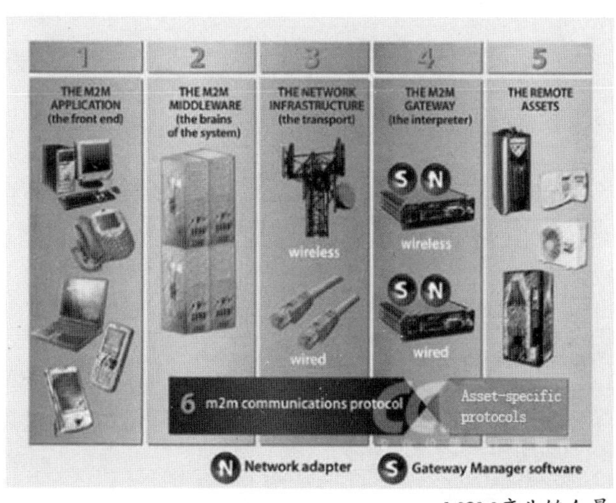

M2M产业链全景

网络运营商来说，MVNO和MMO是比较新的角色。它们聚集了众多跨越不同技术领域和国家的传统移动网络运营商合作伙伴。在欧美，由于M2M（物联网）产业的兴起，出现了AerisNet、Japser Wireless、ViaNet等一批MMO。在亚洲，移动营运市场相对垄断，M2M业务由MNO直接做。如中国三大营运商、NTT DoCoMo和SK电信公司都依靠其子公司或指定合作伙伴来做。在物联网应用中，用无线网状网和现场总线网络做最后1km接入、用GPRS/CDMA网络和IP网等广域网络做长距离主干传输是一种常用的组合方式。而多网融合是物联网的内在要求。不但网路层要融合，应用层也要融合，即所谓全IP（All-IP）融合。全IP融合不但要求有线和无线通信的融合、长距离和短距离接入的融合等物理对接上（通过路由器、网关等）的融合，还要求网络协议本身的融合，使无线网状网、现场总线、GPRS/CDMA等网络都直接支持IP传输协议，实现无缝连接。如果网络传输层实现了全IP融合，网络间的不兼容问题就迎刃而解了，可能也就不需要花大力气去研究物联网通信层的标准化问题。而IPv6标准的提出，使世界上每一粒沙子在理论上都可以分到一个IP地址，这又为物联网建立了根本性的存在前提。

普适化应用服务支撑体系的主要功能是物联网的数据处理和应用。物联网的智能性涉及海量数据的存储、计算和数据挖掘问题，依赖于云计算。云计算对实现物联网应用服务的普适化起到重要的推动作用。管理和应用软件是物联网产业的核心和灵魂。物联网软件包含M2M中间件和嵌入式软件网关（Edgeware）、实时数据库、运行环境和集成框架、通用基础构件库以及行业化的应用套件等，通用基础功能包括远程监测、自动报警、控制、诊断和维护、系统联动、数据挖掘、报表与决策支持、节能分析、资产跟踪与维护、与ERP/CRM/OA/MES/SCM系统的总体大集成等。广义上说，物联网软件是没有界限的，它甚至可以是一个基于互联网的软件即

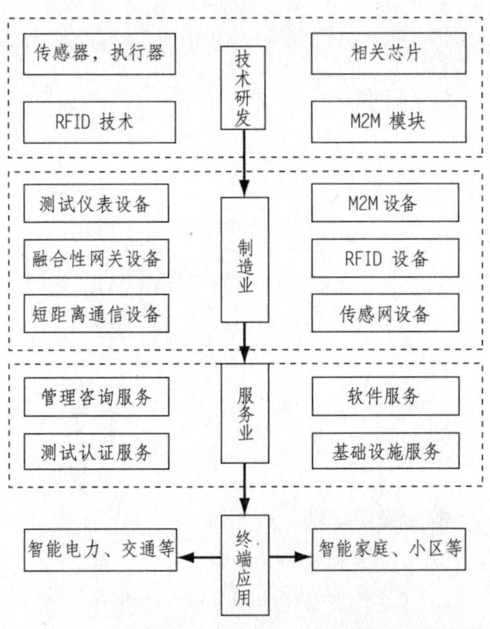

基于三次产业划分的物联网产业链

服务（SaaS）或搜索系统。目前已经有企业开始定义一些新的物联网软件范畴，如DRM（Device Relation Manage-ment）系统（类似CRM的定义）、IDM（Intelligent Device Management）等。不难发现，包括IBM、BEA（Oracle）在内的软件和中间件公司早已参与了物联网业务，并已经占据优势地位。但中国物联网软件产业受重视程度不高，人们往往一谈物联网就是传感器、电子标签、通信模组等。[1]

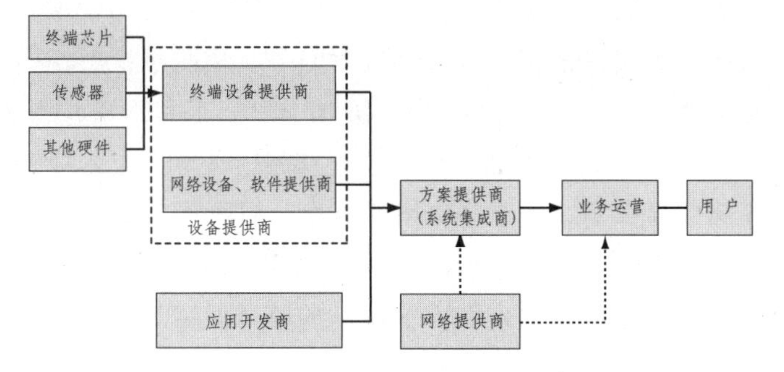

基于企业划分的物联网产业网

上述物联网产业网的描述主要基于物联网自身的技术特征。刘建军、江武、刘光智《基于产业链视角的物联网产业发展对策研究》一文则从三次产业方面对其进行划分。按照这种划分，物联网产业网可分为上、中、下游3个领域，即基础技术研究和开发、制造业和服务业。基础性研究和开发在物联网产业网的最上游，主要研究和开发对象包括芯片、传感器、执行器和M2M模块等，为下游制造业的发展提供技术支撑；中游的制造业为物联网业务提供基本的设备和系统，主要以M2M设备、RFID设备和传感网设备为主，还包括测试仪表设备、融合性网关设备、短距离通信设备等辅助设备；服务业处于产业网的末端，主要提供软件服务、基础设施服务、管理咨询服务、测试认证服务和应用服务等，直接为终端用户提供各种个性化服务。[2]

从企业方面来说，物联网产业网中包括设备（终端设备、网络设备、计算机系统设备等）提供商、应用开发商、方案提供商、网络提供商、网络运行服务提供商以及最终用户。终端设备产品主要集中在数据采集层面，包括电子标签、读写器模块、读写设备、读写器天线、智能卡等。中国物联网终端设备市场是较其他产业网环节发展较快的领域，企业数量较多，但以中小企业为主，总体技术水平不高。网络设备提供商为物联网网络提供商提供相关的网络设备，主要侧重于通信模块产品。软件与应用开发商提供专业性的软件产品及解决方案。系统集成商根据用户需求将物联网的硬件和软件集成为一个完整的解决方案。网络提供商提供数据传输承载服务，以通信网为主，主要包括固定通信网和移动通信网。网络运营服

[1]周洪波：《物联网产业链三驾马车》，《中国数字电视》，2010年第5期。

[2]刘建军、江武、刘光智：《基于产业链视角的物联网产业发展对策研究》，《全国商情》，2011年第6期。

务提供商提供终端设备鉴权、终端接入控制、终端管理、行业应用管理、业务运营管理、平台管理、计费等服务。物联网发展初期，业务的推动以终端设备提供商为主，它通过获取用户需求寻求应用开发商进行业务开发，而由网络提供商提供网络服务。在这种意义上，终端设备提供商担当方案集成提供商，提供整体解决方案。这种模式缺乏规模化发展的条件，市场易走向混乱，业务功能比较单一，特别是对系统的可靠性、安全性要求较高的行业应用很难取得整体性的质量保障。随着产业规模的进一步扩大，网络提供商将发挥更重要的作用。[1]

从斯密开始，具有国际竞争力的产业被认为是国家财富创造的源泉，也是战略管理和国际贸易领域的一个重要课题。迄今为止，比较优势理论是产业国际竞争力最有影响力的理论基础之一，其背后的基本假设为：（1）国际分工是产业间的水平分工；（2）产业的边界在国家边界内，一种产品的完整生产环节在一国内部，因此只需关心产品的交换；（3）企业的边界也在国家边界内，即企业国际活动主要通过国际贸易进行，而很少进行国际投资活动。这些基础假设反映了古典比较优势理论提出时的现实状况，但进入21世纪后情况发生了根本性变化。国际分工从过去产业间完整的产品生产分工向产品内部部件生产、产品增值过程分工、产品生产环节分工和产品要素分工等复合分工方式发展。如果说古典国际分工的边界是产业的话，当代国际分工的边界则是价值网。[2]产品的设计、开发、制造、营销、销售和售后服务等价值增值环节被分割开来，分散到全球空间。企业不能再像以前那样简单地把国内市场和国外市场看成是相互分割的市场，而必须将全球市场看成一个有机整体，制订整体上有效的竞争战略。跨国公司按照自己的战略意图在全球范围内整合资源，控制着价值网上的各个国家和企业。

与主流经济学的“政府—市场”二元思维模式不同，非主流经济学如经济社会学、制度经济学等的研究发现，在政府干预与自由市场之间存在第三条道路——治理。鲍勃•杰索普（Bob Jessop）将治理的兴起放在一个长时段考察，发现在复杂的社会组织和系统的协调中，有些相互依存的形式不适于甚至抵制用国家等级制（自上而下发号施令）或市场机制（放任自流）的方式进行协调；相反，自组织治理作为一种最“自然”的协调方式从来没有消失。[3]过去由国家或市场进行调节而遭到失败的事例使人们对国家和市场的作用不再抱幻想，从而将治理的协调方式当做一种可能的选项。全球战略意味着企业在全球价值网（Global Value Network）上布局经营单位以及对网上各职能活动之间的协调和控制，因此企业治理问题也凸

[1]刘兆元：《物联网业务关键技术与模式探讨》，《广东通信技术》，2009年第12期。

[2]金芳：《国际分工的深化趋势及其对中国国际分工地位的影响》，《世界经济研究》，2003年第3期。

[3]鲍勃•杰索普：《治理的兴起及其失败的风险：以经济发展为例的论述》，载俞可平编：《治理与善治》，社会科学文献出版社，2004年。

显出来。而企业治理的讨论也从过去的公司治理向网络治理拓展。[1]与单一企业的治理相比网络治理显得更加复杂，其中大体有3类治理问题：企业间治理（Intra-firm Governance）、产业治理（Industry Governance）和市场治理（Market Governance）。[2]

产业治理又称价值链治理（Value Chain Governance）或价值网治理（Value Network Governance），指通过非市场机制来协调产业价值网上活动的企业间关系和制度机制。当价值网上的一些企业根据其他市场主体设定的参数（标准、规则）进行生产工作时，治理问题就产生了。这些参数包括生产什么（产品定义），如何生产（即生产过程定义，含技术、质量、劳动和生态标准等要素），何时生产，生产多少以及产品价格5类基本参数。约翰•汉弗莱（John Humphrey）、休伯特•施密茨（Hubert Schmitz）认为，治理是全球价值链（Global Value Chain）研究方法的中心概念。其重要性在于，它关系到发展中国家了解市场进入途径、迅速获得生产能力、理解价值链上的收益分配、得到发达国家购买商的技术援助以及找到制定政策和创新的支点等方面。[3]任何产品或服务产出都需要在价值链或价值网上组成一连串的活动。在价值网中，选择"向外购买"还是"自己生产"，是企业必须思考的关键问题。科斯指出，当在企业内增加一项交易的组织成本等于在公开市场上进行这项交易的成本，或等于由另一个企业主组织这项交易的成本时，就达到了企业和市场的临界点。[4]奥利弗•伊顿•威廉姆森（Oliver Eaton Williamson）继承并发展了科斯的思想，他通过对经济学、法学和组织学的研究，将交易成本的解释力从企业扩展到了所有经济组织，认为交易成本经济学的首要任务在于回答和解释为什么存在如此多样的组织形态，为什么有时人们选择市场，有时选择企业或两者的混合物来进行交易。在他看来，节约交易成本是最核心的问题。"不同交易在特征上存在差异说明了组织形态的多样性。由于这种差异，交易的治理结构也就不同。通过一种一一对应的方式把交易和治理结构相应地匹配在一起实现了交易成本的最小化。"[5]哪种组织形式（市场、企业或两者的混合物）最节约交易成本，哪种组织形式就最适用。尔后，威廉姆森更明确地将组织形式区分为市场型、层级型以及混合型。[6]而来自社会学的研究表明，网络中的行为人可以通过重复交易、声望和蕴涵在特定地方或社会群体中的社会规范来有效地控制机会主义行为，进而认为网络治理是介于市场与层级之间的第三种治理机制。[7]生产和贸易的全球化，一方面促使发展中国家获得了前所未有的发展机遇，另一方面也带来了跨国公司生产体系的垂直分离。跨国公司对自身的核心竞争力进行重新

[1]Peter Gibbon, Jennifer Bair & Stefano Ponte, *Governing Global Value Chains: An Introduction, ECONOMY AND SOCIETY*, 2008, 37(3).

[2]Gary Gereffi & Franks W. Mayer, *The New Offshoring of Jobs and Global Development*, Geneva: International Labor Office edition, 2007; Neil M. Coe, Peter Dicken & Martin Hess, *Global Production Networks: Debates & Challenges, JOURNAL OF ECONOMIC GEOGRAPHY*, 2008, 8(3).

[3]John Humphrey & Hubert Schmitz, *Governance in Global Value Chains, IDS BULLETIN*, 2001, 32(3).

[4]罗纳德•哈里•科斯：《企业的性质》，载路易斯•普特曼、兰德尔•克罗茨纳编：《企业的经济性质》，孙经纬译，上海财经大学出版社，2000年。

[5]奥利弗•伊顿•威廉姆森：《治理的经济学分析：框架和意义》，载埃瑞克•G. 菲吕博顿、鲁道夫•瑞切特编：《新制度经济学》，孙经纬译，上海财经大学出版社，1998年。

[6]奥利弗•伊顿•威廉姆森：《治理机制》，王建、方世雄等译，中国社会科学出版社，2001年。

[7]Walter W. Powell, *Neither Market nor Hierarchy: Network Forms of Organization, RESEARCH IN ORGANIZATIONAL BEHAVIOUR*, 1990,12(1).

定位，将重心从没有核心竞争优势的一般服务和生产制造领域转移到了创新、设计、市场营销等高附加值环节。这两方面的变化使得“网络”这种介于市场与层级之间的资源配置方式大行其道。尽管没有直接的所有权关系，网络治理采用的“明确协调”（Explicit Coordination）机制非常类似于管理控制。艾尔弗雷德•杜邦•钱德勒（Alfred Dupont Chandler）对英国、美国和德国这3个主要资本主义国家的管理资本主义在1880—1940年的发展历程进行了系统研究，认为竞争优势和财富的创造显著依赖于专有的组织性和金融性能力，以及运用这些能力的机构的形成和发展；美国和德国在产业力量上超越英国并不是因为技术领先、思想和资本的容易获得，也不是因为政府、文化或创业精神，而主要是英国工业没有发展出整合的公司和由此需要的管理技能；价值链或价值网整合能力提供了产业竞争力的基础。[1]价值网治理能力影响着行动者的市场力量和领导力量，进而影响着价值网租金的分配比例。价值网治理能力包括如下方面：（1）垂直整合能力（Vertical Integrated Capacity）。垂直整合指合并两个在生产过程中处于不同层次的业务，它是一种提高或降低公司对于其投入和产出分配控制水平的方法。比如食品制造厂和连锁超市。垂直整合有两种类型：与生产过程的下一环节合并称为向前整合，与生产过程的上一环节合并称为向后整合。其实质是用内部或行政管理交易代替市场交易以节约成本，并建立防范竞争对手进入的壁垒。（2）水平整合能力（Horizontal Integrated Capacity）。水平整合即合并横向的同行业的竞争者，以提高行业集中度，即钱德勒所说的对生产能力投资以构建规模经济。按照产业组织理论中的结构—行为—绩效范式（Structure-Conduct-Performance Paradigm，简称SCP），它可以形成集合性的垄断竞争结构。[2]（3）网络领导能力（Leading Capacity of Network），即网络整合能力。它可以构建分众而又集聚的范围经济。由于供应关系具有不对称性，所以全球价值网是方向网络。领导企业掌握战略控制权，是全球价值网形成和进化的驱动者，拥有对全球价值网的协调和管理力量，而供应者则处于被领导地位。整个价值网呈现金字塔形的力量和治理结构。[3]这种不对称性实际上反映出交易各方在关系租金分配上的不对称性。领导力量越强，所分配到的关系租金份额就越高。[4]

新制度经济学家青木昌彦认为，市场治理是各种经济主体在市场上经过多重博弈所形成的规则。他把市场治理看做是由第三方实施者作为策略参与人介入的博弈结果，甚至把交易和市场的治理机制称为“合同执行机制”。加里•杰里费（Gary Gereffi）和弗兰克斯•W. 迈耶（Franks W. Mayer）

[1] Alfred Dupont Chandler, *Scale and Scope: The Dynamics of Industrial Capitalism*, England: The Belknap Press of Harvard University Press, 1990.

[2] 宇田川胜利、橘川五郎、新宅纯二郎：《竞争力：日本企业间竞争的启示》，锁箭译，经济管理出版社，2006年。

[3] Silvia Sacchetti & Robert Sugden, *The Governance of Networks and Economic Power: The Nature and Impact of Subcontracting Relationships*, JOURNAL OF ECONOMIC SURVEYS, 2003, 17(5).

[4] 刘林青、谭力文、马海燕：《二维治理与产业国际竞争力的培育：全球价值链背景下的战略思考》，《南开管理评论》，2010年第6期。

认为，市场治理是指通过政府的或非政府的机构来约束市场和市场行动者，可进一步分为公共治理和私人治理。公共治理包括政策、法律、法规和执行能力等，而私人治理涉及社会中的非政府机构，它们通过制定可接受的市场行为、职业标准、行为规范和集体谈判等来定义公司应对员工和其他社会利益相关者承担的义务。[1]20世纪上半叶，市场治理范围与市场的地理边界保持一种粗糙的一致性，两者都组织在国家这个分析单元内。从20世纪五六十年代开始，在发展中国家的进口替代政策鼓励下，主导全球的、垂直整合的跨国公司开始拓展其范围，通过直接投资在全球各地发展子公司。80年代以后，发展中国家大多实行出口导向政策，跨国公司应势纷纷垂直解构，带来发展中国家离岸供应商的产能快速增长，推动了全球生产网络的形成。[2]这一经济全球化进程打破了各国的经济活动空间和国家领土相对吻合的状态，民族国家市场相应的治理方法和能力因为与之不匹配而受到质疑，并在事实上出现了巨大的治理赤字（Governance Deficit）：一是发达国家的治理机构不匹配；二是国际组织的治理能力不适应；三是发展中国家治理能力缺乏。[3]尤其是长期的国家依赖使得发展中国家很少有非政府组织和其他社会性机构，市场治理中的私人治理匮乏，且很难在短时间内有所改变。结果是快速进入全球经济的发展中国家过去仅有的旧治理系统（无论是公司主义模式还是计划经济模式）一旦被荒废，即会带来巨大的治理危机。自20世纪70年代以来，西方发生的社会、经济和管理危机推动了公共管理和公共行政理论研究的范式变革，出现了多元、自组织、合作和祛意识形态的公共治理模式，打出了"良好治理"的旗帜，抛弃了传统公共管理的垄断和强制性质，强调政府、企业、团体和个人的共同作用。不单指望政府去做什么和提供什么，而是希望政府充分挖掘各种管理工具的潜力；不要求政府疲于应付，而希望政府有自知之明，做自己应做和能做的事；不强求自上而下、等级分明的社会秩序，而重视网络社会组织之间的平等对话和合作。这种新型的行政方式是一种"治理"式的行政。公共治理能力在提升产业国际竞争力上主要包括3个方面：首先是协调能力（Coordinated Adjustment Capacity）。通过建立基于协调的校正机制运作的制度治理系统，形成良好的政府与产业的连接，使国家在经济和产业变革条件下具有维持竞争优势的能力。琳达•魏斯（Linda Weiss）和约翰•M. 霍布森（John M. Hobson）对欧洲、东亚、英美经济发展进行比较研究后确认，"集中协调智慧"对不同国家维持产业竞争力上的差异具有解释力。[4]其次是变革能力（Transformative Capacity），即建立动态的应对产业变革和锻造国际竞争力的能力。最后是保护能力（Protective Capacity），即在"贸易的全球整合"与"生产的全球解构"的局势下，通

[1]Gary Gereffi & Franks W. Mayer, *The New Offshoring of Jobs and Global Development*, Geneva: International Labor Office edition, 2007.

[2]Peter Dicken, *Global Shift: Reshaping the Global Economic Map in the 21st Century*, New York: Guildford, 2003.

[3] Gary Gereffi & Franks W. Mayer, *The New Offshoring of Jobs and Global Development*, Geneva: International Labor Office edition, 2007.

[4]Linda Weiss & John M. Hobson, *States and Economic Development: A Comparative Historical Analysis*, Cambridge: Polity Press, 1995.

过各种保护和扶持措施为产业发展争取优势地位。[1]

物联网是生产社会化、智能化发展的必然产物，是现代信息网络技术与传统商品市场有机结合的一种创造。黄桂田、龚六堂、张全升主编的《中国物联网发展报告》（2011年）指出，物联网技术将会以3种方式影响实体经济：改变产业结构、支持新产业和新业务产生、与传统行业和领域融合以产生竞争优势。物联网既是一种有效的、集约的经济扩张方式，又是一种功能十分强大的公共治理工具或公共治理方式，可能将全球经济的各个方面共构为各种最为有效又最为经济的战略体系或战略联盟。迈克尔•E. 波特（Michael E. Porter）将战略联盟定义为企业之间的长期协议，它超出正常的市场交易，但又未达到合并的程度。从价值网角度看，战略联盟表现为企业与企业价值活动联系的建立、联系的优化、价值活动的共享，甚至价值活动的重新整合。当企业无法独立开展新的价值活动或企业间合作可以优化价值网时，联盟便会出现。联盟可能存在于价值网的任何一个环节，企业可以通过联盟实现各种价值或总体价值的增值。企业选择参与联盟活动的多少基于多方面因素的考虑，如企业本身的战略方向，联盟伙伴过去合作的历史情况，联盟伙伴的资源或能力对自己的价值大小，联盟伙伴的可信任程度和合作前景的明确性等。联盟对于各伙伴价值的大小与结成联盟的目的的实现程度有关，伊夫•L. 多兹（Yves L. Dozand）和加里•哈默尔（Gary Hamel）认为联盟至少有3个明确的目的：化敌为友、综合利用和学习内化。化敌为友是将潜在的竞争对手转化为盟友，转化成能够促进新业务向前发展的互补性产品和服务提供商。综合利用是对伙伴独立分散的各种资源、资产、知识和技能的利用，以发挥协同效应。学习内化指学习联盟特有的知识技能，特别是那些靠其他手段无法得到的隐含的、系统的、深层次的知识技能。判断战略联盟成功与否可以看联盟是否创造了价值，是否给企业带来了价值的增值。然而要判断战略联盟的整体价值却是非常困难的，战略联盟对企业的影响并不局限于发生直接联系或共享的价值活动，它还通过价值活动间的联系将这种影响在企业内部扩散开来。物联网使战略联盟的形成途径、实现方式具有的可能性超越于以往任何社会生产方式。

三、多元投资机制

从全球近200年社会发展历程来看，每一次经济危机，都引发产业转型或者技术革命。经济危机所孕育的新技术革命为经济结构调整提供新的

[1] 鲍勃•杰索普：《治理的兴起及其失败的风险：以经济发展为例的论述》，载俞可平编：《治理与善治》，社会科学文献出版社，2004年。

增长引擎。1857年波及全球的生产过剩引发了电气革命，推动人类社会从蒸汽时代进入电气时代。1929年的世界经济危机引发了电子革命，推动人类社会从电气时代进入电子时代。2008年的世界金融危机引发了抢占科技制高点的新技术革命，世界将进入空前的创新密集和产业振兴时代。尼古拉斯•尼葛洛庞帝（Nicholas Negroponte）提出“数字化生存”概念，认为电视机与计算机屏幕的差别将变得只是大小不同而已，而从前所说的大众传媒正演变成个人化的双向交流媒介，即信息不再被“推给”消费者，相反，人们或他们的数字勤务员将把所需要的信息“拿过来”并参与到创造它们的活动中。随着信息技术尤其是物联网的发展和普及，涉及人类生活方方面面的各类产业将大大强化互联和智能方面的特性，同时还将衍生出大量新的需求。中国计算机学会理事长李国杰指出，从现在开始，历史留给我们难得的机遇期只有10—15年左右。如果错过这15年，就很难在21世纪上半叶成为信息产业的强国。从全球信息化发展的态势看，信息技术正在酝酿一场巨大的变革，集成电路要进入后摩尔时代，超级计算机要突破“千倍定律”及TCP/IP协议的局限，PC要进入后PC时代，网络要进入后IP时代，即真正意义上的信息时代。

物联网被视作后IP时代或后危机时代世界经济的一个发展主题。世界金融危机发生后，以智能化、高效率为特征的物联网产业迅速成为各国共同认可的重要的经济发展方向。发达国家纷纷启动战略规划，整合信息化基础资源，发展与现有信息系统兼容的物联网技术，推动国家创新战略的实施和战略性新兴产业的打造。美国提出的“智慧地球”概念涵盖金融、通信、电子、汽车、航天、能源、公共事业、政府管理、医疗保健、保险、石油天然气、零售、交通运输等诸多领域。美国科学技术研究和开发投入提高到占GDP的3%，其中将“智慧地球”确立为其科技创新的两大主攻方向之一。美国总统奥巴马还签署了总额为7 870亿美元的《美国恢复和再投资法案》，其中包括智能电网以及卫生医疗信息技术和教育信息技术等领域的物联网应用。美国联邦政府先后颁布了关于政府采用云计算的文件以及《联邦云计算策略》白皮书，并计划在每年800亿美元的IT项目支出中划拨25%用于云计算技术开发。欧洲联盟建立了较为完善的物联网政策体系，陆续出台了涵盖技术研发、应用方向、标准制定、管理监控、未来愿景等较为全面的各种文件。2005年公布了未来5年信息通信政策框架“i2010”，计划整合不同的通信网络、内容服务、终端设备，发展面向未来的更具市场导向及弹性的技术。2009年欧洲联盟委员会向欧洲联盟议会、理事会、经济和社会委员会及地区委员会递交了《欧洲联盟物联网行动计划》，提出了包括物联网管理、安全性保证、标准化、研究开发、开放创新、达成共识、国际对话、污染管理和未来发展等在内的9个方面14点行动计划。欧洲联盟委员会还发布了《未来物联网战略》，计划使欧洲在基于互联网的智能基础设施发展引领全球。通过向信息和通信技术研发计划投资4亿欧元，启动了90多个项目，并拟在2011—2013年每年新增2亿欧元，进一步加强研发力度，还拿出3亿欧元专款支持物联网企业进行短期项目建设。欧洲联盟第七框架RFID和物联网研究项目簇（Cluster of European Research Projects on the Internet of Things:CERP-IoT）发布了研究报告《物联网战略研究路线图》，提出了新的物联网概念，并进一步明确了到2010年、2015年、2020年3个阶段的研究路线图，同时罗列出包括识别技术、架构技术、通信技术、网络技术、软件等在内的12项需要突破的关键技术，以及航空航天、汽车、医药、能源等在内的18个物联网重点应用领域。20世纪90年代中期以来，日本政府相继制定了多项国家信息技术发展战略，有序开展了大规模的信息基础设施建设，为物联网的发展奠定了良好的基础。进入21世纪以来，坚持积极推进IT立国战略，于2000年提出了《IT基本法》，分E-Japan、E-JapanⅡ、U-Japan3个阶段推进。从2001年开始实施的E-Japan战略以宽带化为核心，主要包括4个方面的内容：一是建设超高速网络，并尽快普及高速网络的接入；二是制定有关电子商务的法律法规；三是实现电子政务；四是为下一个10年经济振兴提供高素质的人才。该战略计划在5年内使日本成为世界最先进的IT国家。2003年，提前完成E-Japan战略预定任务后，又进一步实施E-JapanⅡ战略，将发展重点转向推进IT技术在医疗、食品、生活、中小企业金融、教育、就业和行政7个领域的应用。E-Japan系列战略的实施，为后续推动物联网技术的发展提供了信息网络、政策法规、人才储备等的充足条件。2004年在两期E-Japan战略目标提前完成的基础上，由信息通信产业的主管机关总务省向经济财政咨询会议正式提出了2006—2010年的IT发展任务即以社会普及为目标的“U-Japan”战略，计划到2010年将日本建设成一个“实现随时、随地、任何物体、任何人均可连接的泛在网络社会”，实现所有人与人、物与物、人与物之间的连接，即所谓普及的（Ubiquitous）、通用的（Universal）、面向用户的（User-oriented）、独特的（Unique）4U。其中物联网包含在泛在网的概念之中，并服务于U-Japan及后续的信息化战略。U-Japan战略立足于基础设施建设和利用，主要从3个方面展开建设性工作：一是泛在社会网络的基础建设。计划打造一个可供全体国民进行高速上网、可实现从有线到无线或从网络到终端、包括认证和数据交换在内的无缝连接泛在网络环境。二是ICT高度化应用。通过ICT的高度有效应用促进社会系统的改革，解决高龄少子化社会的医疗福利、环境能源、防灾治安、教育人才、劳动就业等21世纪的问题。三是ICT安心安全21战略等。此外，U-Japan战略还有两大战略重点：国际战略和技术战略。国际战略主要是推进与欧美各国以及世界贸易组织（WTO）、经济合作与发展组织（OECD）、亚太经济合作组织（APEC）、国际电信联盟等有关的国际间合作，并致力于将日本的实用研发技术推向世界。2008年，日本总务省进一步提出了“U-Japan×ICT”计划。“×ICT”代表不同领域乘以ICT，具体涉及“产业×ICT”“地区×ICT”“生活（人）×ICT”3个领域。“产业×ICT”即通过ICT的有效应用，实现产业变革，推动新应用的发展；“地区×ICT”即通过ICT以电子方式联系人与地区社会，促进地方经济发展；“生活（人）×ICT”即有效应用ICT达到生活方式变革，形成无所不在的网络社会环境。通过具有明确发展方向的“U-Japan×ICT”计划，日本政府将U-Japan政策的重心从之前关注居民生活品质的提升拓展到带动产业及地区的全面发展。为了实现U-Japan战略，日本进一步加强“官、产、学、研”的有机联合，形成官、产、学、民共同参与政策实施的开放性组织管理模式。全球金融危机爆发后，为了尽快实现经济复苏，同时也作为U-Japan战略的后续发展战略，2009年又发布了新一代信息化战略，即至2015年的中长期信息技术发展战略“I-Japan战略2015”（简称“I-Japan”），目标是“实现以国民为中心的数字安心、活力社会”。该战略旨在通过打造数字化社会，参与解决全球性的重大问题，提升国家的竞争力，确保日本在全球的领先地位。I-Japan主要聚焦在三大公共事业，即电子化政府治理，医疗健康信息服务，教育和人才培育。计划到2015年，通过数字技术使行政流程简化、标准化、透明化，推动现有行政管理的创新变革，同时促进民生项目的发展。其中包括汽车远程控制、车与车的通信、车与路边的通信等智能交通项目，老年和儿童监视、环境监测传感器组网、远程医疗、远程教学、远程办公等智能城镇项目，环境监测和管理项目。2010年，总务省发布了“智能云研究会报告书”，制定了“智能云战略”。其中包括应用战略、技术战略和国际战略3部分。与日本类似，韩国也将物联网纳入信息产业的范畴。从1997年推动普及互联网的“Cyber-Korea 21”计划到2011年对RFID、云计算等技术发展的明确部署规划，10多年来先后出台了多达8项的国家信息化建设计划。其中“U-Korea”是推动物联网普及应用的主要战略。2004年，韩国情报通信部发表了被视作“U-Korea”先导战略的“IT-839计划”，希望通过该计划使韩国的IT产业增加值在2007年占到GDP的20%。随后，韩国情报通信部成立了“U-Korea”策略规划小组，并提出了为期10年的U-Korea战略。“U-Korea”主要涉及“平衡全球领导地位”“生态工业”“现代化社会”“透明化技术”4项关键目标和“亲民政府”“智慧科技园区”“再生经济”“安全社会环境”“U生活定制化服务”五大应用领域，旨在通过布建智能网络（如IPv6、BCN、USN），推广最新的信息技术应用（如DMB、Telematics、RFID）等信息基础环境建设，建立无所不在的信息化社会（Ubiquitous Society）——运用IT科技为民众创造衣、食、住、行、体育、娱乐等各方面无所不在的便利生活服务，并通过扶植IT产业发展新兴应用技术，提升产业和国家竞争力。

随着中国物联网技术的不断成熟，传统产业与物联网的逐渐融合，不仅催生了一大批基于物联网技术的产业，而且逐步形成了发展物联网的共识乃至国家理念。《中国物联网发展报告》（2011年）预测，未来10年，物联网重点应用领域投资可达4万亿元，产出将达8万亿元。有关部门制定了《物联网“十二五”发展规划》《促进我国物联网健康发展的指导意见》《无锡国家传感网创新示范区建设总体方案及行动计划》（2010—2015年）等文件，确定智能电网、智能交通、智能物流、智能家居、环境与安全检测、工业与自动化控制、医疗健康、精细农牧业、金融和服务业、国防军事为十大应用领域，并开始展开布局，同时还制定一系列政策和相关标准。特别是支持物联网企业借助资本市场多渠道、多层次筹措资金，鼓励产业投资基金、创业风险投资基金、私募基金等各类社会资本向物联网集聚。中华人民共和国工业与信息化部、中华人民共和国财政部在“十二五”期间设立50亿元的专项基金，重点支持技术研究和开发、产业化、应用示范和推广、标准研制和公共服务4类项目。2010年，中国科学院、大唐电信科技股份有限公司、国开金融有限责任公司、国联证券股份有限公司和部分民营资本共同设立中国物联网投资基金，首批50亿元。中国科学院上海微系统与信息技术研究所、上海上创新微投资管理有限公司、上海市嘉定区国有资产经营有限公司、上海市嘉定工业区开发（集团）有限公司共同发起设立上海物联网创业投资基金，首期5亿元。德同资本管理有限公司、深圳市创新投资集团有限公司、无锡金宇国际贸易投资咨询服务有限公司、联想投资有限公司、上海凯石投资管理有限公司、达晨创业投资有限公司等创业投资机构则在寻找投资机会。自2003年以来，先后有宁波市远望谷信息技术有限公司、深圳鼎识科技有限公司、四川久远新方向智能科技有限公司、北京戈德利邦科技有限公司、西安富士达科技股份有限公司、上海秀派电子科技有限公司、中山达华智能科技股份有限公司等企业获得公开的风险投资，其中前三者获得多轮融资。

在其他条件不变的前提下，影响产业发展的因素主要有两个，即投资量和反映投资效率的投入产出比。产业发展在很大程度上取决于投资量及其配置方式。没有一定数量的投资，就无法形成合理的投资形式结构、部门结构和空间结构。在竞争均衡条件下，所有产业部门的劳动和资本都能带来相同的边际收益，所以需求变化和部门间的流动并不能对经济增长产生直接的影响，经济增长是资本积累、劳动力增加和技术进步长期作用的结果。但结构主义经济学观点认为，经济增长是结构转变的结果。生产结构的变化通过适应需求结构的变化，能够更有效地对技术加以利用。在人们预见力不足和生产要素的流动受到限制的条件下，结构转变往往是在非均衡的条件下发生的。因此，资本和劳动不断从生产率较低的部门转移到生产率较高的部门。结构转变与经济增长有着极为密切的关系。一方面经济增长导致结构转变，另一方面结构转变又推动经济增长。按照产业演进的一般规律，及时进行经济结构调整，不断将劳动、资本和自然资源从需求相对收缩的部门转移到需求迅速扩张的部门，从生产率较低的部门转移到生产率较高的部门，无疑可以极大地促进经济增长。在投资结构开放的情况下，一国的投资结构由于受国际经济分工格局的影响，已不再是一个独立、完整的体系，而仅仅是国际投资结构的一部分。各个国家残缺不全的投资结构通过国际贸易和国际投资联系在一起，可以通过国际产业联系进口那些技术含量较高、成本水平比较低的生产资料和消费资料，减少本国在这些部门的投资，从而对本国具有比较优势的产业部门进行重点投资。在投资结构开放的情况下，国内产业关联中出现的瓶颈制约与长线闲置，可以通过与国际产业的联系而在一定程度上得到调整和缓解。投资的主导产业部门在经济增长过程中是依次更替的。随着20世纪90年代中国经济的快速增长，汽车、钢铁、化学工业已成为投资的主导产业部门，但可以预期，生物工程、信息产业等必将取代它们成为主导产业。物联网是一种必然选择。

与其他产业相比，物联网具有更多安全保密方面的特殊要求，但其一般经济形态的特性也十分强烈，因而发展物联网经济不能局限于国家主导和国家投资为主，而必须坚持开放和多元投资的原则。中国当前的投资体制依然存在严峻的效率、结构和制度问题，不能满足市场经济发展的要求。国家投资职能定位不清和机会成本核算不明，会使民间投资在市场准入方面受到限制。国家不断进入投资市场固然可以短期带来刺激产业发展的作用，但其负面影响却是制度性的、长期的。与民争利、独家垄断不利于消费者福利提高，所造就的某些既得利益集团还很容易打着国家利益的旗号进行寻租。国家投资还存在机会成本不经考核等方面的问题。中国民间资本市场准入难主要体现在两个方面：一是进入融资市场难。首先是直接融资难。缺乏为民营企业提供长期资本的私人股权融资市场，相应法规也不健全。一些本来可以实行多元化投资的领域仍然为国有资本垄断或替代，政府和国有企业把持特权，国有与民营、行政权与所有权一直处于不对称状态。其次是间接融资难，主要体现为抵押难、担保难、获取长期融资难。二是进入投资市场难。首先是项目报批手续烦琐、时间长、收费高。其次是相应的产权保护法规依然不健全，民营资本对参与投资期长、需要政策配套的项目往往持观望态度，对固定资产投资的积极性不高。要解决这些问题，必须进行制度创新。而事实上，作为目前中国物联网经济组成部分的电信业之所以奠定了较好的发展基础，恰恰也与制度创新有关。中国加入WTO后，电信业传统的封闭状况逐渐被打破，单一的资本结构向多元资本结构转变，单一的以通信领域为主体的改革在向多元化的产业组合模式转变。尤其是几家主导运营商先后完成上市后，围绕公司资本结构的优化将过去单一的以上市为背景的资本调整模式向多种模式并行转变，探讨通过跨区域、跨行业的产业协作重新配置资本，并以此建立电信业与其他产业互补互进的产业联盟，提升电信企业在国内外竞争市场上的综合实力。随着企业分拆、重组、上市等改革的逐步完成以及《电信法》的出台，电信业逐渐形成了比较完整的产业网。

中国已经具备实现物联网投资多元化的市场基础、产业基础和国际大环境，但是投资多元化并不是简单地从一家投资变成多家投资，或是从单一投资变成复合投资，而是要在体制建立、市场运作、市场评估和整个战略部署方面进行完整的布局。从国家战略角度来看，国家战略、国家安全和对外开放三者之间如何实现协调统一是一个关键问题。许多人或企业在谈到多元化投资时，往往以国家安全为借口强调对其进行一些限制和制约。其实从国外相关产业如电信业发展来看，在某些领域进行必要的开放对国家安全并不会带来负面影响。而倒是因为开放不完全，在安全方面所受的某些制约会更大。在多元化投资中还要建立一整套行之有效的技术评估体系，做好宏观调控，避免企业各自为营、重复或矛盾地引入不同技术和标准。

风险投资是物联网多元投资的有效载体。风险投资机制的制度化经历了半个世纪，作为一种新的投资制度，其创新意义主要表现在两个方面：一是促进了金融分工的细密化和原有生产过程的延伸，二是创造了一种特殊的产权认定机制，在一定程度上克服了技术成果初次交易中的定价困难，加速了技术成果的商品化进程。从本质上说，风险投资是先行工业化国家在其经济结构多次升级后竞争日趋激烈、平均利润率日趋下降、消费动力不足、闲置资金累积增多等特定环境下，市场经济主体和政府共同为剩余价值资本化排除障碍所推动的金融制度创新成果。为了发现未被满足的需求和创造新的需求，它努力将技术创新和高新技术产业化的“生产过程”前移，即“逼近实验室”，而将“孵化高新技术创业体的过程”独立出来，成为“独立运行的资本市场服务过程”或“新利润生产过程”。风险投资对物联网发展具有多种功能。一是技术成果筛选功能。风险投资公司是专门向高科技、高风险以及如果成功将会有极高利润回报的项目进行投资的公司，它们拥有科学技术理论、生产工艺、外贸金融、企业管理和公共关系等各方面的专业人才，因而熟知产业动向，能够对相关技术的发展前景做出较正确的判断，并提出有价值的投资理念。其严格的投资筛选过程能使最有应用前途、最佳投入产出比的成果脱颖而出，并推动它们较快地转化为现实的生产力。二是技术研究促进功能。风险投资公司对技术成果的筛选能使研究者更好地把握攻关方向，明了哪些是最有可能得到实际运用、产生最大社会效益的研究课题，从而有利于将有限的人力、物力、财力资源合理优化配置，促进最符合需求的研究项目早出成果。三是产业培植功能。风险投资对从事创意设计的中小企业有重要的初始支持作用。由于处于起步阶段的中小企业发展前景尚不明朗，难以从银行获得贷款，也难以公开发行股票和债券，因而来自风险投资公司的相对稳定的长期资本支持弥足珍贵。风险投资公司还将运用自身的专业技能、管理经验、信息网络、人脉关系帮助中小企业开拓市场，使中小企业能快速成长发育，并形成崭新的产业结构。四是政策导向功能。风险投资方向在很多情况下体现了国家政策的取向，从长远看也体现产业结构调整的进步取向，因而具有较为合理或正确的产业引导功能。五是投资资金转化功能。风险投资能够汇集敢于冒险的个人和企业资金，并融合部分银行、保险公司等的资金，进行专业化运作。事实上还使不够安全的资金转化为较为安全的资金，使收益不太高的投资转化为收益较高的投资，使原来只能想象的项目转化为可以实施的项目，有利于释放金融风险。六是专业教育导向功能。风险投资代表了未来的投资方向，因而对教育改革具有引导作用，使包括专业设置在内的教学改革更符合世界产业发展潮流，也有助于学生选择自己的学习和研究方向。七是促进国际经济技术交流功能。扩大资本配置的范围或视野，实现国际风险投资者、中小企业、科技工作者以及国家都获益的多赢目标。八是防止技术开发撞车和恶性市场竞争功能。有力促使资金集中向最能发挥效益的领域流动，较大程度地防止重复研发、成果撞车。九是生产要素集成功能。引入发展成果共享、员工持股、骨干股票期权制度，充分调动人的积极性，使所有生产要素达到最佳匹配和最高使用效率。此外，风险投资还有风险分散功能、心理安全功能、降低资本运作成本功能、价值理念更新功能、投资机会创造功能等。风险投资是科学技术革命的阶梯，也是物联网经济发育成长的推进器。[1]

[1]刘宪：《风险投资的多元化功能》，《当代经济》，2004年第12期。

第四章　精密技术系统与新交际语言

一、传感网络与植入式人工智能系统

20世纪最后1年，有人根据传感器和互联网技术的发展势头预言，人类居住的星球在21世纪将长出一层“电子皮肤”。目前这些“皮肤”即传感网正在逐渐缝合，它将探查和监视地球上的城市社会、移动的交通工具、生态环境乃至人的身体状况等。目前传感网的微系统尺度变得越来越小，智能化水平则变得越来越高，正在向生产生活的一切领域延伸。传感网的特点可以归结为如下3个方面：一是动态性。传感网提供的服务类型取决于用户对服务的需求和期望值。例如，同样是天气预报服务，国家灾害防治中心需要提供观测区域内全部精准的气象信息，包括温度、湿度、气压、地壳运动等，而一般的旅游者关心的只是旅游地的天气情况。对此传感网要对传感数据动态处理。传感网的动态性还体现在拓扑结构的变化上，传感网节点的移动、能量、角色的改变，数据/通信连接的改变，会导致拓扑结构的变化。二是智能性。传感网是一个高度智能化的系统，其数据/通信连接必须可靠，一旦某环节中断其节点便可以自发找出其他有效路径以继续工作。在许多传感网应用中，传感器节点还要通过协同工作来解决复杂问题。三是融合性。除数据融合外，传感网的融合性还表现在应用领域和通信领域的融合。由于传感节点类型多，感知处理模式、数据流量特征、通信环境差异大，服务质量（Quality of Service，简称QoS）要

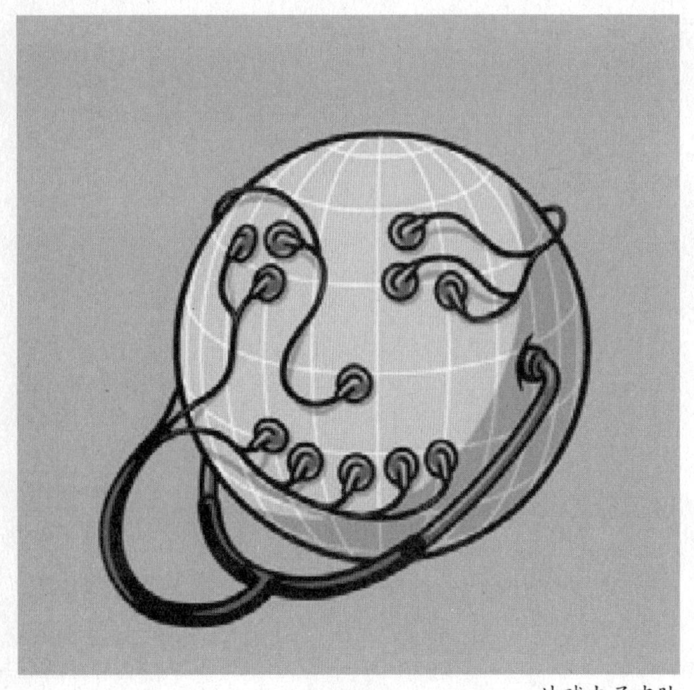

地球电子皮肤

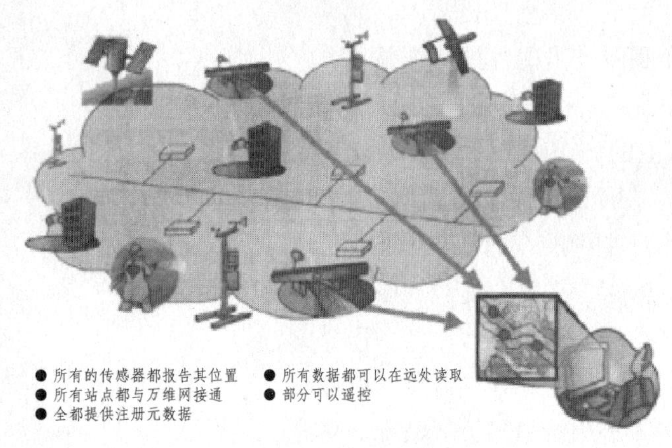

传感器万维网（包括环境监视器、运输监视器、工业传感器、飞机和卫星成像遥感仪、健康监视器和数据库）

求高，因而它对各类应用进行了最大限度的共性抽象和通用改造。[1]传感器可划分为原位传感器和遥感器两大基本类型，前者测量敏感元件周围环境或地域的物理性质，后者利用发射或反射的电磁辐射远距离测量目标。而在传感网的概念下两者的区别消解了。如果传感网是万维网即传感器互联网，每个站点收集的信息将被所有站点所共享。传感器万维网的站点收集数据具有全球的、宏观的目标，它将多维度的传感体系扩展成围绕地球的“虚拟神经系统”。在传感器万维网里，每个传感器都是整个传感器系统的一个仪器，每个传感器站点与其他所有邻居站点都是相互关联的，因此它可以感知到全球的传感器。传感器万维网的站点可以在太空里，也可以在地面上；可以是固定的，也可以是移动的，甚至每个站点都可以实时接入互联网。站点之间的通信有全向和双向两种，每一站点都可以把收集到的数据发送给网络中所有的其他站点。其中处于飞行状态的站点的数据也可以融合进来。传感器万维网发挥着从各方注入数据流的协同集合作用。例如极地环境实验室传感器万维网站点相距约10km，可连续运行3年。它包括在现场部署的多种环境实验：植物园的土壤湿度和温度、极地微气候条件、生命探测等。传感器万维网可以将任何传感器技术的功能扩展，是一个正在积极发展和不断深化的技术概念，目前正在开展确定其可能性的研究工作。例如美国国家科学基金会（National Science Foundation，简称NSF）的“传感器网络”、美国国家航空航天局（National Aeronautics and Space Administration，简称NASA）喷气推进实验室（Jet Propulsion Laboratory）的“传感器站点”、加利福尼亚大学（University of

[1]陈洁、邢津：《传感网特征与通用技术需求》，《电信技术》，2010年第1期。

California）的“智能灰尘”、加拿大遥感中心（Canada Centre for Remote Sensing，简称CCRS）的“综合的地球遥感”等项目。

嵌入式系统（Embedded System）也称嵌入式计算机系统，针对特定的需要剪裁计算机的软件和硬件嵌入到应用物理系统之中。据统计，98%的计算设备在嵌入式系统中工作。嵌入式系统技术是实现环境智能化的基础性技术，无线传感器网络就建立在这一技术基础之上。20世纪90年代，在分布式控制、柔性制造、数字化通信和信息化家用电器等巨大需求的牵引下，嵌入式系统飞速发展，面向实时信号处理算法的数字信号处理（Digital Signal Processing，简称DSP）产品则向着高速度、高精度、低功耗的方向发展。随着硬件实时性要求的提高，嵌入式系统的软件规模也不断扩大，逐渐形成了实时多任务操作系统（Real-Time Operating System，简称RTOS），并开始成为主流。

1978年，美国宇航局在研发宇宙飞船过程中提出并形成智能传感器（Intelligent Sensor，Smart Sensor）概念。宇宙飞船用大量传感器不断向地面发送温度、位置、速度和姿态等数据信息，由于用一台大型计算机很难同时处理庞杂的数据，因此有了将CPU分散化和小型化的设想，从而产生智能传感器技术。传统的传感器只具有信号采集功能，只能输出模拟信号，不具备信号数字化和信号处理功能。智能传感器是一种具备通信能力的微型计算机，兼有信号检测、信号处理和编程控制的能力。其中嵌入式微处理器具有微体积、微功耗、可靠性高、抗干扰能力强等优点。智能传感器模拟人的感官和大脑的功能，不仅具有视觉、听觉、嗅觉、味觉、触觉功能，还有记忆、思维和逻辑判断等人工智能。主要表现在以下7个方面：一是功能自检、自校、自诊断和量程自选，二是能量自动补偿，三是数据自动采集，四是数据存储、记忆和处理，五是通过标准化数字或符号输出进行双向通信，六是自判断和决策处理，七是现场学习。网络化智能传感器系统使传感器由单一功能、单一检测向多功能和多点检测发展，从被动检测向主动进行信息处理方向发展，从就地测量向远距离实时在线测控发展。由此可以看出，智能传感器技术正在向传统的传感器技术（信息采集）与通信技术（信息传输）、计算机技术（信息处理）三者相结合的方向发展，使物联网兼而具有“感官”“神经”和“大脑”的功能。智能传感器技术是21世纪最具影

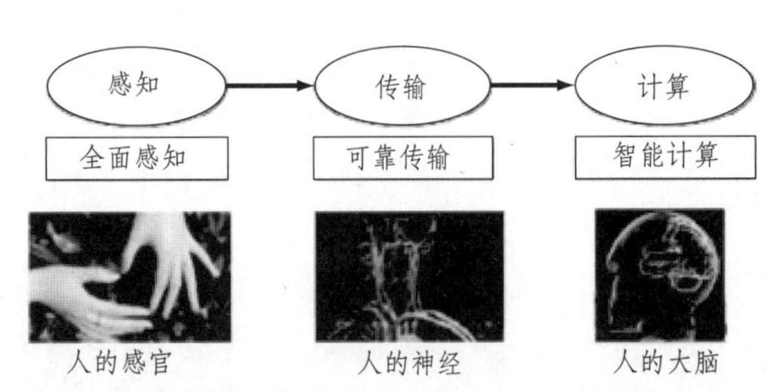

智能传感器技术使物联网兼而具有“官”“神经”和“大脑”的功能

响力和发展前景的高新技术之一。

目前智能传感器的实现是沿着传感技术发展的3条途径进行的。一是非集成化实现。即将传统的仅具有获取信号功能的传感器、信号调理电路、带数字总线接口的微处理器组合为一个整体。这种非集成化智能传感器在现场总线控制系统发展的推动下迅速发展起来，是一种经济、快速的途径。另外，近年来发展极为迅速的模糊传感器也是一种非集成化的新型智能传感器。它在经典数值测量的基础上进行模糊推理和知识合成，以模拟人类自然语言符号描述的形式输出测量结果，不仅具有智能传感器的一般功能，而且具有适应测量环境变化的能力，并能根据测量任务的要求进行学习推理。二是集成化实现。采用微机械加工技术和大规模集成电路工艺技术，用硅作为基本材料制作各种单元，并使它们一体化、微型化，甚至可以小到放在注射针头内送进血管测量血液流动情况。三是混合实现。将多种系统如敏感单元、信号调理电路、微处理器单元、数字总线接口等以不同的组合方式集成在一起。[1]一般的传感器都是响应环境的物理或化学特性的，例如气象传感器响应温度、湿度、太阳辐射通量和其他能量通量，局限于少数几个变量。而人和其他生命有机体在收集环境信息时则通过多种感官，每一类感官都利用已经进化的“生物探测器”来响应特定的生物物理或生物化学刺激，这是传感器的发展取向。目前仿生的电子“鼻”“舌”“耳”和“眼”按照传感器万维网的方式部署，已经可以构建强大和机动灵活的探测功能，也就是具有鲁棒性（Robustness）和自适应性。其中电子“鼻”和电子“舌”可以直接探测到化学物质。

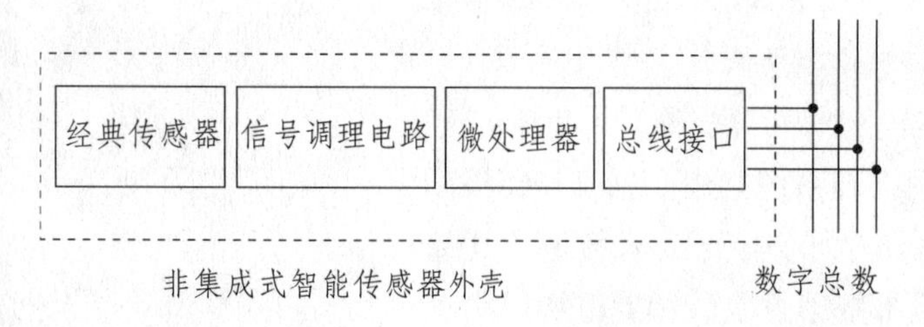

非集成式智能传感器框图

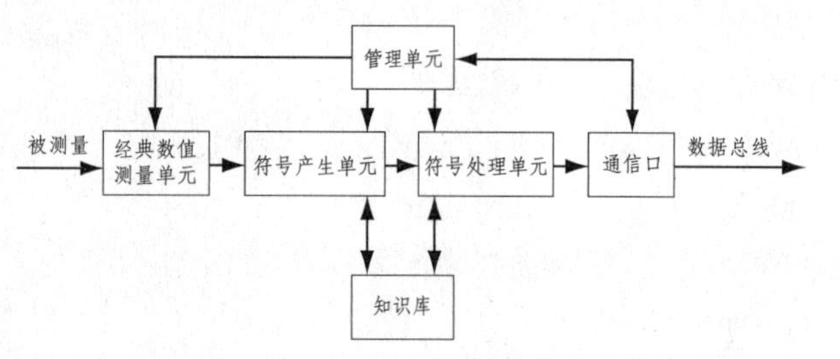

模糊传感器的简单结构示意图

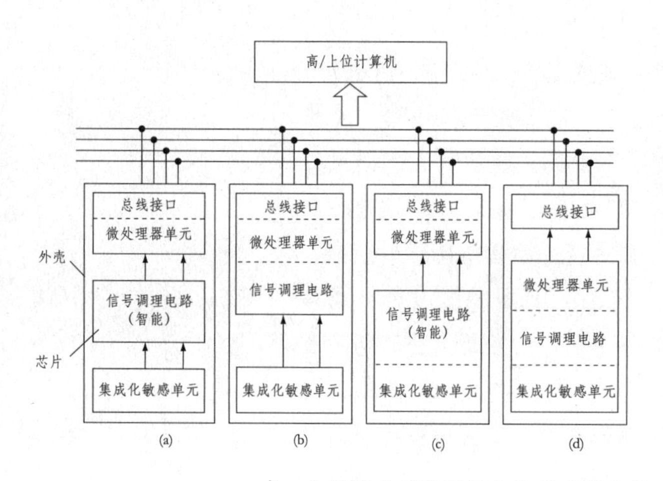

在一个封装中可能的混合集成实现方式

智能传感器和智能传感网的极致是机器人，它也是未来物联网极为重要的组成部分。大多数专家认为智能机器人至少要具备以下3个要素：一

[1]朱祖涛、茅大钧：《智能传感器的兴起与发展动向》，《上海电力学院学报》，2002年第3期。

是感觉要素，用来认识周围环境状态；二是思考要素，根据感觉要素所得到的信息，思考出采用什么样的动作；三是运动要素，对外界做出反应性动作。智能机器人的主体由形形色色的内部信息传感器和外部信息传感器构成，这些传感器使机器人具有类似人的视觉、听觉、嗅觉、味觉、触觉等功能。根据智能高低不同，智能机器人可分为3种类型：一是传感型机器人，又称外部受控机器人。它们受控于外部计算机，本体上没有智能单元，只有执行机构和感应机构，利用传感信息获得信息处理和操作功能。二是交互型机器人。这种机器人虽然具有部分处理和决策功能，能够独立发挥一些诸如轨迹规划、简单避障等功能，但主要受外部计算机控制。三是自主型机器人。这种机器人内设具有感知、处理、决策、执行等模块，可以像自主的人一样独立处理问题和完成拟人任务。它还具有适应性，可以实时识别和测量周围的物体，根据环境变化调节自身的参数，调整动作策略以及处理紧急问题。当然，自主型机器人更可以通过网络进行人为的远程调节。如中国第五代医用机器人已达到视觉立体标定和定位的水平，可以进行准确的远程操控手术。目前工业机器人已应用于汽车及汽车零部件制造业、机械加工业、电子电气业、采矿业、冶金业、石油化学工业、船舶制造业、食品工业等领域，并开始扩大到核能、航空、航天、医药、生物化学等高科技领域和军事作战以及医疗、清洁等服务业领域。其中，弧焊机器人、点焊机器人、分配机器人、装配机器人、喷漆机器人、搬运机器人等已被大量采用，水下机器人、抛光机器人、打毛刺机器人、擦玻璃机器人、高压线作业机器人、服装裁剪机器人、制衣机器人、管道机器人等特种机器人以及扫雷机器人、作战机器人、侦察机器人、哨兵机器人、排雷机器人、布雷机器人等军用机器人也有了比较广泛的应用。由于全自主移动机器人涉及诸如传感器数据融合、模式识别、神经网络、驱动控制等多方面的技术，所以能够综合反映一个国家在制造业和人工智能等方面的水平。

智能传感器技术是涉及集成电路（微电子技术、微机械技术），计算机技术（高性能计算、模糊理论、数据库与数据仓库技术、人工智能技术、多媒体技术、虚拟现实技术、嵌入式技术、可穿戴计算技术），通信技术（传感技术、信号处理技术、神经网络技术、光纤通信和光传输网技术）以及材料科学等多学科的综合性技术。智能化、微型化、集成化、系统化、多功能化、低功耗、无线、便携式是未来新型传感器的特点。其中较为关键的是新的计算技术，主要包括人工智能技术、多媒体技术、虚拟现实技术、嵌入式技术、可穿戴计算技术。人工智能（Artificial Intelligence）是计算机科学、控制论、信息论、神经生理学、心理学、语言学等多种学科及理论高度发展、紧密结合、互相渗透而发展起来的一门交叉学科。当前人工智能技术的研究和应用主要集中在以下几个方面。（1）自然语言理解。研究用计算机模拟人的语言交互过程，使计算机能理解和运用人类社会的自然语言（如汉语、英语等），实现人机之间通过自然语言的通信，以帮助人类查询资料、解答问题、摘录文献、汇编资料以及一切有关自然语言信息的加工处理。自然语言理解的研究涉及计算机科学、语言学、心理学、逻辑学、声学、数学等学科，分为语音理解和书面理解两个方面。（2）数据库的智能检索。将人工智能技术与数据库技术结合起来，建立演绎推理机制，变传统的深度优先搜索为启发式搜索。智能信息检索系统具有如下功能：理解自然语言，允许用自然语言提出各种询问；具有推理能力，能根据存储的事实演绎出所需的答案；拥有一定的常识性知识以补充学科范围的专业知识，根据这些常识能演绎出更一般性的答案。（3）专家系统。存储有大量的、按某种格式表示的特定领域专家知识构成的知识库，并且具有类似于专家解决实际问题的推理机制，利用专家的知识和解决问题的方法模拟处理问题。专家系统也具有自学能力。（4）定理证明。将数学定理和日常生活中的演绎推理变成自动实现的符号演算过程和技术，即机器定理证明和自动演绎。可应用于问题求解、程序验证和自动程序设计等方面。（5）博弈。模拟人类思考过程，并采取智能决策。主要有两种实现方式：一是计算机与计算机之间的对抗，二是计算机与人之间的对抗。博弈问题为搜索策略、机器学习等问题的研究提供了基本模型。（6）自动程序设计。按广义的理解，指尽可能借助计算机系统特别是自动程序设计系统完成软件开发；按狭义的理解，指从形式的软件功能规格说明到可执行的程序代码这一过程的自动化。（7）组合调度问题。实现最佳调度或确定最佳组合等方面的问题是带有普遍性的应用问题，例如互联网中的路由优化问题、最短物流路线问题。随着求解节点规模的增大，这种求解程序面临的困难按指数方式增长，必须依靠人工智能才能更好解决。（8）感知问题。感知不仅仅是一般的感应，而且是“理解”。其中，机器视觉已在实时并行处理、主动式定性视觉、动态和时变性视觉、三维景物的建模和识别、实时图像压缩传输和复原、多光谱和彩色图像处理解释等方面有所拓展，并在机器人装配、卫星图像处理、工业过程监控、飞行器跟踪和制导以及电视实况转播等领域获得极为广泛的应用。尽管人类获取信息的80%来自于视觉，但是能够同时利用视觉、听觉、嗅觉、味觉、触觉则使得信息的获取变得更加便捷和丰富。多媒体技术在这方面有独特的功能和价值。多媒体技术是综合性的，是计算机技术、微电子技术与通信技术高度发展和紧密结合的产物。20世纪90年代，个人计算机运算能力、存储能力的快速提高与3D软件的成熟，互联网技术的广泛应用，以及微电子技术的发展，使得一大批高清晰度电视（HDTV）、高保真度音响（Hifi）、高性能录像机、摄像机、照相机、光盘播放机、投影仪产品纷纷推出，强烈地推动着多媒体技术的发展。它与网络技术的结合产生了很多重要的应用领域，如可视电话、网络电视会议、网络视频点播、手机视频以及网络教育、网络医疗等。多媒体技术与分布式计算技术的结合，使得异地的科学家、医生、工程师可以开展合作研究、会诊和手术、联合设计等工作。

虚拟现实（Virtual Reality，简称VR）是计算机图形学、仿真技术、多媒体技术、人工智能技术、计算机网络技术、并行处理技术和多传感器技术相结合的产物。它模拟人的视觉、听觉等感官功能，通过专用软件和硬件对图像、声音、动画等进行整合，将三维的现实环境和物体模拟成二维表现的虚拟境界，再由数字媒体作为载体传播给观察者。观察者可以选择任一角度观看任一范围内的场景或物体，并能够通过语言、手势等自然的方式与之进行实时交互，好像身临其境。虚拟现实技术最重要的特点是交互性和实时性，能够使人突破时空以及其他客观限制感受真实世界中无法亲身经历的体验。

可穿戴计算系统（Wearable Computing System）是普适计算研究的重要领域，是十分便捷的人机交互模式。它将计算和交互设备穿戴在人身上，具有信息交互上的便利性、介入性、持续性和增强性等特征。一般的小型或微型计算机如笔记本电脑、各种手持设备的使用方式与传统的台式计算机基本相同，如需要开机和关机、关注重点是计算；可穿戴计算机则不间断工作，并且在计算的基础上帮助人获得或增强对外部环境的感知能力，具有移动计算、智能助理、多种控制等能力。可穿戴计算机有更好的封装性和透明性，在参与人的决策过程时可以屏蔽不需要的信息，并且具有感觉上的不在场性，既能使用信息，也能过滤信息、保护信息，甚至能比人的感觉功能更深入地介入对象世界，自动对环境变化进行综合响应。[1]2009年，美国麻省理工学院媒体实验室（Massachusetts Institute of Technology Media Lab）的印度籍博士生普拉纳夫•米斯特利（Pranav Mistry）在著名的TED大会上发表了《第六感科

TED大会的宗旨是“用思想的力量来改变世界”

[1]吴功宜：《智慧的物联网：感知中国和世界的技术》，机械工业出版社，2010年，第57–60页。

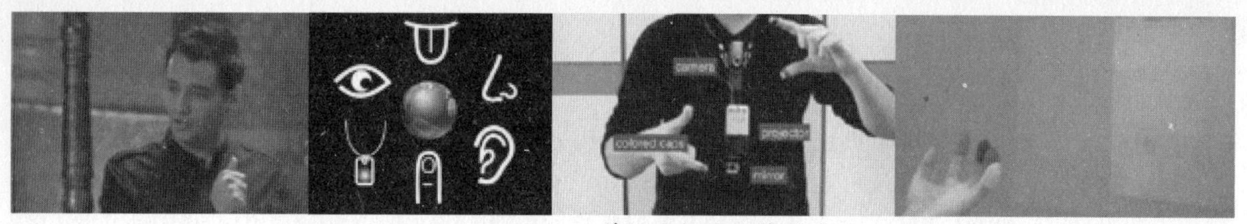

普拉纳夫·米斯特利（Pranav Mistry）和他设想的第六感装置

技的惊人潜力》的演说，介绍了他将物联网转变为超出人的5种感觉的第六种感觉的奇思妙想和实验装置。TED是科技（Technology）、娱乐（Entertainment）、设计（Design）的英文缩写，TED大会的宗旨是“用思想的力量来改变世界”。米斯特利认为，人需要的不是电脑，而是电脑所提供的信息或计算以及相关的便捷应用，这样人在机器社会中才能与周围环境更好地融为一体。如只要用手势就能操作电脑，不需要屏幕就能随时随地看图像，将虚拟世界与实体世界缝合得天衣无缝。米斯特利的实验装备是基于迷你放映机、迷你摄像头、鼠标、手机等的简单组合，综合运用了多点触摸技术，构成目前为止最为完备和实用的可穿戴计算模式，而总花费仅350美元。用它的神奇标志物（Magic Marker）即智能戒指接触某本书可获知其在书店或图书馆的陈列情况以及评论等相关信息，接触登机牌可获知相关飞行信息，与商品的智能识别沟通可及时获知其是否是有机产品、所包含的化学成分以及在各商店的比较价格，比画一个取景框即可拍照。在空中画一个@符，便可以在任何不透明物体的表面显示屏幕，像在电脑上一样阅读电子邮件。手掌上的手机投影与实体手机一样可以触摸按键拨打电话，手表投影则显示准确的时间。阅读报纸时，可以选择在它上面放映与文字相关的视频。在地图上点出想去的旅游景点，其当前的实景便会显示，可以据此了解那里是否拥挤，以决定是否要安排行程。甚至一旦知道初次相识的人的名字，便可以立即知道对方的身份和各种相关信息。[1]米斯特利的实验解构了乔布斯精致的美学勾画，也使传感网达到极致，它将构成未来物联网的一个十分重要的发展方向。

除上述技术以外，其他将有较大突破的技术主要有：（1）多传感器信息融合技术。美国空军技术学院（Air Force Institute of Technology）用前视红外传感器和距离传感器对近幅前视红外图像和数十幅距离图像进行信息融合比较分析，使运动目标检测准确率大大提高。（2）微型电子机械系统专用

[1]Kim Zetter, *TED: MIT Students Turn Internet Into A Sixth Human Sense—Video*, http: // www. wired. com / epicenter / 2009 / 02 / ted-digital-six /; *Pranav Mistry: The thrilling potential of SixthSense technology*, http: // www. ted. Com / talks / pranav_mistry_the_thrilling_potential_of_sixthsense_technology. Html.

显示书籍信息　显示食品信息　显示天气信息　显示文字信息相关图像　使纸张变成游戏屏幕

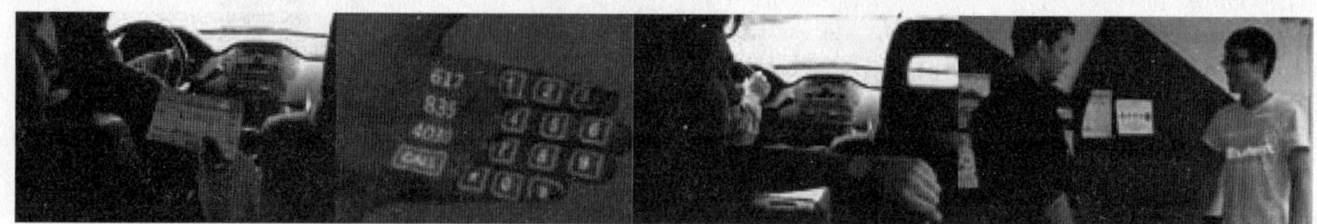
在登机牌上显示航班信息　显示手机键盘　显示虚拟手表　识别客人身份

第六感装置的多种使用功能

传感器新技术。这是一种用于制造高精度、低驱动、高可靠性、低功耗、占用空间小、重量轻和快速响应微型电子传感器的技术。（3）纳米传感器技术。纳米材料由纳米级的超细微粒经压制烧结而成，被认为完全纯净、结构上没有缺陷且具有抗紫外线、红外线、可见光、电磁干扰等奇异功能，将广泛应用于“智能灰尘”的制造，是泛在网最强大的技术支撑。（4）化学传感器新技术。通过生物工程技术、化学工程技术、材料工程技术与微电子技术、光纤技术等的融合形成特殊的传感器技术，可用于工农业生产、食品安全、环境监测、医疗卫生等领域。（5）仿生传感器新技术。具有更准确的生物感应功能，如德国、日本和意大利等利用电化学原理研制的，能对酸、甜、苦、辣、咸5种滋味和酒的品味进行检测的味觉传感器，能对食品新鲜程度进行检测的电子舌，能探测有毒或爆炸性气体的电子鼻。

利用第六感装置的手指拍照

二、传输网络与融合式超级网络系统

物联网传输网络是由计算机、通信系统和终端应用系统构建而成的综合网络系统。它将地理位置不同的具有独立功能的信息基础设施与终端应用系统连接起来，在网络操作系统、网络管理软件以及网络通信协议的管理和协调下，实现信息传递、资源共享和操作应用。

随着网络应用的飞速发展，现行网络传输体系所存在的结构性缺陷也开始变得日益明显和突出。如服务质量难以保证，服务不能灵活定制，网络透明性逐渐丧失，网络安全缺乏保障，软／硬件实现越来越复杂，应用者相互竞争以实现自己特定利益的扭斗（Tussle）日渐激化等。主要问题包括如下一些方面：一是缺乏高效的资源控制能力已成为网络性能提升的瓶颈。现有的互联网体系结构在20世纪七八十年代就已基本成型，主要采用

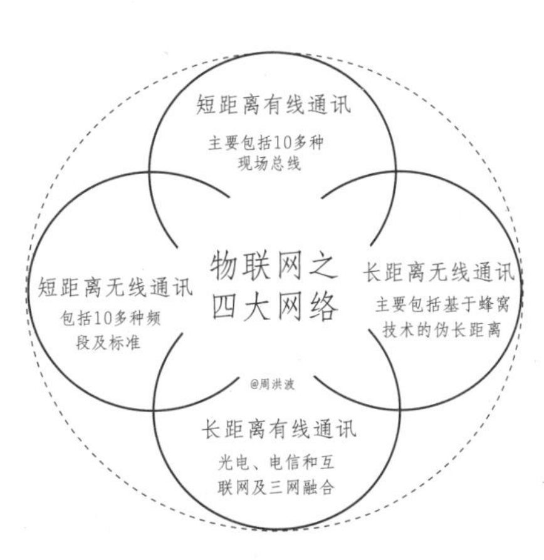

物联网四大通信系统（周洪波《物联网：技术、应用、标准和商业模式》〔第2版〕，电子工业出版社，2011年）

的是以“统计复用”（Statistical Multiplexing）和“存储—转发”（Store and Forward）为基础的分组交换技术，网络本身只提供“尽力而为”的数据传输服务，而把差错处理、拥塞控制等复杂功能放到网络端系统上实现。这种简单的传输方式无法有效支持在线点播、视频会议、远程教育等实时多媒体应用，一直受到带窄、时延、抖动和差错等问题的困扰。尽管已先后提出了综合服务模型（Intserv Model）、区分服务模型（Diffserv Model）和流量工程（Traffic Engineering）等服务质量保证方案，并且展开了关于资源预留、接纳控制、拥塞控制、流量整形、QoS路由、主动队列管理（Active Queue Management，简称AQM）等多种服务质量实现机制的研究，但这些理论上完美、试验床上运行良好的方案在实际部署上却没有预期的那样完全取得成功。二是薄弱的服务定制能力不能满足用户的需求。应用和服务模式相对单一，难以根据用户的需求动态变化，不能适应商业化运营的需要。近年来虽然已经开展了主动网、可编程网、网格、万维网服务（Web Services）等相关研究，但仍然存在很多问题尚待解决。三是在无信用环境中提供用户管理越来越困难。尽管设计了各种密码算法、加密技术、网络安全检测防御技术和网络安全协议，仍没有从根本上解决问题。

网络体系结构不单是分层和协议的集合，它有更为丰富的内涵：（1）具有统领网络研究的普适性。网络研究或建设可能在具体目标或侧重点上存在差异，但总体上都是为了实现突破地理上的限制以多机联网进行远程通信和资源共享等目标。同时，尽管各种网络在通信介质、拓扑结构、布网范围、协议标准、设备类型等方面千差万别，也存在许多共性问题，比如一般都会涉及通信线路的复用方式、交换和路由技术、传输中的查错和纠错、流量控制以及拥塞的处理、网络资源的管理和分配、总体结构的层次划分等。网络体系结构研究的重要方面就是解决这些带有普遍性和共性的问题。如网络系统构成要素及功能的研究，网络系统中命名、编址和路由的研究，网络协议设计和构造方法的研究，网络系统的状态和功能部署位置的研究，资源管理、控制和分配的研究，等等。（2）具有针对某一特定网络的特指性。网络体系结构在一个较高层面上全面综合某一特定网络系统的各种内容，将这些内容全面、系统、有机地组织在一起，使针对这一特定网络系统的所有相关研究形成一个统一的整体。网络发展历史上产生过许多不同类型的网络体系结构，如IBM提出的系统网络体系结构（Systems Network Architecture）、美国数字设备公司（Digital Equipment Corporation，简称DEC）提出的数据网络体系结构（Digital Network Architecture）、国际标准化组织提出的开放系统互连参考模型（Open System Interconnect）以及互联网所采用的TCP/IP参考模型等。所有这些网络体系结构在研究背景、总体结构、层次划分、构成元素、组网形式、通信协议等方面都存在或多或少的差异，也就是说都具有特指性。（3）具有区别于网络具体实现技术的抽象性。宏观意义上的网络体系结构是指针对某一特定网络系统的体系结构需求目标而提出的一系列具有指导意义的抽象设计原则及网络总体结构规约，一般比具体的网络实现技术更抽象、更通用和更长效。如开放系统互连参考模型采用的通用7层模型和一系列抽象建模概念，可广泛用于指导各种网络协议算法、网络操作系统等具体实现技术的设计和开发。而微观意义上的网络体系结构，则比较注重特定网络系统的某些部分或某些方面，它一般从子系统的整体入手规定各个组成部分以及各部分之间的逻辑关系等。（4）具有从需求目标开始前后连贯的过程性。人们通常习惯于将某一特定网络体系结构视为由许多业已制定的相关技术规范和协议标准等所组成的文档集合，而事实上网络体系结构只能是一个过程性概念，因为制定针对某一特定网络体系结构的相应规范和标准并非朝夕之功。把握网络体系结构存在一个网络体系结构认知框架，它反映网络体系结构是一个从需求目标开始、过程前后连贯、各个认知阶段之间存在紧密逻辑关系、各相关内容要素之间存在内在有机联系的系统概念。（5）具有无时无刻不处在不断演化中的发展性。网络所处的环境、所面临的矛盾在时刻不停地发展变化，相应的网络体系结构研究也必然要适应这种变化和反映这种变化。（6）具有丰富的内涵和外延。与网络体系结构相关的研究已延伸和拓展到了物理学、生物学、系统科学以及包括经济学在内的众多社会科学等领域。近年来展开的网络拓扑模型、网络性能模型、网络行为模型等研究，包括复杂网络系统建模、网络成长性分析、网络性能模型的建模、网络行为的仿真、网络稳定性分析等，都具有综合性和延展性。关于复杂网络（Complex Network）的研究表明，看似无序发展的网络则由其背后深刻的网络动力学规律所支配，具有无尺度（Scale free）特征的网络同时表现出具有健壮性和脆弱性的双重特性。而网络性能模型的研究表明，网络流量特征与网络性能、拥塞控制机制以及资源分配机制有着

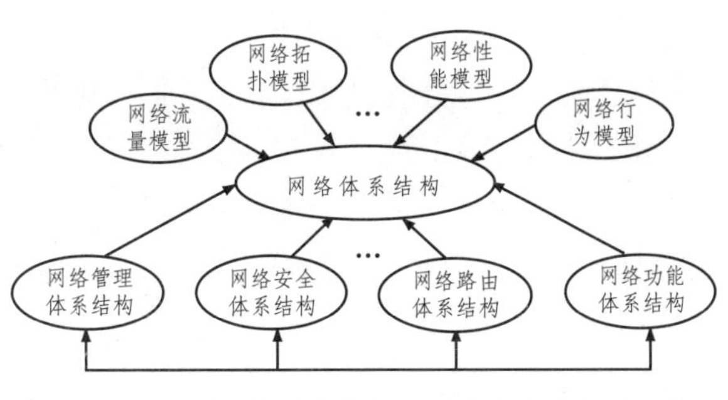

网络体系结构概念具有丰富的内涵和外延

密切的关系，泊松模型（Poisson Model）并不能真实反映网络流量特性，以太网流量、广域网流量、网站流量、视频流量等都具有统计自相似性（Self-similar Nature）。[1]

[1]杨鹏、顾冠群：《计算机网络的发展现状及网络体系结构涵义分析》，《计算机科学》，2007年第3期。

新一代网络是在信息社会中存在并占据主导地位、可靠坚固、无缝集成并具有商业运营能力的基础设施，它综合多种现有网络系统的优势，能支撑世界各国政治、经济、科技、文化、教育、国防等各个领域的全面信息化。一是全方位的开放性。即对技术、投资、服务、应用等所有领域的全面开放，遵循社会公平原则。二是促进多网整合。从总体结构上纳现存各种代表性网络系统于一体，从应用类型和服务功能上集各种网络的成型特色于一身。三是多维度可扩展。具有容量、协议、算法、命名、编址等方面的可扩展性，以及传输、控制、管理、安全等方面的可扩展性。四是动态适应能力。依据不同情况及需求进行适应性动态调整，不仅反映在对于不同的网络技术、异构的运行环境的适应性上，而且反映在对用户个性化服务定制需求的适应性上。五是服务无处不在。支持通用移动和普适计算，提供无处不在的服务，服务有更广阔的范围、更丰富的类型和更灵活的形式。六是可靠、坚固、可控。既能较好地抵御、消减和弥补由于人为破坏、自然灾害、环境干扰、软/硬件故障等因素所带来的各种故障，又能对用户的行为、资源的分配使用、网络演进中的复杂性增长等问题有较好的控制力，从而提高抗毁性、生存性、有效性、健壮性和稳定性。七是高性能、高可用。高性能指能提供高速网络传输、高效协议处理和高品质网络服务，以支持大量具有各种不同服务质量要求的应用；高可用指能高效整合各种资源，为授权用户提供便捷易用的服务和丰富多样的应用，并能在网络部分受损或出现故障时以降级方式继续保证网络的可用性。八是安全、可信和可管理。能够较好地保证运行以及信息的保密、传播和使用等方面的安全性，较好地建立、维护和约束用户之间、用户与网络系统之间的信任关系，实现更加全面、高效的用户管理、资源管理、系统管理和运营管理。九是效益较高。支持采取成本较低、代价较小、具有长期效益的技术路线或过渡方案，推进网络持续、稳妥、良性进化。十是适合商业运营。支持网络的商业化运营，具有合理的赢利模型、完善的运营管理、有效的计费手段和积极的投资融资机制，通过公平竞争鼓励投资和推动技术创新。

为了建设上述泛在性、动态性、可控性、安全性、坚固性、高效性、可管理性、高可用性、可演进性网络，必须提出相应的设计原则，其中重要的方面包括如下几点：（1）集成整合原则。新一代网络既不单纯是互联网的简单扩展，也不单纯是现有电信网的自然延伸，而是互联网、电信网、广播电视网等的集成整合和创新发展。（2）面向扭斗原则。任何大型网络系统中必然存在扭斗，它是阻碍网络发展的巨大阻力，必须通过工程技术与社会科学相结合的方法积极应对。（3）简单性原则。简单性是维持网络持续、稳定、协调向前发展的关键所在，应以有效机制尽力把网络演进过程中不断增长的复杂性限定在可以掌控的范围内。（4）隔离解耦原则。这是一种面向扭斗原则和简单性原则导出的原则。它通过逻辑分离、实现解耦、隔离处理、分而治之的策略，采用化整为零、分而治之的方法，为网络体系结构的持续适应性演进拓展充分的空间。（5）动态可变原则。保持设计目标的柔性、动态性和可变性，尽量避免因过分固定化或片面追求短期利益而妨碍网络的长期发展。动态可变原则的推论之一是尽量保持网络基础核心技术的通用性。（6）选择定制原则。综合面向多种网络系统集成整合和面向多样服务提供的设计思路，既允许用户有根据自己的喜好对服务类型和功能进行选择和个性化定制的权利，也允许网络本身有根据不同情况对服务的具体实现方式进行选择和定制的权利。选择定制原则也是实现新一代网络体系结构全方位开放目标的关键因素。（7）构件化原则。构件化是简单性原则、隔离解耦原则、动态可变原则、选择定制原则共同的技术支撑，也是网络系统设计、建模和开发等的技术基础。目前构件化已成为主动网、可编程网、网格、万维网服务等的实现基础。（8）交互建模原则。在适宜于描述分布、并发系统的基础理论的支持下，着力研究能够反映和刻画网络系统中各种交互行为、交互关系的技术和方法，并以此作为建模的重要基础。（9）渐进演化原则。在不断继承和发展已有网络研究和建设成果的基础之上，以迭代演进的方式渐次实现发展目标。（10）网络覆盖原则。对现有网络的服务能力全面持续升级，有效避免短期内对核心网络进行较大改造，减少经济和技术双重制约。[1]

20世纪90年代以来，特别是1993年美国提出NⅡ计划以后，国际上纷纷出现了“三网融合”的潮流，将原先独立运营的互联网、电信网和广播电视网通过多种方式相互渗透和融合，并相应推动了业务、市场和行业的融合和重组，实现了信息管理体制的变革。三网融合是信息基础设施发展的必然趋势。三网融合并非三网合一，它以IP协议为基础，以0/1为传输形式，构建为一个同一业务可以通过不同网络实现的统一的数字网。这是产业渗透、产业交叉、产业重组的结果，形成的是超越于三网的新一代网络体系。三网融合最终体现在终端，表现为“三屏合一”。“三屏合一”不

[1]杨鹏、顾冠群：《新一代网络体系结构：需求目标、设计原则及参考模型》，《计算机科学》，2007年第4期。

是指某一个屏幕取代其他两个屏幕，而是指任意一个屏幕均可实现承载原有3种屏幕的业务。用户可以根据不同的偏好和需求选择不同的屏幕或运营商。

从信息传送机制来看，以上所述的3种网络可分为两种不同的类型：一是信息在有限的特定用户之间交换，发送方生产私人信息并发送至指定接收方，同时发送方也期待得到接收方私人信息的反馈，语音电话等基本电信业务和实时信息服务、电子邮件等互联网业务属于这一类型。二是信息被发送至众多非特定接收方，目标对象是社会公众，发送方并不一定期望所有的信息都得到反馈。从信息在传送时所必需的带宽要求来看，基本电信业务属低宽带要求，而有线电视业务等为高宽带要求，互联网业务既有低带宽的通信交流服务，也有高带宽的广播、视频服务。电信网、广播电视网提供的信息服务都是专用平台上的信息商品，而互联网提供的是通用平台上的信息商品。从信息接收终端设备来看，这3种网络对应的终端也不尽相同。提供信息服务的各种终端设备多为专用设备，用户只能使用特定的设备接收信息。如固定电话机、手机一般只能用来接收双向语音、双向文件和数据；收音机用来接收单向声音，电视机用来接收单向视像；计算机则既可以接收双向语音、文件和数据的传输，也可以接收单向传输信息。当然也存在个别交叉情况，如双向文件和数据可以通过电信网或者互联网传送，终端设备在一定程度上也可以共用，例如手机可以看电视，也可以上网，但总体上每种内容分别与其分配网络和终端相对应。因此，这两种不同类型的网络存在明显的产业边界：（1）它们使用的技术是各自独立的，按照特定的技术标准提供信息服务内容；（2）它们分别提供不同的服务，并通过其特定的流通渠道和转流环节形成不同的价值网；（3）它们之间构成一种纵向一体化的市场结构，有各自分割的市场领地，处于非竞争关系之中；（4）它们在以不同方式提供信息服务内容时，都有其各自的行为准则和规范，以及不同的政府管制内容（非经济的产业进入门槛）。如果以信息传送机制和信息传送带宽要求分别为纵坐标与横坐标，那么这3种网络上的信息服务商品的象限分布大致如下图所示。其中，基本电信业务和部分互联网通信服务具有低宽带要求，处于图的下方；广播电视和互联网视频、新闻、信息等业务具有高宽带要求，处于图

带宽要求	交换	分配
高	互联网	广播电视网 互联网
低	电信网 互联网	互联网

传送机制

互联网、电信网和广播电视网的融合关系

的上方。基本电信业务和部分互联网通信服务的信息传递机制属于交换型的，处于图的左方；而广播电视和互联网业务视频、新闻、信息的信息传送机制则属于分配型的，处于图的右方。这样，基本电信业务处于左下方象限，广播电视信息服务等处于右上方象限，互联网业务可以在每一个象限内。由于互联网采用三网都能接受的TCP/IP通信协议，因而可以承载各种业务，为三网在业务层面的融合奠定了基础。在这样的背景下，三网融合貌似三网合一，实则在技术上合于互联网，尽管不可能实现实体上的三网合一。但互联网已不能满足当代的现实需求，第三次信息科学技术革命浪潮所造就的物联网不仅将涵盖互联网，也将涵盖三网。从长远看，三网融合的最终结果是产生物联网。它不是现有三网的简单延伸和叠加，而是具有更为广泛联通和交互智能的网络。物联网是一个融合式超级网络系统，它用分布式超级计算将分布在不同地点的超级计算机用高速网络连接起来，并用网络中间件软件加以“黏合”，形成比单台超级计算机强大得多的计算平台。其分布式仪器系统则可以管理分布在各地的贵重仪器，并形成远程访问的技术体系，有效综合各种仪器的使用功能。其所构建的远程沉浸是一种特殊的网络化虚拟现实环境，可以对现实或历史进行逼真反映。所谓“沉浸”，指参与者可以完全融入其中，通过网络聚集在同一个虚拟空间里，既可以随意漫游，又可以相互沟通，还可以与虚拟环境交互。

目前对新一代网络的技术研究主要有两种倾向。一种侧重于计算能力，另一种侧重于信息资源开发。

美国不仅发展高性能计算，而且将跨地域的多台高性能计算机、大型数据库、大型通信设备、可视化设备、科学研究设备和各种传感器等整合成一个巨大的超级计算机系统，以支持科学计算和科学研究。美国能源部下属的阿贡国家实验室（Argonne National Laboratory）与12所大学、研究机构联合开展Globus项目研究，对资源管理、信息服务和信息安全及数据管理等网络计算的关键技术进行研究，开发能在各种平台上运行的网络计算工具软件（Globus Toolkit），支持规划和组建大型网络试验平台。目前，Globus技术已在美国航天局网络、欧洲数据网络、美国国家技术网络等8个项目中得到应用。2005年IBM开始投入数十亿美元开发网络计算，与阿贡国家实验室合作开发Globus开放网络计算标准，向商业应用拓展。中国也非常重视相应的网络技术开发，由“863”计划高性能计算机及其核心软件重大专项资金支持建设的国家网络项目在高性能计算机、网络软件、网络环境和应用等方面取得了创新性成果。在成功开发“天河-1A”和“曙光星云”系统的同时，中国国家网格已形成了0.38千万亿次的聚合计算能力和2.20千万亿字节的存储能力，部署了200多个应用软件和服务，支持了700多个各类科研和工程项目。如新药研发网格被选为国家重大科技专项“重大新药创制”项目“综合性新药研究开发技术大平台”等的基础平台，科学数据网格直接支持高能物理、天文数据挖掘和地学数据处理等应用系统开发。这意味着通过网络技术，中国已能有效整合全国范围内大型计算机的计算资源，形成一个强大的计算平台，帮助科研单位和科技工作者等实现计算资源共享、数据共享和协同合作。

互联网的IPv4或IPv6设计都以固定有线为主，而且IPv4和IPv6地址具有双重性，即位置信息和用户信息捆绑在一起，因此在安全性、移动性、可控可管性等方面具有天生的结构性缺陷。从应用层面来看，IPv4地址耗尽的速度远比预计的要快，而IPv6的起飞比预计的要慢。随着宽带网络技术的发展，原有基于IP分组交换机制最有效的互联网体系已经不能满足网络泛在、融合、宽带的发展要求，新一代网络体系和架构成为当前世界各国争相研究的重点。而在新一波网络技术的热潮中，试验床作为网络技术的创新平台和大规模试验验证的环境则成为发展的焦点。美国、日本和欧洲各国纷纷建立网络试验床，中国也在积极努力，旨在设计一个全新（Clean-slate）的网络。新一代网络不仅可以支持现在的各种业务，如有线、无线、固定、人与人、人与物、物与物的服务，而且能实现多种网络、多种应用的叠加。美国对未来互联网主要有两种把握。一种是超越IPv6打造一个全新的、革命性的新网，其中代表性的项目有美国科学基金会的未来互联网网络设计（Future Internet Network Design，简称FIND）和全球网络创新环境（Global Environment for Network Innovations，简称GENI）；另一种则逐步改进现有的互联网，代表性项目是互联网研究任务组（Internet Research Task Force，简称IRTF）的研究项目。FIND计划是美国国家科学基金会（National Science Foundation，简称NSF）网络技术和系统研究计划（NETS Research Program）中的一个新的重大的长期研究倡议。它邀请学术界考虑未来15年后的全球网络需求，主要致力于以下5个问题的研究：（1）网络是否继续采用分组交换；（2）端对端原理是否改变；（3）路由和包转发是否分开；（4）拥塞控制和资源管理；（5）身份认证和路由。GENI是FIND的成果之一，是一套用于网络研究的基础设施。GENI的核心理念是：（1）可编程（Programmability），各种研究成果可在其上进行原型试验；（2）可虚拟化和资源共享（Virtualization and Other Forms of Resource Sharing）；（3）联邦制（Federation），各个子块由不同机构拥有，甚至NSF的部分也只是整个系统的一节；（4）基于切片试验。目前GENI的参与者几乎囊括了美国所有重要机构：国家部门有美国国防部，大学有斯坦福大学、麻省理工学院、卡耐基梅隆大学（Carnegie Mellon University）、普林斯顿大学（Princeton University），机构有美国讯远国际通信公司（Ciena International Inc.）、美国思科系统网络技术有限公司（Cisco System Inc.）、美国国家研究推进机构（Corporation for National Research Initiatives）、美国惠普公司、英飞朗公司（Infinera Corporation）、美国微软研究院（Microsoft Research）、美国耐特奈姆系统有限公司（Netronome Systems, Inc.）、美国世佰有限公司（Sparta Limited）、美国奎斯特通信有限公司（Qwest Communications International Inc.）、日本富士通有限公司（Fujitsu Limited）、日本电气股份有限公司（NEC Corporation）等。IRTF是国际互联网工程任务组（The Internet Engineering Task Force，简称IETF）属下的8个工作小组之一，主要任务是负责互联网相关技术规范的编制，目前已成为全球互联网界最具权威的大型技术研究组织。IRTF认为，现有互联网体系结构最核心的问题是端对端的通信路由问题。根据数据分析，目前的路由表有26万条，到了2050年全球有100亿台联网的机器，将产生1 000万条路由表。集成电路如无革命性的进展，路由问题将会成为一个巨大的障碍。因此必须致力于解决这方面的问题。

欧洲联盟对未来互联网的探索和研究几乎与美国同步。2007年启动的欧盟第七框架计划（FP7）建立了未来互联网研究和实验（Future Internet Research and Experimentation，简称FIRE）项目，投入4 000万欧元，其中2 000万欧元投在互联网的体系结构上，2 000万欧元投在互联网实验床的连接上。FIRE基础设施利用欧洲已经建立的泛欧教育科研网GÉANT以及以往欧洲的一些项目如EuQoS、Phosphorus、NESSI等，还有实验床项目如PANLAB、ONELAB、FEDERICA等。欧盟第六框架计划（FP6）已有超过1亿欧元的经费投入到这些实验床中。FIRE采用加盟方式组织整个项目，它不仅是一种网络互联，更是在丰富的信息资源环境下的试验、整合和开放，使得每个参与者都可以共享数据、共享成果。FIRE与美国的GENI有密切的合作关系。与美国一样，参与FIRE项目的机构几乎囊括了欧洲产、学、研所有顶尖机构。同时，由于IPv6是一个相对成熟的体系结构，在此基础上很适合研究新的问题，所以欧洲联盟将基于IPv6的系统作为FIRE的试验床，并实施IPv6推广政策。

中国的国家试验床作为一个多种网络技术融合试验的创新平台，既借鉴了国际先进经验，又具有自己的特色。从“十五”时期高性能宽带信息网（3TNet）项目开始，建立了新一代网络和业务国家试验床（SNG Testbed）。该试验床的主体由3部分构成，即柔性试验床、业务试验床和新一代广播电视网试验床。同时还拥有联试联调环境、组织调度中心、网管中心和行业实训中心等功能单元。柔性试验床是基于可重构技术体系的后IP网络，也是具有高柔性和开放式可重构网络体系结构的试验床。国际上后IP技术大都遵循源于斯坦福大学的“白板设计”（Clean Slate）思路，而中国“863”重大项目新一代高可信网络则确立了可重构技术体系和柔性网络架构。基于IP网络的大规模流媒体承载试验，验证了基于3TNet架构支持高清视频流传输的可能性，也即证明了IPTV的技术可行性，由此确立了电信IP网多业务承载的发展方向，催生了中国第一张IPTV运营牌照，使电视产业进入数字互动新时代。柔性试验床由部署在上海的5个核心节点构成。其中每个节点包含可重构路由器和光网络节电设备，节点之间的光纤链路全网状拓扑。业务试验床主要面向宽带网络的新业务发展，重点测试、试验和示范性运营各类具有高带宽要求的网络业务，尤其是大规模高清媒体业务。“十五”期间，中国电信股份有限公司上海分公司基于国家试验床在浦东地区建立光纤到家（Fiber to the Home，简称FTTH）示范区，并在此基础上启动了上海“城市光网”行动计划，加速推进宽带网络的覆盖和现有网络的升级改造。用户群包括家庭、学校、社区、医院、政府、商务楼等，其中家庭接入带宽已超过30Mb/s。由于三网融合中采用3TNet技术作为技术支撑，为了提供相应的技术规范、标准、低成本接入设备等支持，“十一五”时期建立了新一代广播电视网（NGB）试验床。该试验床覆盖100万用户，通过骨干长途光传输网接入长江三角洲区域19个城市或地区以及珠江三角洲部分区域。

三、集合式服务资源系统与应用终端

网络资源是网络运营商拥有、管理、使用的网络组成要素的总和，主要包括传输网、交换网、数据网、动力网等。网络资源数量庞大，种类繁多，地理分布范围广，而且构成复杂的分层网状结构。根据网络资源在网络中的功能进行分层，具体可分为管线网（管道网、杆路网）资源、电缆网资源、光缆网资源、机房设备资源、核心传输网资源、接入网资源、信号交换网资源、数据网资

<table>
<tr><td colspan="5">业务网</td></tr>
<tr><td colspan="3">传输网</td><td colspan="2">接入网</td></tr>
<tr><td>电缆网</td><td>光缆网</td><td>机房设备</td><td rowspan="2">微波网</td><td rowspan="2">卫星网</td></tr>
<tr><td colspan="3">管道网</td></tr>
</table>

主要网络资源

源等。如左图所示。

网络资源在构成上具有如下特点：一是从拓扑表现方式上可以归纳为点状和线状资源两大类，它们之间的关系构成整个网络的拓扑形势；二是从使用功能方面可以分为物理资源和逻辑资源，对它们的管理基于统一建模来描述；三是资源之间可能存在承载与被承载、包含与被包含等关系，须找出相关关系对它们进行描述。其多维结构模型大致可以作如下描述：（1）空间维。空间描述使资源具有了完整、形象的表示，而由计算机来进行空间管理可以克服传统的纸质媒介管理的延后性、数据不一致性和更改难度大等问题。空间管理有实际物理位置管理和逻辑位置管理两种类型。物理位置管理必须确定资源的地理坐标，例如局站的点坐标、管道段的起止点坐标等；逻辑位置管理对资源的绝对地理位置没有必然的要求，但必须确定资源间的相对位置，例如机房在局站中的位置、设备在机房中的位置等。物理资源分为两类，即机房内的设备资源和机房外的线路资源，对它们的管理不适宜采用面向对象的技术。逻辑资源最终一般面向业务，与物理资源一样也适于建立对象模型和状态模型来描述。网络资源在空间维的管理一般采用地理信息系统来实现。（2）关系维。拓扑关系在空间维中可以得到很好的表示和分析，但资源之间更多的是内在关系。这些关系把各种对象紧密地结合在一起，构成一个相互关联、相互支持的网络，因此对资源还必须从关系维来描述。资源构成的层次性反映了各种不同类资源间的宏观关系。传输网络资源（核心传输网络资源、接入网络资源）是网络资源的核心，为业务网（信号交换网、数据网、移动网等）的业务节点之间、用户与业务网节点之间提供电路连接；线路网络资源（电缆网络资源、光缆网络资源）布放在管道网上，在传输网的网元之间提供物理连接。各专业网内部的资源关系更加细微和复杂，包括资源对

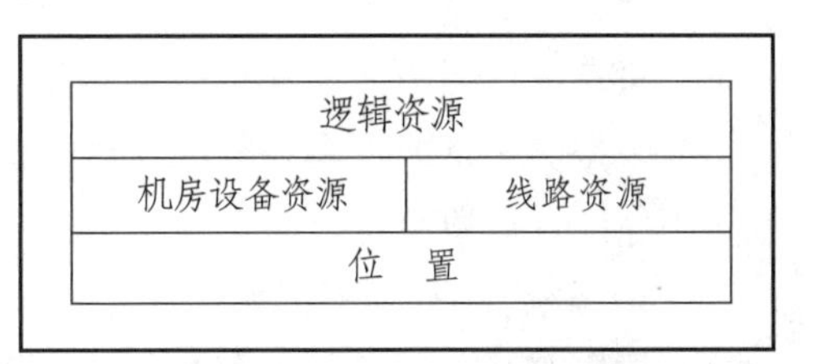

网络资源在空间维中的分层结构

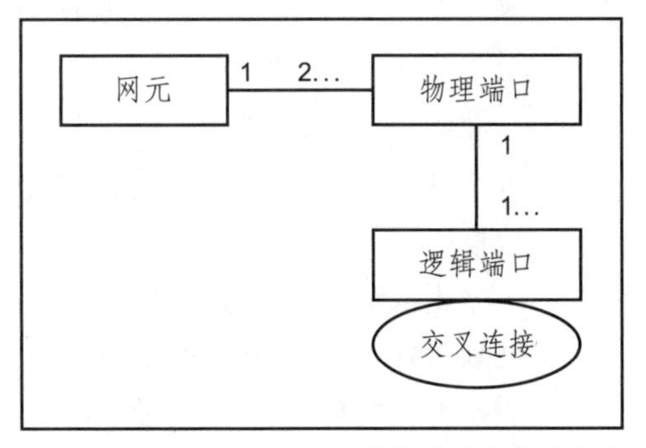

传输网网元资源关系

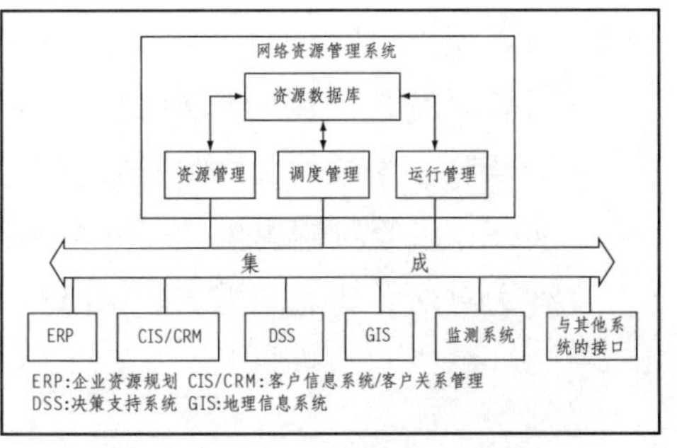

网络资源集成管理系统

外表现的接口以及资源内部的关系。如网元、网元对外的接口（端口）以及接口之间（交叉连接）的关系。系统可以定义专门的关系组件服务来查找、确定资源间的关系完整性和一致性。（3）状态维。网络资源数据库中的数据被机构引用时会发生改变，资源库的描述必须反映这种变化，不仅仅只是简单地定义增、删、改、查等操作，更重要的是模拟现实应用所发生的改变。每一个资源都有自己的生命周期，生命周期中的每个阶段都有特定的状态。由于状态维着重于描述资源的生命周期，所以也可以称之为时间维。网络资源管理是一项庞大的系统集成工程，它将来源不同的数据、应用等集成到一个系统中，使信息管理突破时空局限，以充分提供全面一致的服务。网络资源的多维描述和系统集成是两个相辅相成的问题，资源的多维特性要求资源管理手段多样化，而多种管理手段的无缝集成才能共同完成对资源的多维描述。网络资源管理集成系统的核心是资源数据库，因而相应地对数据就有较高的规范要求。一是数据表示的规范性。所有数据必须有统一的定义、编码、格式，不同数据之间的关系也需要明确定义。二是数据处理流程的规范性。数据处理必须遵守一定的业务流程，只有流程规范才能保证数据的正确和一致，查询、统计、决策才有充分的依据。三是数据本身的纯洁性。数据的采集、入库和处理必须专业化，以保证数据的及时、准确和完整。[1]

[1]耿方萍、朱祥华：《多维电信资源网络管理与系统集成》，《现代电信科技》，2002年第12期。

杨怀洲、李增智、陈靖《分布式网络资源管理和业务管理集成方法的研究》一文基于面向业务的网络资源管理，提出了一个支持资源动态生成、使用和管理的集成业务管理和资源管理体系结构。它由抽象表达总线、业务工作流总线、网络事务总线和相应的一些功能单元构成，具有开放性分布式管理特性，如远程性、开放性、一致性、阶段性、异构性、自治性、扩展性。业务门户首先审核、批准业务用户的接入，利用轻型目录访问协议（Lightweight Directory Access Protocol）或万维网服务中的统一描述、发现和集成协议（Universal Description Discovery and Integration）机制。业务门户中存储了部分用户可使用的业务信息，包括管理应用、消费者、服务或网络数据。利用基于可扩展标记语言（Extensible Markup Language）的抽象表达总线可以构建不同技术、平台间的灵活接口，基于可扩展标记语言的协议（例如SOAP和XML-RPC）等可实现不同的分布式对象系统之间的协作和交互。业务工作流总线能满足复杂业务过程的阶段性和业务参与方之间复杂交互的要求，使业务流程在体系结构中更好地实现。供给机制提供业务所需的网络功能，支持资源分配，将业务需求转变为对网元功能的需求。保障机制支持业务性能监视、业务警告表达和处理，并进行趋势分析和预测，保证业务质量、服务等级协议约定或业务合同的履行。网络事务总线基于企业应用集成（Enterprise Application Integration）技术，例如EJB（Enterprise Java Beans），提供具有很高灵活性和扩展性的应用平台，可以运行不同的业务（如订购、计费等）。网络和信息技术基础结构管理主要面向的是网元管理。除物理网元外，存储单元、计算单元、应用单元可以当做“软网元”。除原有网元外，新的网元不断出现，它们表现出新的管理能力。资源管理引擎重点支持网络工程实现，包括物理资源目录、网络接口卡和端口、物理链路的安装和配置、已有各种功能单元性能报告、问题处理工具等方面。[1]

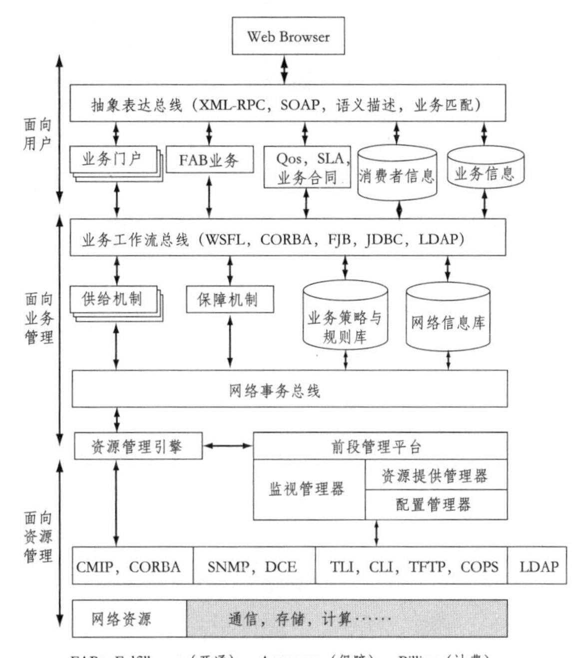

分布式网络资源管理和业务管理集成管理体系结构

随着市场环境的改变和技术的发展，运营商IT支撑系统中的综合网络资源管理系统建设也进入了全新的升级阶段。中国移动通信集团公司正在研发“One OSS2.0”，目标是建设一套能够支撑市场营销和用户服务、企业经营管理、企业运行维护的全专业资源管理系统。既实现全专业资源数据的统一和集中管理，保证资源数据的准确性，又支撑服务的快速开通，增强对市场营销的支撑，并通过建立用户与资源之间的联系支持面向用户的运营方式。埃森哲管理咨询有限公司（Accenture Consulting Inc.）提出的新一代运营支撑系统解决方案包括如下内容：（1）通用框架。包含应对网络转型挑战所需的运营支撑系统，无论是服务还是平台的下层技术都符合新一代网络平台的要求。（2）系统功能扩展。通过现成的专业化产品或通用框架产品的定制开发相应的模块。（3）协作平台。万维网服务等门户和应用编程接口（Application Programming Interface，简称API）。

[1]杨怀洲、李增智、陈靖：《分布式网络资源管理和业务管理集成方法的研究》，《计算机工程》，2006年第7期。

（4）服务交付平台界面。具有自配置、用户设备即插即用和按需带宽分配等功能，能提供端到端运营支撑系统的解决方案，提供用户设备管理、订单管理、服务质量管理、网络规划、配置与变革管理等关键的个性化组件解决方案。

网络的普及和发展促使传统的信息资源向网络信息资源转化。从记录方式和载体形式来划分，传统的信息资源可分为5种类型：书写型、印刷型、机读型、缩微型和超媒体型。书写型文献信息资源一般以纸张为载体，记录方式为人工抄写，如手稿、信件、日记、档案等；印刷型文献信息资源也主要以纸张为载体，如铅印、胶印、木版印刷、复印、激光打印等文件；缩微型文献信息资源以感光材料为载体，记录方式主要是光学技术，如缩微胶卷、缩微平片等；机读型文献信息资源以磁性材料为载体，记录方式为磁录技术，主要类型有磁带、磁盘、软盘、光盘等；超媒体型信息资源以感光材料和磁性材料为载体，记录方式为光录技术和磁录技术，主要类型有唱片、录音录像带、电影胶卷、胶片、幻灯片等。网络信息资源是指以数字化形式记录的存贮在网络计算机磁介质、光介质或其他类型的通信介质上的通过计算机网络通信方式进行传递的各种信息内容的集合，既包括可以表达上述所有传统信息资源的文字或数字信息，又涉及集文字、图像和声音于一体的多媒体信息。网络信息资源具有如下特点：一是数量巨大、内涵丰富。具有随时生产性，无限量级增长，并且动态变化，形成信息巨系统。内容涉及生产、生活和科学研究等所有领域。二是多样化的表达形式。以多媒体或虚拟技术等多种形式表达，超越于传统信息资源的静态表达，并且可以支持实时移动表达。三是超时空分布。使分散在不同国家或地区的服务器上的信息资源联为一体，实现跨时空、跨行业、跨学科的高效快速传递。四是个性化、自由化的使用功能。为所有用户提供便捷使用的机会，并具有信息发布的自由性和任意性。这些特点使网络信息资源的开发必须建立过滤可得、系统开发、质量控制和安全防护等机制。

网络信息资源开发或集成即通过一定的技术手段将贮藏于信息源中的信息由不可得状态转变为可得状态，由可得状态转变为可用状态，由低可用状态转变为高可用状态。主要包括：（1）基础层资源开发。一是硬件设施开发，包括服务器、终端等网络配套设备的开发以及通信技术、体系结构、计算模式、管理技术等支撑技术的开发应用。二是软件层次开发，主要有系统软件及应用软件的开发，支持性技术有协议、高级程序设计语言、多媒体技术、接口技术等。（2）应用层资源开发。一是网络信息资源一次开发，如数据库开发、万维网站开发等内容的开发以及数据组织、系统设计。二是网络信息资源二次开发，如对网上的信息资源进行重组、浓缩、深加工，开展在线咨询服务。三是信息服务项目开发，主要是网络提供、网络内容服务及代理咨询、代理商务等。传统的信息资源组织以文献为单元进行识别、组织、检索和利用，网络信息资源组织则以知识为单元。网络信息资源组织呈现以下一些趋势：首先是智能化。实现信息资源组织更加简便高效，并具有人性化特征。其次是主动性。自动生成检索工具，自动进行检索、类聚，定期向主机传送信息，或向用户提供服务。再次是多样化。不断拓展组织方式，形成生动多样的局面。

网络信息资源与其他传统资源一样同属经济资源的范畴，具有作为生产要素的稀缺性、使用方向的可选择性等经济学特征。它作用于人类经济行为主要体现在两个方面：一是作用于信息不充分、不完备、不对称的经济环境中，有助于消除经济行为中的不确定性，提高经济决策的正确性；二是作为经济活动的主要投入要素并通过生产使之形成增值的劳动产品。信息资源的稀缺性不能简单地理解为数量上的稀缺，因为在绝大多数情况下完全同一的信息资源“拷贝”的生产不仅极其容易，而且相对于信息资源内容本身的生产成本来说几乎是微不足道的。信息资源的稀缺性主要体现在它的品种类型在一定时空范围内相对于特定的行为者而言不是无限丰富的。信息资源的稀缺性还从信息资源效用的角度体现出来。在既定的技术和资源条件下，任何信息资源都有固定不变的总效用，当它每次被投入到特定活动中去时都会消耗一部分，最后在衰减至零时被彻底“磨损”掉，不再具有价值。因此，应当考虑如何以有限的网络信息资源在各种可互相替代的分配方案中选择最好的一种，以使其使用效率达到最大。网络信息资源使用方向的可选择性是指同一信息资源可以在不同的使用方向之间做出选择，选择方向不同产生的效果一般也不一样。在高速信息网络环境下，信息流通的时间延迟和空间阻隔基本上被打破，网络环境下的信息资源开发利用比以往任何时候都更显方便。但信息资源开发利用对相关技术、设备的依赖性也与日俱增，这势必会导致信息资源向某一局部区域过度富集，并进而产生“信息富裕”和“信息贫穷”两极分化的现象。从宏观上看，这种信息资源分配和使用模式不会导致全社会福利最大化，相反会产生新的社会不公平和贫富不均，并进一步在网络上表现为信息浪费、信息冗余等信息资源利用低效率的后果。因此，只有对网络信息资源进行有效配置，才能使它最大限度地为人类谋福利。

在高速信息网络环境下，信息资源在时空矢量上品种类型的配置状况、特征和要求构成了网络信息资源有效配置的核心内容。网络信息资源的时间矢量配置是指网络信息资源在时间坐标轴上的配置。这种配置从时态上有过去、现在和将来之分，从时段上又有大小之分和连续与不连续之分。其价值是由信息资源内容本身的时效性决定的。一条及时的信息可能价值连城，使沉睡良久或濒临倒闭的经济部门复苏；而一条过时或过早的信息则可能一文不值，甚至在使用后产生不良后果。换言之，信息效用的实现程度与时间起始点和时间段大小的选择密切相关。不同的网络信息资源，其时效性大小和变化情况是不一样的。有的信息（如某些科技信息）资源表现为逐渐过时，有的信息（如股市行情信息）资源表现为快速过时，还有些信息（如某些商务信息）资源强烈地受制于各种不定型因子的干扰和影响，表现出波动性和无规律性。对于过时规律明显的信息资源而言，在时间矢量上的有效配置目标的实现较为容易，而无过时规律的信息在时间矢量上的配置却较难，因为这不仅仅需要理论上的知识作基础，更需要有丰富的实际配置经验，它是配置者多种素质作用的完美结合。网络信息资源的空间矢量配置指网络信息资源在不同地区、不同行业部门之间的分布，即在不同使用方向上的分配。它存在的前提是信息资源内容本身的不同一性以及区域间经济活动水平的差异。按空间矢量配置网络信息资源就是运用一切市场的、非市场的调节手段，在不同国家之间以及同一国家内不同地区或行业部门之间分配网络信息资源，所产生的福利大小取决于多种因素，如市场竞争和价格体系、网络技术和资源条件、网络及其所涉及区域的信息效用和社会公平，以及资源使用者的消费偏好、受教育程度、职业状况、工资水平等。这些因素可以有不同的影响权重和排列组合方式。网络信息资源在空间矢量上有效配置的目标是寻求一种最佳的影响权重和排列组合方式。网络信息资源在时空矢量上的配置必然要涉及信息资源的品种类型。对既定的信息资源系统而言，当冗余信息量趋于零（理想状态）时，该系统必定是不同内容信息的集合，集合中的每一信息都具有独特的价值。因此，判断网络信息资源系统规模的大小和服务能力的强弱，不能简单看信息拷贝数量多少，而应当综合以信息资源品种类型的多寡及其对网络用户信息需求的满足程度为主要依据。高速信息网络有着巨大的开放性，任何入网者都可以将信息在网上自由存放，也可以很方便地获取网上信息。每时每刻网上信息提供者和使用者都在不断增多，必然刺激大量冗余信息在无“主管”的网络上迅速膨胀。这样，一方面迅速膨胀的信息冗余在网上不断形成巨大的信息干扰，另一方面千差万别、无奇不有和日新月异的用户需求又总是不能得到满足。因此，高速信息网络信息资源有效配置的最终实现，势必要借助于一定的市场或人为手段。网络信息资源从生产、传输、分配直至开发利用的全过程是一个十分复杂的系统工程，其中牵涉的利益主体之多、涉及范围之广、运作速度之快都是前所未有的。市场供求、价格、竞争、风险机制的充分运作，可以有效调节网络信息资源在生产、传输、分配和开发利用过程中的经济利益和经济关系。政府手段是有效配置网络信息资源的另一种重要手段。美国政府是国家信息基础设施建设的最积极倡导者，这一作用和影响使美国网络信息资源的组织管理居于世界领先地位，其信息资源配置状况和水平亦堪称各国楷模。市场手段和政府手段在作用形式、条件、效果等方面是不一样的。在实际操作时应注意协调互补，使两者形成有机的配合。

从物联网角度来说，终端也是网络资源的一部分。目前的网络终端不仅仅是固定或移动设备，而且向智能设备发展。典型或极致的案例是美国的无人机系统。美国已将发展无人机系统作为未来重大的军事战略。无人机系统集信息情报侦探、无线网络工具、远程制导武器等功能于一体，是最为先进的物联网架构。2005年，美国国防部发布最新版无人机路线图《无人飞行器系统路线图》（2005—2030年），集中反映和描述了美国对无人机的最新认识、美国的无人机需求以及美国无人机系统的发展方向。美军各军种也根据自身需要提出了各自的无人机路线图，如《美国陆军无人机系统路线图》（2010—2035年）、《美国空军无人机路线图》（2009—2047年）等。无人机系统是未来战术兵团的整体构成之一，不仅能作为侦察平台，更重要的是能成为具备一定感知能力的机器人，可以直接执行侵入、窃听、接管控制或攻击敌方网络、远程打击甚至空空作战和空运等任务，即不但充当军队的“眼睛”和“耳朵”承担情报收集功能，还作为锐利的“喙”和“爪”执行攻击任务。美国国防部正在实施或已规划的无人机系统项目分为大型无人机系统、概念探索无人机系统（用于开发新的技术或使用概念）、特种作战无人机系统（只装备特种作战司令部）、小型无人机系统（可由1—2人操作的迷你型或微型无人机系统）和无人飞艇（包括浮空器和软式飞艇）5大类。其中大型无人机系统是使用较多、投资力度较大的部分，列出的型号包括捕食者MQ-1、先锋RQ-2、全球鹰RQ-4、猎人RQ-5A/MQ-5B、影子200RQ-7A/B、火力侦察兵RQ-8A/B、捕食者BMQ-9、联合无人空战系统J-UCAS、未来战斗系统Ⅰ—Ⅳ级、I-蚊子增程型、全球鹰海上演示型、广域海上监视、增程／多用途无人机13种。概念探索无人机系统中列出的型号有7种，其中新概念无人机包括“鸬鹚”和“长枪”2种。前者可浸没到水中，由巡航导弹核潜艇在

X-47B无人机

水下或由水面舰艇发射和回收；后者是一种采用涵道风扇推进的长航时、低成本无人机/武装导弹系统，装有红外/近红外/可见光三模传感器和激光测距/照射器及双向数据链，各军种通用。特种作战无人机系统列出海王星、小牛、燕鸥XPV-1、灰鲭鲨XPV-2、雪雁CQ-10和缟玛瑙（Onyx）自主制导翼伞系统6种。这些无人机的用途较广泛，包括为特种部队提供侦察/监视或通信中继、投送无人值守地面传感器或物资、为保护部队而进行空中警戒和散布心理战传单等。小型无人机系统分为迷你型无人机系统和微型无人机系统。小型无人机系统一般为连/排/班级使用，无人机多采用手持发射，控制站多为便携式；微型无人机多为单人使用，特点是机翼采取与电池/燃料电池阵列或红外探测器的共形设计，不仅具有复合功能，而且重量、体积和功耗减小。无人飞艇包括先进飞艇飞行实验室、系留式浮空器雷达系统、联合对陆攻击巡航导弹空中组网传感器、快速初始部署浮空器、快速升空浮空器平台、高空飞艇、近空间机动飞行器、海军陆战队空中中继发射系统8种。这些浮空器主要用于情报监视侦察和通信中继，可明显提高覆盖并实现超地平线能力。无人机的需求分为战场态势感知、指挥/控制、集中后勤、部队应用和部队防护5个领域，总体设计目标达到与人一样的反应速度、信息存储容量和环境适应能力。无人机可能采用扭曲蒙皮进行飞行控制，而不是现有飞机的传统操纵面。在平台控制方面，天线与机体更高程度的共形是发展方向。目前的地面控制站车辆将被带有操纵杆的背带系统和面部头盔所代替，佩戴面部头盔的人无论脸朝何方都能够“看穿”无人机的传感器。无论无人机姿态发生何种变化，防护衣都能很快给佩戴者提供由无人机感觉到的“触感”。而无人机领航员发送到肌肉的电信号可以转化成对无人机的即时控制信号。也就是说，未来无人机领航员将实现从“看见”无人机到“成为”无人机的转变。无人机的功能还将扩展到电子干扰、通信截听、隐含电磁频谱的图像生成、弱信号测量等领域，并具备通过地面辐射源精确定位、侵入并接管敌方网络系统、将算法包植入敌方网络、利用新型有源相控阵雷达（其中一些将与机体表面共形）对敌方导弹和机载雷达进行干扰或攻击等能力。目前美国正在“非洲之角”、阿拉伯半岛等秘密修建无人机基地，重点打击索马里和也门境内的“基地”组织分支，并对整个阿拉伯地区形成威慑力。美国海军削减了F-35战斗机采购数量，将节省下来的经费用于采购新型X-47B等无人战斗机。作为美国最新研制的舰载隐身无人机，X-47B是历史上第一种无须人工干预、完全由电脑操纵的无尾翼、喷气式无人驾驶飞机，最大航程达2 700km，可以大大扩展航空母舰的搜索和攻击范围。

无人机系统代表了物联网技术的最新发展。从广义上说，未来的物联网终端都具有无人机的特性，无人机是物联网技术的缩影。

第五章　生态感知与深生态学实践

一、生态感知与生态智能控制

任何生物都无法孤立地生活在自然界，在原生的自然生态系统中，种群内部及群落之间都存在相互依存的有机物联关系。生态或生态关系构成自然物联网。自然物联网的物理过程即生物之间、生物与环境之间信息的感知—采集—传递—识别（处理）—利用—存储—反馈，是物质、能量、信息有序的自组织。它是自然选择的结果，具有稳定性和健康性。生物利用视觉、听觉、嗅觉、味觉、触觉和化学物质分泌、电信号等与外界保持着紧密的联系。草原上雄狮颈部漂亮的长鬃毛传递着王者的威严；枯叶蝶的外观迷惑着天敌；海豚和蝙蝠利用超声波通信与捕食；棉花在受到虫害后会释放出造成昆虫吞咽和消化困难的化学物质，并诱导同伴做出防御准备；雄蜘蛛上网求偶时会拨动网丝，雌蜘蛛根据震动来判断是食物还是伴侣；蚁后分泌一种外激素来引诱工蚁为自己提供给养。蚁群在与环境交互的过程中根据多样性和正反馈的行为规则，以信息素的释放为互联途径构建高效的自组织体系。发现食物的蚂蚁会向环境释放一种信息素，在有效接收范围内的蚂蚁收到信息后会向食物集中，并以几种不同的路径反巢。在途中留下的信息素会为下一个赶往食源的蚂蚁指路，从而能够交替往返。由于较短的路径单位时间内通过的蚂蚁数量大于长路径的蚂蚁通过数量，从而留下更多的信息素，蚁群据此可以找到最短的路径。弹性工作分工又使蚁群的空载路程变短从而提高效率。孔雀开屏不是为了博取喝彩和赞美，蜜蜂跳舞也不是随机起兴——也许自然的信息本身并没有意义，重要的是被识别后让信息发出者实现它们的目的，使生态群落稳定或平衡发展。人类破坏了自然物联网，使包括人类生境在内的生态关系日益恶化。这种破坏既有自私的动因，也有无知的原因。如果无法全面感知自然生态，人类就不可能理解自然物联网，从而去有效保护或维持它的正常运行。生物的信息表达是纷繁复杂的，人类需要努力读懂它们。而物联网技术的实现将成为自然生态的一次解码革命，它使人类能够更深入地认识自然生态的细微变化，从而与自然进行智慧对话或与自然一体编织为自然物联网。张文波、吴晶在《感知生态：物联网推动零产业》一文中提出零产业概念。所谓零产业，指的是产品的形成过程及其终极使用或报废具有零排放和零污染的特点、对自然和人类健康的扰动强度趋近于零、具有直接或间接促进生态健康的产业。零产业的存在和发展依赖于物联网技术的发展。

生态学意义上的生态指的是生物的生存状态以及生物与环境间的相互依赖关系。它主要有以下几层含义：

（1）物种生境的状态

指维持生命的环境要素，即水、空气、土壤、温度、光照、气候等的现状及其在一定时间内的变化。

（2）物种自身的状态

物种存在的系统有一个边界，包括物种本身和物种栖息地。例如蜜蜂个体—蜂群关系—蜂巢三者构成蜜蜂种群的生存状态。在这之外的蜜蜂活动的空间中的一切构成了其生存环境状态的系统集合。如单物种状态图所示，任何物种均存在一生态原点O，在某物种初始数量积累的过程中有一个物种基本平衡、稳定的状态区域。物种在演化的过程中存在两个调整区。当其数量低于最小平衡极值时，将由于淘汰机制强于繁衍机制而逐渐消亡，回归到生态原点；而物种并不是孤立的存在，必将受到自然中某些条件的制约，当其数量高于最大平衡极值时，同样将使系统不稳定，最终达到崩溃极值而同样回归于零。

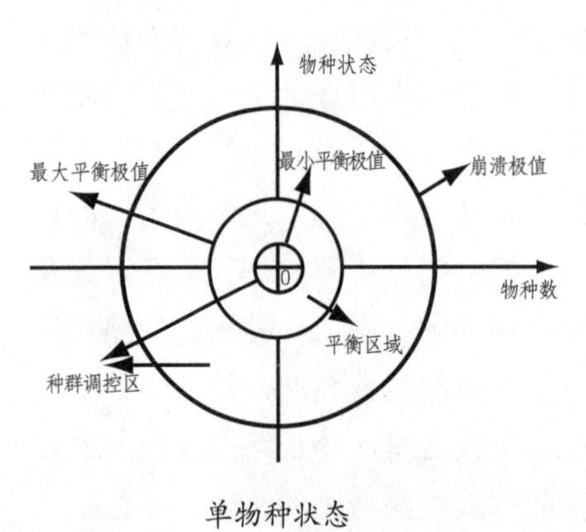

单物种状态

（3）物种之间关系的状态

指食物链的完整性、特定区域范围内物种数量的平衡情况等。自然界各物种均无法脱离其他物种而独立存在。如果地球上没有人类，可以设任何一个物种A有N个其他物种可以作为其食物，也就是此物种有N个生命的支承物种，可用下式表示：

物种A（Z）=｛物种Z（1）……物种Z（N）｝

物种A在其生命周期内为维持生命所产生的废物会有M种物种对其进行还原，可表示为：

物种A（H）=｛物种H（1）……物种H（M）｝

物种A在整个生命轮回中的种群数量要保持平衡，还需要P个物种来调控，可以用下式来表示：

物种A（T）=｛物种T（1）……物种T（P）｝

物种A形成如下图所示的以时间为轴的生命轮回链，其中反映出的物种间关系的实质是物质、能量、信息在物种间的传递过程。

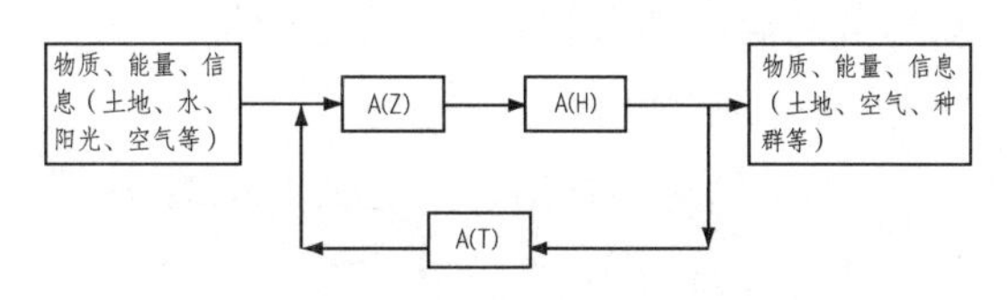

物种间物质、能量、信息的传递关系

物种之间关系的状态如下图所示。其中关联极值指物种间发生相互影响的起始点，如数量、时空范围等调控因子的数值。在关联极值范围内两物种间彼此不受影响。当物种A与物种B突破了关联极值时便会出现相互依存、相互制约的复杂关系。如Ⅱ、Ⅳ区域内所示交叉波动的捕食关系和竞争关系，Ⅰ、Ⅲ区域内所示互利共生关系。在物种彼此关系建立和维持的过程中同样存在平衡区间，当波动超越一定范围时关系便会崩溃。美国亚利桑那草原（Arizona grassland）的白尾鹿在1907年制订保护计划前数量尚维持在4 000头左右，而当其天敌美洲狮和狼等被大量捕杀后虽然数量一度跃升至4万头，但之后的

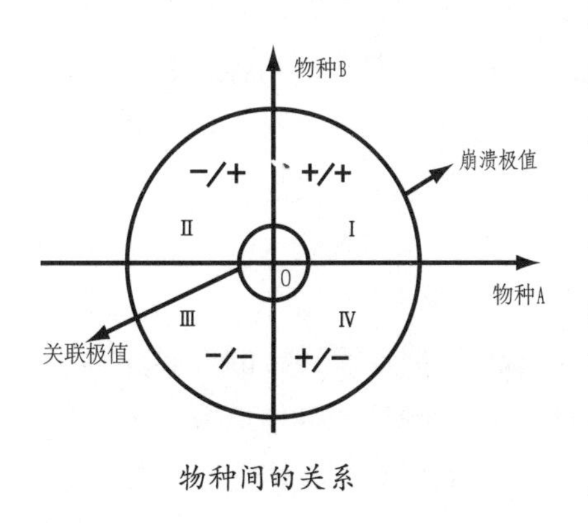

物种间的关系

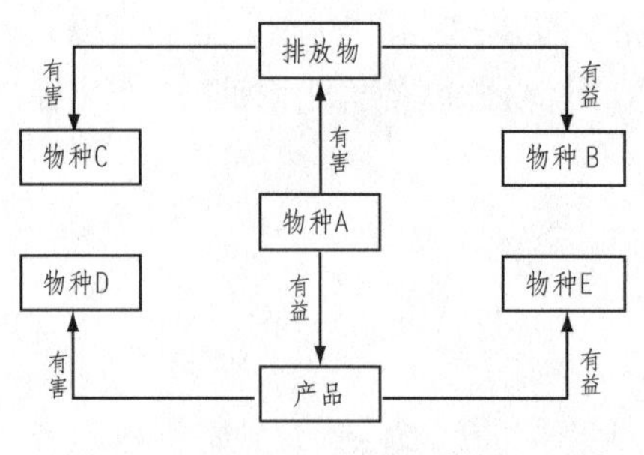

物种生成物与其他物种的关系

两个冬季内便减少了60%，政府不得不停止保护计划。捕食是构成物种间关系的基础，而由此交织起来维护整个生物系统有效运转的是更为错综复杂的食物链和食物网，因此任何物种都不可能独立过度膨胀，共同的减少是自身种群的灭亡，过度的膨胀则是更大范围内体系的崩溃。

物种的生命周期可归结为排出废物与形成产品，如上图所示。对自身有害的废物排出体外后或被其他物种利用，或有害于其他物种，形成的产品亦是如此。生物圈将各物种通过排放物与产品间错综复杂的联系结合成一个相互依存、相互制约的整体。如在生态系统中，食草动物牛（A）的产品是其生命体本身（牛肉、牛奶等），对于食肉动物狮子等（E）来说这种产品是有益的。而对于被食者植物（D）来说则是有害的，过度放牧会造成荒漠化。牛的排放物粪便对牛自身是有害的，但它可作为蝗螂（B）的食物。而当众多粪便覆盖草场后会滋生蚊蝇从而传播病菌，则又有害于其他物种（C）。在自然生态系统中有益与有害都不是绝对的，自然神奇的法则使各物种之间的物质循环得以平衡。当人类发展为地球的主宰者后，平衡的链条逐渐断裂。

（4）物种与环境之间关系的状态

生命生于生境，生命是构成生境的要素之一，二者的关系如下图所示。物种状态与环境状态之间同样存在调控区、平衡区和崩溃区。当生命为零时，地球会如其他已知星体一样一片死寂。种群的繁衍将从初始的最小量不断增加，直到在生态圈内达到平衡状态。在平衡状态内，物种数量的增加或减少对生态环境的影响趋近于零。当物种超过最大平衡极值时会与环境构成4种简单的关系：物种状态好—环境状态好，物种状态不好—环境状态好，物种状态不好—环境状态不好，物种状态好—环境状态不好。澳大利亚的人兔大战、无法适应环境变化的猛犸的灭绝、全球每年1 300万hm^2森林被砍伐而导致的气候异常、大面积单一物种的种植造成的水土流失——一系列生态破坏的案例告诉人

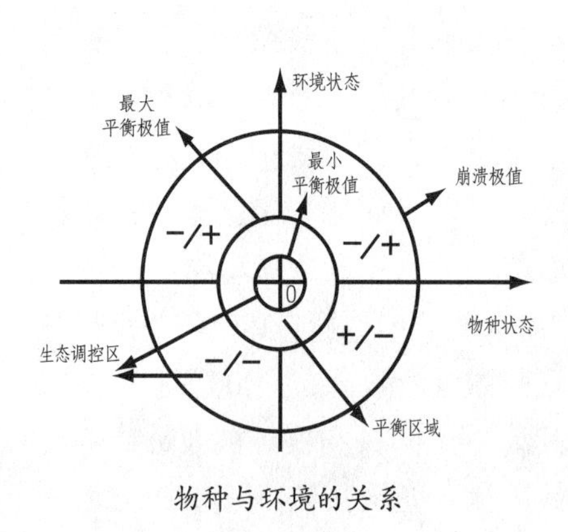

物种与环境的关系

类，在某极值范围内物种与生态环境的关系只是趋势上的好或坏，超过极值生命系统将面临崩溃。

自然物联网的信息表达可以分为非生物信息和生物信息两部分。生态系统中的非生物部分是生物赖以生存的基础。非生物信息反映水环境、空气环境、土壤环境、气候环境的现状及其在一定时间内的变化。水环境中可感知的因素包括水量和水质。气候环境所造成的降雨量、径流量和蒸发量影响供水量，区域或用户则有用水量和废水排放量的问题。水质评价指标包括物理、化学和微生物学等检测指标。各国制定了多种水质标准，这些标准只有经得起自然物联网的检验的才是有价值的。中国的标准要求较低，检测的只有几个一般性项目，特别是对各种工业和农业污染缺乏有针对性的检测，使环境保护总体上流于形式。空气环境中可感知的因素包括O、N、CO_2等空气主要组分的含量，总悬浮颗粒物（Total Suspended Particulate，简称TSP）、可吸入颗粒物（Inhalable Particles，简称IP）、粉尘等杂质含量，CO、SO_2、H_2S、氮氧化物等有毒气体含量。各国的空气质量标准也不同，中国的标准要求同样很低。如长期没有对危害极大的PM2.5、PM1进行检测，而仅检测PM10。2012年才确定将PM2.5列入检测范围。土壤质量是指土壤提供植物养分和生产生物物质的肥力质量，容纳、吸收、净化污染物的环境质量，以及维护保障人类和动植物健康的健康质量的总和。气候环境的可感知因素包括绝对温度、相对湿度、光照强度、光照时间、降水周期等。生物信息反映生态系统中生物健康的状态。从生理生态学考虑，可以将生物体分为分子—细胞器—细胞--器

水质的可感知因素

分　类	主要参数
物理指标	色、嗅、味、温度、悬浮物、浊度、透明度等
化学指标	电导率、pH值、硬度、碱度、重金属、硝酸盐、亚硝酸盐、磷酸盐、总耗氧量、化学耗氧量、生化耗氧量、总有机碳、高锰酸钾指数、氰化物、油类、氟化物、硫化物以及有机农药、多环芳烃等
微生物学指标	细菌总数、大肠菌群、藻类等
放射性指标	总α射线、总β射线、铀、镭、钍等

土壤的可感知因素

分　类	主要参数
物理指标	质地及粒径分布、土层厚度与根系深度、容重和紧实度、孔隙度及孔隙分布、结构、含水量、田间持水量、持水特性、渗透率和导水率、排水性、通气性、温度、障碍层次深度、侵蚀状况、氧扩散率、耕性等
化学指标	有机碳和全氮、矿化氮、磷和钾的全量和有效量、阳离子交换容量（CEC）、pH值、电导率（全盐量）、盐基饱和度、碱化度、各种污染物存在形态和浓度等
微生物学指标	微生物生物量碳和氮、潜在可矿化氮、总生物量、呼吸量、微生物种类与数量、生物量碳／有机总碳、呼吸量／生物量、酶活性、微生物群落指纹、根系分泌物、作物残茬、根结线虫等

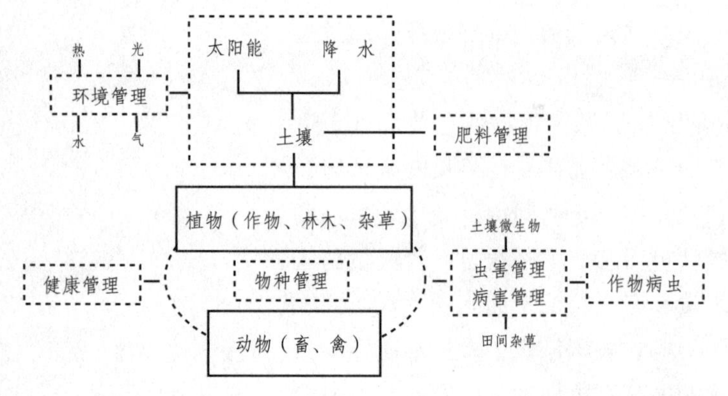

农业生态系统的可感知因素

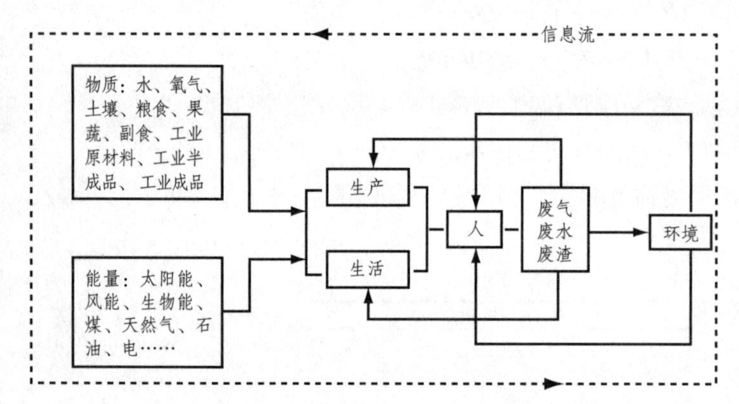

城市生态系统的可感知因素

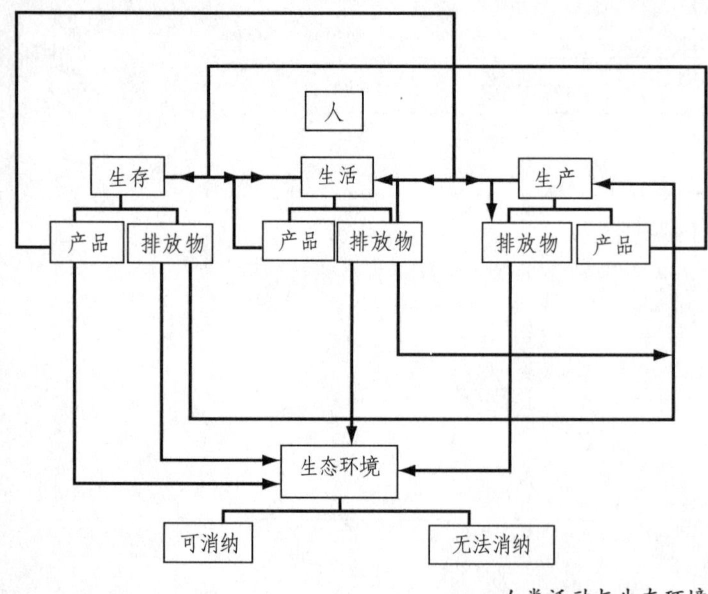

人类活动与生态环境

官—有机体—种群—群落—生态系统。生态系统的健康主要由个体—种群的健康程度反映。评判动物个体的健康状态通常有体温、脉搏、血压、心跳、呼吸、体重、代谢率等生理指标。动物种群的丰富度除由个体的健康度决定外，还受竞争者、天敌、疾病、环境干扰等多种因素的影响。评判植物健康的标准主要有光合速率、蒸腾速率、呼吸速率、水分利用率、酶活性、质膜透性等生理生化指标以及虫害、病害等外源因素。

在人类成为地球主宰者之前，生产与排放构成循环，不产生废物。当人类成为地球舞台剧的主角，不仅破坏了非生物环境，更是极大地破坏了生物环境。人工生态系统是人类对自然环境适应、加工、改造而建造起来的特殊生态系统。人工生态系统以人为核心，由自然系统、经济系统和社会系统构成。其中与人类密切相关的有农业生态系统和城市生态系统。农业生态系统的基本要素是自然环境、植物、动物、微生物。不同于自然生态系统的是，农业生态系统的能量、物质循环是开放式的，需借助如化肥、农药、人力、畜力、机械、技术等外力的投入来实现提高生产力的目的。其中的物种多样性也是人为决定的。城市生态系统是以人为核心的人工生态系统。其无生命的环境是在人工影响下变异了

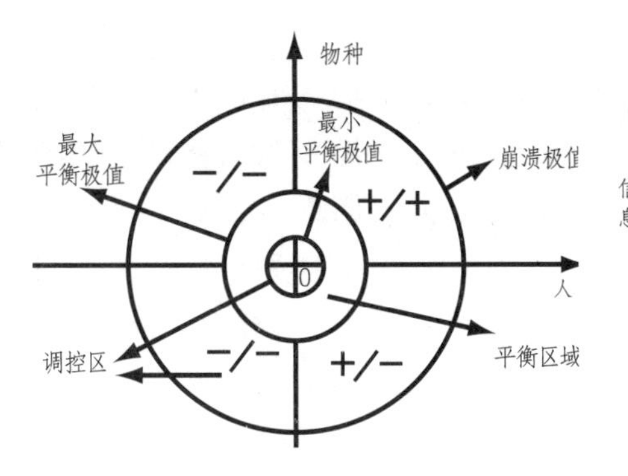

感知生命

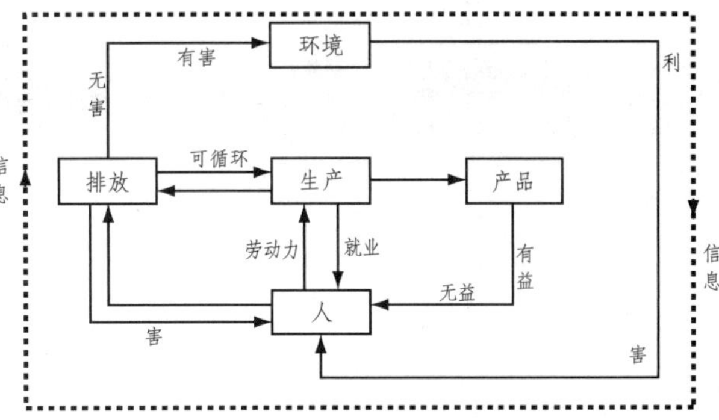

感知生存

信息＝{数字…数字}

知识＝{信息…信息}

智慧＝$\{(\text{方法…方法})\times(\text{知识…知识})\}^{\text{信仰}}$

文化＝{智慧+习惯}×{知识…知识}

信仰＝智慧×{知识…知识}

灵魂＝{信仰、智慧、文化…知识}

$$\text{生命}=\frac{\{\text{肉体}\}+\{\text{灵魂}\}}{\{\text{能量}\}}=\frac{\{\text{物质}\}+\{\text{信息}\}}{\{\text{能量}\}}$$

感知生活

的太阳辐射和含有各种污染物的大气、水体、土壤以及局地小气候。有生命的生物主要是人，植物作为点缀形成绿化，动物作为宠物用于观赏，微生物被水泥或沥青所覆盖。城市生态系统是更为开放的系统，它依靠自然生态系统或农业生态系统输入食物和工业原材料维持生命。

人类自身生存的产品是肉体和精神，排放物是动物共有的产物——排泄物。人类的排泄物处理随着人口的膨胀以及聚集程度的提高成为难题。肉体为人类发展提供劳动力，但在生命周期结束后由于精神因素的作用却无法像动物一样纯净地回归自然（如需要墓葬）。精神是人类生活升华的基础，但人类欲望的无度膨胀却使自然偏离了平衡状态。人类的物质生活和精神生活所产生的排放物有的可以自然降解，大量的却难以进入自然循环。生产为人类生存和生活提供保障，其排放物对自然循环的破坏却日益增大。

生命、生存、生活、生产支撑着人类世代的延续，对它们的感知将有助于人类更清晰地认识自己所处的状态。感知生命首先要感知物种的存在状态。按照目前的认识水平，有1 330多个物种是保证人类生存必需的物种，其中任一个物种的灭绝都会导致人类的灭亡。这就是保障人类生存的物种最小平衡极值。物种与人的平衡状态同样存在一个最大平衡极值，超越此范围便出现4种相关联的状态。在一定区间内，随着人口的集聚，会引入多种物种以维持其生存（如培育高产粮食作物），并提高某些需求量大的物种的数量（如增大畜禽的数量），但环境存在着一定的承载局限，

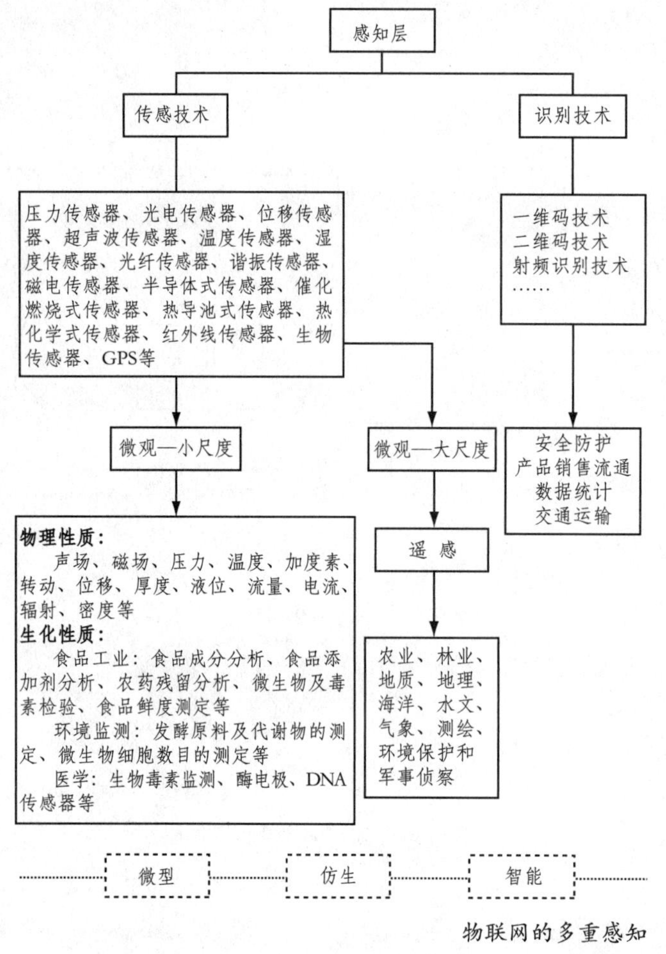

物联网的多重感知

长期大面积种植单一物种会造成土地贫瘠，也会造成病虫害变异，从而使系统向崩溃极限趋近。目前全世界每天有75个物种灭绝，每小时有3个物种灭绝，即使恢复力极强的昆虫也难逃厄运。感知生存是对与人类生存息息相关的产业信息的动态把握，包括对产品的感知（对产品在生产、运输、销售、使用过程中对人类健康可能造成的危险因素的感知。如食品的保质期、农药残留、化学添加剂，纺织品中残留的甲醛，装修材料中的苯系物、挥发性有机物，等等）、排放物的感知、产业状态的感知等。感知生活主要是对人类的精神状况的感知。人类的精神状态不仅决定着人类的精神世界和社会生活，而且也决定着其他物种的生命和生存状态。通过对人类精神世界信息的感知，可以促就信仰的形成，从而使人类去发展符合自然生态方向的精神文化。感知生产是对生产的需求和供应状况的感知。可以通过对生产流通、消费流通两个领域的物、币、人的感知，获得需求与供给信息，并建立合理的经济活动与生态环境的关系模型。

感知生态的过程是将人类无法通过视觉、听觉、嗅觉、味觉、触觉而得到的生态信息借助传感技术、无线通信技术、互联网技术等来获取的过程。它将生态现实虚拟表达为人类可直观获取的形式，即虚拟现实，这就是物联网的功能。[1]

[1]张文波、吴晶：《感知生态：物联网推动零产业》，http: // www. chinaenvironment. com。

二、无计划之计划与无须远行久等

"自然"（Φυσι，Nature）一词在西方文化中的内涵非常丰富，概括起来大致有两种意思。一是作为事物的内在品质，即本性；二是作为事物的天然形态，即自然界。这两个义项背后沉淀着两种迥异的自然观：希腊式有机自然观与现代机械自然观。希腊人将自然理解为一个充满活力甚至具有理智的有机体，以其为事物自身的根据和目的。[1]其中隐含着一个基本推理，即万事万物的运动都有其内在依据而非出于外在强迫。这一内在依据包含了动力上的根源和自我完善的方向，是事物生长的最初依据和最后目的。实际上，从前苏格拉底（Σωκράτης）的爱奥尼亚学派（Lσvio Σχολή）到毕达哥拉斯学派（Πυθαγρα Σχολή）的自然哲学以及柏拉图（Πλάτων）和亚里士多德（Αριστοτέλης）的形而上学，再到中世纪圣奥古斯丁（Sanctus Aurelius Augustinus）和托马斯•阿奎那（Thomas Aquinas）的基督神学，都在为世界的存在寻找一个最终依据，不论其答案是数、理念还是上帝：人们所处的这个现实世界是被给予的，是某种绝对力量的作品，其生长总在趋于其最终目的——善。如此一来，“自然”便被归结为一种神性的创造。这种目的论的有机自然观直到文艺复兴时期依然构成强大而完整的传统。近代以来，“自然”一词更多的在第二种意义上被使用。这个自然不是作为事物内在的本性和根源，而是由具体存在物组成的集合。因此自然不再被看做是一个有机的生命体，而是一架机器，按照确定的力学规律运行，具有因果上的必然性却无所谓理智和目的。甚至连人也被看做是一架机器。[2]希腊意义上原初的自然——一个有生命的、具有外在形式和内在本性的自然因而分裂为物质与精神两极。人们相信客观规律的普遍必然性，而目的论的有机自然观，亦即一种包含了自我实现的意志的自然观，则被贬斥为神学的遗产。如此一来，自然被归结为遵循因果律而运行的物质体系，而内在的目的性则被科学从自然身上无情地剥落。伊曼努尔•康德（Immanuel Kant）扬弃了目的论的“神性”的自然和机械论的“物性”的自然，而将自然置于“人性”的视野中。他对自然的一般规定是：从质料方面来说，自然是人的经验对象的总和；从形式方面来说，自然是现象界普遍的合乎法则性。因而将“自然”的概念规定为被主体所经验的“现象界”，而将经验之外的“物自体”存而不论。康德认为，仅凭因果性不足以解答人与自然的深刻关系，心灵生活最激动人心的方面是自由的。他因而在主观的、形式的意义上将目的论重新引入自然，以自然的“合目的性”来反思人的感知经验，实现了对近代机械论的超越：自然具有普遍必然的规律，但这规律并非为其本身所固有，相反却是人给予的——“人为自然立法”。自然之所以能够被主体所感知，恰恰是由于它是主体经验的总和。这看似一个同义反复，实际上却包含了现代认识论的基本原理：我们不是从自然界中寻求其法则，而是“在存在于我们的感性和理智里的经验的可能性的条件中去寻求自然界”[3]。这样，自然的合规律

[1]罗宾•乔治•柯林武德（Robin George Collingwood）：《自然的观念》，吴国盛、柯映红译，华夏出版社，1999年，第86页。

[2]朱利安•奥夫鲁伊•德•拉美特利（Julien Offroy de La Mettrie）：《人是机器》，顾寿观译，商务印书馆，1991年，第73页。

[3]伊曼努尔•康德：《任何一种能够作为科学出现的未来形而上学导论》，庞景仁译，商务印书馆，1978年，第92页。

性便成为人对自身知性法则的考察，而自然的合目的性则成为人对于自身自由理想的观照。在这种自我观照中，现代意义上的美诞生了：在自然现象的因果性与心灵生活的目的性之间，康德发现了美感的秘密——自然的合目的性。

康德指出："既然有关一个客体的概念就其同时包含有该客体的现实性的根据而言，就叫作目的，而一物与诸物的那种只有按照目的才有可能的性状的协和一致，就叫作该物的形式的合目的性；那么，判断力的原则就自然界从属于一般经验性规律的那些物的形式而言，就叫作在自然界的多样性中的自然的合目的性。这就是说，自然界通过这个概念被设想成好像有一个知性含有它那些经验性规律的多样统一性的根据似的。"[1]"目的"一词源于希腊语Τέλος（终点），本是希腊自然观的构成要素。亚里士多德认为事物运动有质料因、形式因、动力因和目的因，其中目的因是事物"向之努力"的东西。每一存在物都有其生长的内在目的，"善"便是本性的充分展开和"目的"的完满实现。但康德对"目的"进行了现代转换，将其指向了具有道德理想的自由人。其所谓"人为自然立法"的命题是现代主体性哲学的宣言，揭示了自然即经验的总体和知识的界限。而经验之外的神秘领域虽然不可言说，却为自然提供着最终的"目的"。倘若不将自然理解为一个合目的的系统，那么人对经验的把握只能是支离破碎的堆砌，各种表象的连接便无法获得基本的统一性。作为范导性概念的自然的"合目的性"，人虽没有能力把握和证明其存在，却可以借此获得经验的系统化。因此，目的论判断是一种反思的判断，它使自然变得更容易理解。[2]

[1]伊曼努尔•康德：《判断力批判》，邓小芒译，人民出版社，2002年，第15页。

[2]孙海峰：《康德自然观的人文蕴涵》，《理论学刊》，2003年第3期。

康德把目的分为内在目的与外在目的两种。外在目的指一事物的存在为了它事物，是一事物对另一事物的适应性。康德与亚里士多德一样认为事物都有"内在目的"，即事物的概念（本质）中包含着它自己的内在可能性的根据，也就是说，一个事物的形成与发展不取决于任何外在的因素，而有赖于其内在必然性。人在无意中与自然的"目的"相遇，也在审美中遭遇自身。例如"人"之所以成为"人"自身，正是他基于"人"这一概念要求自己，并由此与其他动物区分开来。"人"这个概念本身包含着人的现实性的基础，他是自身存在的根据。人也可以把自然界诸经验规律的多样性统一起来，例如看见一座山、一条河、一朵花时感到的愉悦及其一致性。审美判断作为一种反思判断，其先验原理便是合目的性原理。如果一个对象的产生和存在的原因是它的概念，该对象就是以这概念为目的而产生和存在的；而没有目的却要把一个对象设想为好像是出自于一个意志的有意安排，就可以在这一对象上看到某种形式的合目的性。从而也就构成了审美愉快普遍传达的根据。正如伯纳德•鲍桑葵（Bernard Bosanquet）所指出的："在鉴赏判断中所包含的关系方面，美是一个对象的合目的性的形式，只要这个对象能在没有目的观念的情况下知觉到。"[1]康德所谓的"无目的的合目的性"这个命题中的前后两个"目的"的内涵是不一样的。客观上，美不是有用的，审美是无利害性的，虽然美感伴随快感，但它是快感的升华；主观上，它又是有目的的，这种目的反映的是主观的知解力和想象力协调的心意状态的情感形式。情感形式通过一种类比、一种拟人化的思维方式，使得对象始终不脱离表象而体现出合目的性，因此审美的合目的性仅仅是形式本身与愉快和不愉快的情感的一种关系，而与通常意义上的目的区分开来。美不仅与愉悦性区分，本身也与善相区分，因为愉悦性和善都具有明确的主观目的。合目的性的思维方式处于特定的心意机能状态之中，合目的性是对象对主体的合目的性，对象是合目的性的形式，主体则是知解力和想象力协调的情感主体，它将诸多个别的自然现象统一于一个先验的自然整体，从给定的特殊去寻找普遍，从偶然中去寻求法则。[2]

[1]伯纳德•鲍桑葵：《美学史》，张今译，商务印书馆，1985年，第343页。

[2]张贤根：《论康德的合目的性原理》，《理论月刊》，2001年第1期。

从经济方面来说，"无目的的合目的性"可以表述为"无计划的计划"。如果人类多一点从审美的角度来考虑经济，那么人类的生产方式或生存、生活方式乃至生命本身都将合于自然的目的，趋向自由的境域。在此意义上，人类对自己看似没有目的或计划，实则设定了最好的目的和计划。姜奇平在《信息化质变论：2006年北大讲演录》中指出，信息化与工业化存在着质的差异，是两次不同的现代化。工业化是前现代向现代转变的现代化，信息化是现代向后现代转变的现代化，即后现代化。在前现代状态，人与自然的关系是天人合一的，人与人的关系是同一的，生产方式是自给自足的直接经济；在现代状态，人与自然的关系是天人对立的，人与人的关系是社会化异化的，生产方式是欧根•柏姆－巴维克（Eugen Böhm-Bawerk）说的迂回经济；在后现代状态，人与自然的关系是循环经济意义上的天人合一的，人与人的关系是和谐的，生产方式是社会化的直接经济。后现代生产方式具有"无目的的合目的性"或"无计划的计划"。工业化的本质是分工创造财富，信息化的本质是融合创造财富：第一，融合提高了生产率。亚当•斯密（Adam Smith）的"分工创造财富"指出了工业化生产方式的出发点。柏姆－巴维克补充指出了分工导致中间环节增加的迂回式生产的特征，罗纳德•哈利•科斯（Ronald Harry Coase）补充指出了分工导致迂回的代价即交易费用（实质是协调费用）的特征。工业化生产率的提高是以分工专业化为主、协调为辅的综合结果。信息化融合促进增长和就业的微观机理在于间接促进生产率提高，即通过降低协调成本，间接促进了进一步的分工专业化。第二，融合促进了协调。融合作为一种新的生产力，还有与生产率的方向不同的一面。表现为有可能不是为了促进进一步的分工专业化而融合，而是一种为了促进生产与消费协调均衡的融合。比如，在供给过剩、需求不足的条件下，提高生产率的动力减弱而融合的动力仍然存在，说明二者不一定必须是正相关关系。更通俗地说，在特定情况下，融合具有减少生产（以适应需求）的作用，但分工专业化却不具有减少生产的作用。融合对协调的贡献不是增加价值，而是使价值发挥作用，使生产成为有效供给。第三，融合推动了定制。融合创造价值的主要作用在定制中表现为直接创造了高端附加值，分工专业化在这里成为矛盾的次要方面，只能起降低成本的作用，但不能直接作用于定制。第四，融合增加了生产的异质性。融合独立于分工专业化而创造价值最突出的领域是异质性个性化生产，如精神产品的生产、传播。数字融合不同于物质协调，它不通向同质化，而是通向异质化。第五，融合导致正反馈。当融合以信息或知识为投入、以网络效应为运作方式时，哈尔•罗纳德•瓦里安（Hal Ronald Varian）在信息规则中所说的正反馈就出现了。正反馈的本质是边际成本递减和边际收益递增，它与传统经济中负反馈的区别不在于效率，而在于效率变化率即效能运动轨迹的方向（斜率）不同。负反馈所体现的效能曲线与正反馈所体现的方向是相反的。

生产方式不同所导致的生产效能相反的谜底在于生产力的不同。按照康德的说法，人不同于自然物的特点在于人是“目的”与“合目的”的统一。人将自己的目的对象化到外部世界，使之“合目的”化；再用合目的的外部世界印证、复归自身目的。合目的的世界总起来是一个，而分开是3个，分别是“坚固”的物质合目的世界、能源合目的世界、“烟消云散”后的信息合目的世界。这3个合目的世界，是总的合目的世界的历史展开：在前现代阶段，人的目的对象化到物质对象世界；在现代阶段，人的目的对象化到能源世界；在后现代阶段，人的目的对象化到信息世界。当能源被施加到物质之上时，改变的只是效率状态（变强），其效能是低下的（不灵活的）；而当信息被施加到能源上时，效能状态被改变了，被激活了。热力学用熵度量一个物质系统中能量的衰竭程度，而负熵正是信息，它与能源具有本质的区别。工业化与信息化的差异不在效率这个层面上，而在效能这个层面上。用通俗的语言说，对工业化来说，当系统越庞大越复杂时，效能开始越变越低；而对信息化来说，系统越庞大越复杂，它的效能越变越高。前者是机械事物的特征，后者是信息和生命现象的特有标志。直接的推论是：信息化可以为国家、企业做大做强服务，但它的根本作用在于帮助国家和企业做活。做强与做活具有本质区别。今天全球化同场竞技，比的就是做活的能力。创新就是活力的表现之一。[1]

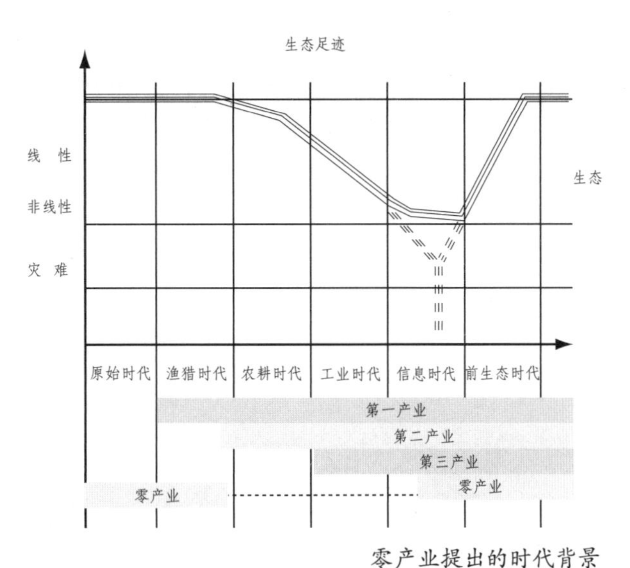

零产业提出的时代背景

[1]姜奇平：《信息化质变论：2006年北大讲演录》，《互联网周刊》，2006年第34期。

姜奇平还谈到，范学宜为其谈IT产业发展的电视专题片写了一首插曲，题目叫《无须远行，无须久等》。这句话是对网络特征的绝好概括，有康德哲学的意味。“远行”说的是空间，“久等”说的是时间。“无须远行”是空间消失，“无须久等”是时间消失。用经济学术语来说，就是交易成本为零。农业文明、工业文明还有信息文明的区别从这里就能概括出来。农业文明是直接经济，“无须远行、无须久等”。因为就在一个村里，所以种老玉米也好，盖房子也好，都“无须远行、无须久等”。它的短处是没有社会化，不可能超越时空到很远的地方去。工业经济本质上是远行的经济和久等的经济。工业文明扩大了人们的交往范围，通过动力型的生产力，也就是蒸汽机或电机，可以跑得远远的、走得久久的。资本理论有这样一种说法，就是资本本质是时间的一种等待，就是牺牲当前的消费来投资于长远利益，也就是时间的“久等”。工业社会中出现了这么多的工厂、商场，目的就是把这里生产的东西弄到那边去，弄到远远的地方，是“远行”。而网络经济反过来又返回去了，它的本质在于使时空的距离为零，也就是使摩擦系数降低，甚至可以接近于零。美国人对此有各种各样的描述，如非摩擦经济、模糊经济等，说的都是这方面的道理。中间阻力没有了，生产就能迅速实现社会化，做到低成本扩张。在这种意义来说，工业文明遇到范式上的根本性颠覆。未来将出现两种趋势。第一种趋势是企业内部的流程重组，使得分层较细、摩擦力较大的体制变成摩擦力较小的体制。在没有资本做“领导”的情况下，企业与企业之间也能通过市场交易机制达成协作状态，构成企业生态系统。企业内部的流程重组

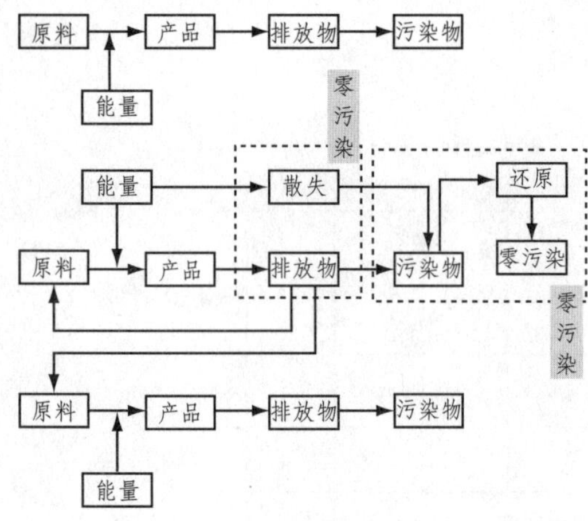

产品生成过程中的能流与物流

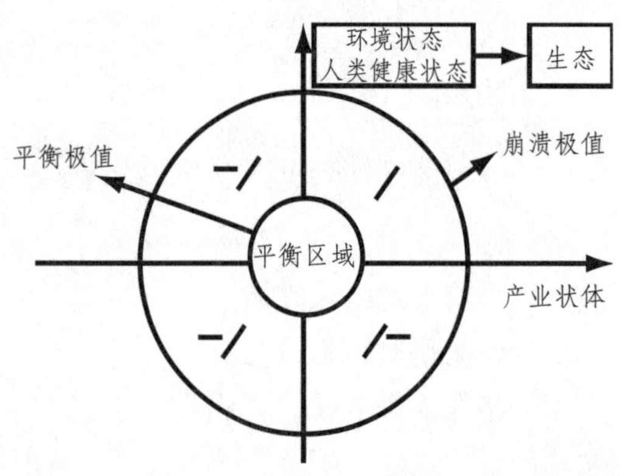

产业与生态的关系

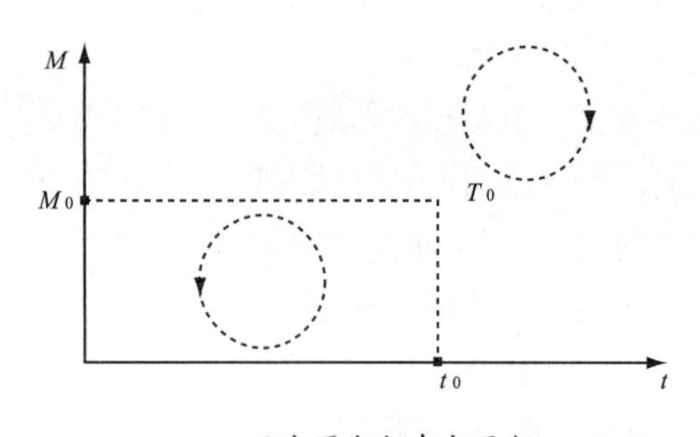

无害周期与有害周期

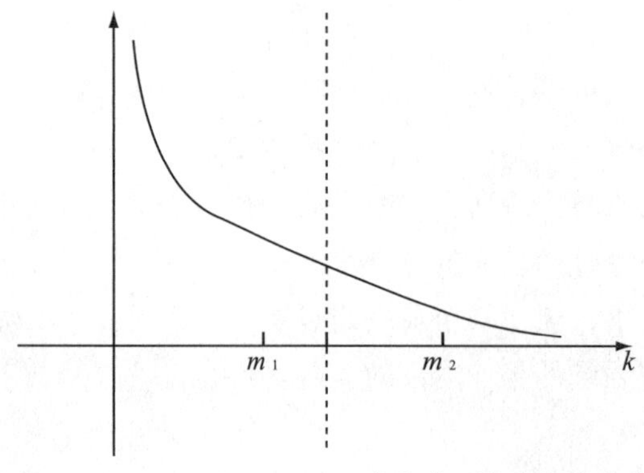

产业对环境的扰动关系

与企业外部的生态系统将无缝对接，也就是内联网和外联网模式统一于物联网。第二种趋势是在宏观上形成网络新经济，能够做到增长、就业和消除通货膨胀三者同时达成的平衡。生产和消费在宏观和微观上将实现直接融合，从资源的分解变成融合，宏观经济的波动、企业生产和交易摩擦所生出的费用将被消解，生产变成一种生命经济。这种生命经济表现在劳动者同时又是资本所有者身上，最典型的体现在创意生产者身上。创意生产是生产者与消费者的交流和互动，他们往往很难说清谁是谁。零产业也在这种背景下诞生了。

产业发展与生态变化有4种简单的关系：产业状态良好—生态状态良好、产业状态良好—生态状态不好、产业状态不好—生态状态不好、产业状态不好—生态状态良好。在这4种状态下，无论是产业的负向发展还是生态的负向发展均有一个崩溃极值。而即便二者状态均暂时正向发展，如不加预防性控制也会使生态系统趋于崩溃。传统的一、二、三产业不断与生态、与人类自身产生着激烈的矛盾撞击，需要有一种新的产业理念、产业形态来化解这种矛盾。零产业具有如下一些特征：（1）产值大于排放还原的经济成本。如用二者的比值k来表示，则$k>1$说明产品的产值大于排放还原的经济成本。这个值越大说明产品的生态价值越高。$k<1$说明产品对生态破坏所消耗的成本大于其产生的价值。（2）零污染。污染排放不能做到绝对为零，但零产业将在有害周期到达前终止排放物演变为污染物。如无害周期与有害周期图所示，污染物的形成有一个临界值

T_0，即在时间t_0内污染物的累积量达到M_0。在T_0内，污染物以物理累积的形式递增，并且其含量不会对生态造成伤害；当超过T_0时，污染物将发生各种生化反应，累积量也达到环境可耐受极限。T_0之内的污染物处理周期称为无害处理周期，T_0之外的污染物处理周期称为有害处理周期。T_0是一个与时间、累积量、温度、光照、氧气等含量有关的因子。零产业将污染物的还原过程（自然还原和人工还原）控制在无害周期之内。（3）对环境的扰动趋于零。用S表示产品的使用量，某个产业对自然的扰动强度Tn可以用公式表示为：$T_n = S^{\frac{1}{k}} \cdot S^{1-k}$。当$k>>1$时，$Tn \to 0$。当$k \to 1$时，$Tn \to S$。产业产生的价值与消耗的能源成本、还原废物的时间与资本成本之和接近时，产业对环境的扰动强度与成本消耗成线性递增关系。当$0<k<<1$时，$Tn \to \infty$。此时产业对自然的扰动强度将以产品使用量的指数级增加。（4）对人类的扰动趋于零。工业一般在推动人类生活水平提高的同时也降低人类的健康水平，或是生物机能的退化或是各种怪异病症的发生。零产业完全化解对人类安全的威胁。

人类社会通过劳动所产生的全部经济价值为直接社会财富，此部分可以用有效GDP来计算；人类储备的各种自然资源所具备的价值总和为潜在的社会财富；通过生态演化在人类生命周期内可再造的资源总和、价值总和为间接社会财富。以上三部分之和为人类社会财富总和。后两部分是零产业的主要经济价值体现形式。零产业的经济价值体现于对间接社会财富的保护，使潜在社会财富在人的生命周期内实现循环和再利用。它使人类劳动创造的价值尽可能转化为效能更高的有效GDP，消除无效GDP。零产业在运行中除创造经济价值外还创造海量信息，信息转化成社会财富的一部分形成社会价值。社会价值体现于人类社会组织形态的稳定性、运行后果的公平性、运行功能的有效性。社会活力体现的是社会系统自身的控制能力，即系统自我适应、自我创造、自我更新、自我转化的能力。反映于组成社会的人，则为人与人之间关系的发生量和交合水平，即人的积极性和创造力的发挥。可以将社会信息生产总量和人均信息占有量作为社会活力的一个评价指标。零产业的运行使人类社会信息发生量总和的统计成为可能，使人类社会的活力评估成为可能，从而使社会的潜在财富能够更好地转化为直接财富。零产业尊重一切物的存在价值、尊重物之间的自然平衡法则，力争使产业作为生态中的一员融入生态循环。生态价值是社会价值与经济价值的加和，是大地本身的价值与地上总物价值的

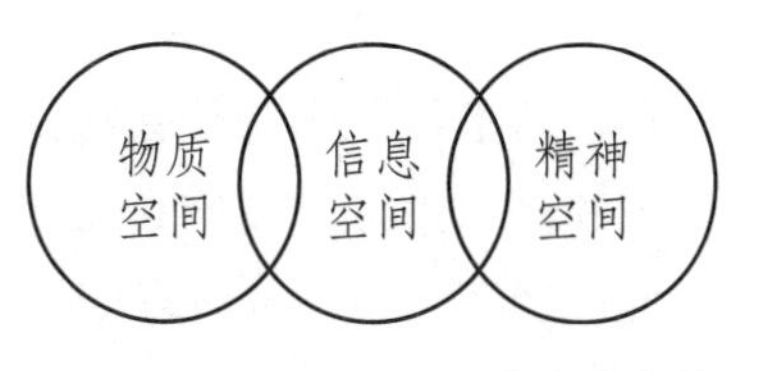

人类生存空间

加和。其表达式为：生态价值 = 大地自身的价值 + 地上物的价值 = 社会价值 + 经济价值。零产业将直接提升生态价值，从而使社会价值和经济价值得到增长。[1]

[1]张文波、吴晶：《感知生态：物联网推动零产业》，http: // www. chinaenvironment. com。

物联网作为一种在能量的支持下物质与信息联合运动的物质形态，是人类社会对生态系统自适应的保障力，是社会经济体系自发展的推动力，自然也是零产业的构建基础或推动助力。它可以实现数据的远程、批量、即时采集处理，并能实现物与物之间的智能反馈，因此大大降低了信息获取、信息传递、信息处理过程中的能耗，有效节省人力成本、物力成本以及时间成本。它在牛顿力学所阐述的两个物体之间的相互作用中加入了信息干扰因素，扩充了人类对生态的感知视野，使人类对客观世界的认知和了解能力得到极大提升，在事物运动的第一时刻感知第一变化并进行实时控制，从而推动社会经济的发展在生态感知的状态下实现。它拥有一套实现产业运行生态化的严格的体系性标准，以社会共识的方式注入社会系统中，推动社会经济体系发展的自我控制、自我调节。

三、后现代与全民酷

后现代经济作为现代经济的对立面，是现代经济演化的必然产物。它以国民幸福指数为核心，表现为从以效用为中心转向以价值为中心、从同质化转向异质化、从理性优先转向感性优先这三大趋势。青木昌彦相信，今天的日本正处于一个根本性的转型过程，可以称为第二次明治维新。它或许是150年来日本第三次伟大的转折。第二次明治维新的核心是GNC（Gross National Cool）的提升。Gross National Cool直译为“国民酷总值”，也有更简短地译为“全民酷”的，意译为“国民幸福总值”（Gross National Happiness，简称GNH）。“国民幸福总值”这个概念由获得联合国授予的“地球卫士奖”的不丹前国王吉格梅•辛格•旺楚克（Jigme Singye Wangchuck）于1972年首先提出并作为施政目标。它强调人类社会的真正目标是物质和精神的同步发展。GNH通常与真实发展指标（Genuine Progress Indicator，简称GPI）一起讨论，后者将生活质量和快乐量化。这两个量化指标是主观的指标，比客观指标消费更重要。GNH包括四大基本元素，即平等稳固的社会经济建设、文化价值的保护和发扬、自然环境的保护和高效管理制度的建立。物联网具有实现这种目标的经济属性，它为后现代经济乃至整个后现代社会、后现代文化开辟了路径。

张静、刘琦琳等《IT的绿色之链》一文指出，我们与世界、与绿色的联系很深，但认识还不够。当20世纪60年代蕾切尔•卡逊（Rachel Carson）写出《寂静的春天》时，IT的概念更多地只停留在实验室，无论操作系统还是万维网都在几十年后出现。当年的春天是寂静的，因为小鸟吃了含有农药的虫子死掉了。而如今的春天甚至任何一个时刻都不再寂静，空中、地下、水底传播的信息之声如浪涛不绝于耳。尽管如微软公司首席执行官史蒂夫•鲍尔默（Steve Ballmer）所说，IT产业仅次于旅游业正成为全球能源消耗量增长速度最快的领域，但它也在极大限度地消解着生态问题。[1]曾经在中国台湾工业技术研究院从事机器人研究的吴清忠写了一本风靡一时的书《人体使用手册》，宣称人体有一种自发的智慧能够自我调节和实现自我康复，并坚决反对西医机械主义的“头痛医头，脚痛医脚”。人体智慧的奥秘在于系统性，即神经系统、免疫系统、循环系统等的紧密关联和协调运动。而“智慧地球”的奥秘也在于彼此的有机联系。《圣经•创世纪》第十一章记载：“那时，天下人的口音言语都是一样。他们往东边迁移的时候，在示拿地遇见一片平原，就住在那里……他们说：‘来吧，我们要建造一座城和一座塔，塔顶通天，为要传扬我们的名，免得我们分散在全地上。’耶和华降临，要看看世人所建造的城和塔。耶和华说：‘看哪，他们成为一样的人民，都是一样的言语。如今既做起这事来，以后他们所要做的事就没有不成就的了。我们下去，在那里变乱他们的口音，使他们的言语彼此不通。’于是，耶和华使他们从那里分散在全地上，他们就停工不造那城了。因为耶和华在那里变乱天下人的言语，使众人分散在全地上，所以那城名叫巴别。”“巴别”在希伯来语中有“变乱”之意。而如今人类却重新获得了成功，物联网正在变成一座壮观的巴别塔。

[1]张静、刘琦琳等：《IT的绿色之链》，《互联网周刊》，2009年第12期。

米歇尔•福柯（Michel Foucault）《词与物》这部后现代名著有一半的篇幅在谈与经济学相关的问题。比如《交换》一章8节分别是“财富分析”“货币与价格”“重商主义”“质押与价格”“价值的形成”“功效”“一般图表”和“欲望与表象”。另还有“李嘉图”一节，比较斯密、李嘉图和马克思的经济学说。更深一层来看，《词与物》接触到后现代经济最前沿的语言转向话题，而且与美国炙手可热的博弈论大师阿里尔•鲁宾斯坦（Ariel Rubinstein）的名著《经济学与语言》相比算路更深。福柯的“人文科学”的结构很像黑格尔的《逻辑学》和《小逻辑》，其中的生物学相当于存在论，经济学相当于本质论，语言学相当于理念论。三者之间存在着小循环的逻辑关系。如果将《词与物》当托夫勒的《第三次浪潮》来读，则其中的生命、劳动和语言又相当于自然经济、工业经济和信息经济的历史关系。福柯认为，人在自然性的存在（生物）中，隐含着社会性（经济）和信息性（语言）的规定性；人在社会性存在（经济）中，隐含着自然性（生物）和信息性（语言）的规定性；人在信息性存在（语言）中，隐含着自然性（生物）和社会性（经济）的规定性。但他虽然看到了语言和信息这个演进方向，却并没有向前看的信息革命意识；相反，他反对启蒙（实质是反对工业化），最终转向了复古，更近于浪漫主义。然而，从福柯的“生命、劳动、语言”三段论中，可以超越地推论出他没有的一个结论：在工业化（社会化经济）之后，将进入以语言交换为特征的信息化经济；信息化经济具有自然性经济的某些否定之否定的特点。

像埃德蒙德•胡塞尔（Edmund Husserl）提出“回到事物本身”那样，福柯回到经济学的原问题思考经济学的根本问题。经济学家一般不考虑心物二元问题，在思考问题时总是隐含着的前提是物的观点和方法，因而事实上将人当做物来研究。福柯认为，理性经济人所指理性不仅有经济学家一般理解的名实二元（个人—社会）冲突的背景，更有心物二元冲突的背景。因此要把算路从“利己—利他”前推到心物二元这一启蒙背景。他提出将“人文科学”作为总背景。人文科学不是指“科学—文化”大战中偏到心一边的文化学（福柯反对人本主义），更不是偏到物一边的科学，而是心物一元的人文科学（人文与科学的结合）。福柯从历史角度将人文科学分为3个部分：生物学、经济学和语言学。与之对应的哲学分别是生命哲学、异化之人的哲学、符号形式的哲学，与之对应的行为则是生命、劳动和语言。这与波普尔的世界3可以有所对应。鲁宾斯坦把博弈论转化为离散方向的数理逻辑（语言逻辑），在语言转向这一点上已经完全与福柯走到了一个方向。语言转向的本质就是代表“物”的理性向代表“心”的意义转向，就是从货币定量交换转向以搜索引擎为前提的语言定性交换（又叫博弈）。搜索引擎从代表理性的主题词向代表人心的潜意识和体验深入地搜索，定的所谓性就是个性。货币将来只以窄告（Narrow AD）的方式支付，语言交换先于货币交换。

什么是经济学要研究的“事物本身”呢？福柯通过区分重农主义与功利主义，发现两者巨大的经济学取舍，试图找到经济学被遮蔽的真正源头。他认为，重农主义者的分析始于在价值中被指明但又先于财富体系而存在的事物本身。在福柯的术语里，把产品叫做财产，把商品叫做财富。财产因满足需求是有用的，可以“供人使用”，因此“是其所是”。现代经济学所谈及的“事物本身”，不是土地，而是劳动；不是使用价值，而是交换价值。福柯却相反，认为土地、使用价值是更为根本的价值，由此对重农主义与重商主义进行了与常人立场相反的分析。他说重农学派具有这样一种共有立场：所有的财富都诞生于土地，物品的价值与交换价值联系在一起，货币的价值就是流通中的财富的表象，流通要尽可能的简单和完整。重农主义由于对商品的自然属性的强调，在货币观上就表现为对货币的贵金属属性的强调。而重商主义由于否定使用价值而强调价值，主张将货币的社会属性独立出来，这意味着异化的开始，即事物的形式脱离了事物自身而独立，最终反对事物自身。在福柯看来，价值从使用价值中分离出来只不过是符号这个“能指”脱离了它的“所指”。李嘉图之后符号的统治借着社会化的名义和货币的话语权演变成一种符号化的拜物教。按照福柯的思想，通过交换这种社会化活动，人形成理性并被物化。在最终的结果中，财富成为被人们用以生产、增殖和变更的符号体系。

福柯指出了前现代经济中为现代经济所不具备的两个优点：一是经济来源上的生命性。福柯借用维克托•里凯特•米拉波（Victor Riquetti Mirabeau）的话说，畜群每一天都长肥了，甚至在它们睡觉时也是如此，这不能被说成是货仓里的一包丝或羊毛。二是产品的差异性。没有等值，没有共同的尺度。福柯在谈及安•罗伯特•雅克•杜尔哥（Anne Robert Jacques Turgot）所说的“估价价值”时说，这是绝对的价值，因为它是个别的关于每个商品而不与其他商品进行比较的，然而它也是相对的和发生变化的，因为它随着人的胃口、欲望或需求而变化。后现代经济正是以生命性和差异化而不同于现代经济的。福柯并非用自然经济反对现代经济，他想证明的是人的异化与话语形成的关系。福柯在语言层面将经济学从“异化之人的哲学”转向通往人的复归意义的哲学，这一点比格奥尔格•齐美尔（Georg Simmel）基于现代性立论的《货币哲学》是一个重大飞跃。强调话语而非语词也是福柯与一般解构主义不同的特色。同属语言学转向，福柯语言经济学的所指内容更富有实质意义和思想性，而鲁宾斯坦的语言经济学则是纯形式的，仅限于能指层面的技术探讨。在福柯看来，既然理性只不过是脱离“事物本身”的符号，那么对抗理性异化的办法是回到价值本身。具体来说，就是回到为需求而生产而不是为利润生产的比较自然的状态。与现代经济把需求仅仅归为欲望（低级需求、物质需求）不同，福柯语义中的需求可以向更高级的体验升级：从财富的观点看，在需求、舒适和娱乐之间没有什么差异。互联网发展出网游这样的符号化体验，较好地证明了福柯的想象。福柯颇为认同重农主义者对大自然的称颂，其中一个理由是土地可以在不增加成本的情况下产出多样性的产品。如果这里的土地被置换为网络，竟与信息范围经济有异曲同工之妙。[1]

[1]姜奇平：《福柯的后现代经济学思想》，《互联网周刊》，2008年第8期。

让•波德里亚（Jean Baudrillard）《象征交换与死亡》一书之《仿象的三个等级》一篇如下："仿象的3个等级平行于价值规律的变化，它们从文艺复兴开始相继而来：——仿造是从文艺复兴到工业革命的'古典'时期的主要模式。——生产是工业时代的主要模式。——仿真是目前这个受代码支配的阶段的主要模式。第一级仿象依赖的是价值的自然规律，第二级仿象依赖的是价值的商品规律，第三级仿象依赖的是价值的结构规律。"[1]其中的第三级仿象指的是信息空间，"结构"可以替换为"意义"（真值、语义等）。波德里亚指第一种价值为使用价值，第二种价值为交换价值。第三种价值没有起名，最接近本义的是意义价值（对应于数理符号逻辑中的真值概念）。意义价值是中性的，含有符号价值（交换价值的符码化，贬义）与象征价值（非交换价值的符码化，褒义）双面性。使用价值与交换价值是经典的经济学概念，多出来的是第三重价值。交换价值与象征价值的区别在于，前者是抽象的、同质的、可通约的，后者是具体的、差异的和不可比较的。杰里米•边沁（Jeremy Bentham）称前者为效用，后者为价值。价值在快乐与痛苦上定义，丹尼尔•卡尼曼（Daniel Kahneman）将其简化为得与失。阿尔弗雷德•马歇尔（Alfred Marshall）基于后者不可比较，因此用前者指代后者，所以后来西方经济学一说价值这个词都是指效用或交换价值这种抽象价值。波德里亚认为使用价值也是具体的、差异的和不可比较的，而交换价值则通过后来的螺旋式发展在占统治地位的代码等级中成为不在场证明。但价值的每次形成却在其后更高的仿真等级中被重新评估，即第三重价值是第一重价值的螺旋式发展。农业社会是个性化定制经济，信息社会也是个性化定制经济，但却是螺旋上升了一圈后在更高位的复归。抽象的、同质的、可通约的价值导向的是效率标准，而具体的、差异的和不可比较的价值导向的是个性化标准。"必须修复价值规律"是波德里亚后现代经济学的核心思想。波德里亚认为，与使用价值、交换价值和意义价值对应的3种交换形式，分别为礼品交换、商品交换和符码交换。其中第三种交换形式又分两种，一是符号交换，二是象征交换。商品交换遵循等价交换原则，而等价交换原则不适用于象征交换。这等于说数字化经济可以在价值规律之外另寻规律。波德里亚说等价交换原则不适用于个性

"必须修复价值规律"是让•波德里亚（Jean Baudrillard）后现代经济学的核心思想

[1]让•波德里亚：《象征交换与死亡》，车槿山译，译林出版社，2009年，第61页。

化，但他却不用正常语言表述，而用了个核心概念叫“死亡”。他还真的从死人说起，一直讨论到死刑、殡仪馆和墓室，有些不知所云。他实际上想表达的是将社会当做一个生命有机体。等价交换的前提是通过“祛魅”（Disenchantment）即理性化、去生命化过程把价值变成抽象的、同质的、可通约的，以便用权利界定，分清你我所属。但对商流有机体来说，这就相当于把经络切断，使之“生分”了、“死亡”了。而原始礼品经济中的交换实质是交流，构成“融合”之流。交换的东西与交流的语言一样，只相当于这个流中的血液。它重在维持关系，并不强调比较大小。网络中的交换行为如免费交换实际是礼品经济的返祖现象。但人们往往忽略融合才是免费的目的。原始人送礼绝非白送，而是产品送人，服务回报。如果不回报，就会有一种叫“毫”的机制把对方整死。盛大、腾讯、巨人等公司的免费都是用人情与用户融合，形成商流有机体，所谓产消合一、返魅（Reenchantment），俗称联络感情、增加黏度，然后回收服务回报。波德里亚管这种在具体的、差异的和不可比较的价值基础上算不清账也无法等价进行的生态有机化交换叫做象征交换，并说象征是交换的循环，是馈赠与归还的循环。只有傻子才会真免费，而让顾客扬长而去。在学理上，这可以称为基于共享用户资源的范围经济，赚就赚在“你我不分”上。所以，波德里亚说的用来替代价值规律的“更广泛的结构价值规律的机制”，并非是一种荒谬怪异的东西。其实证推广形式将是一物一变、一变一价且共享语境资源的个性化整体交换。它在经济学上属于范围经济或社会资本的价值规律，也可称后现代价值规律。[1]

乔治·巴塔耶（George Bataille）在《普遍经济论》（《被诅咒的部分》第一部）一书中提出了本质上属于“可持续发展范畴”的循环经济思想。他在谈到“普遍经济的意义”时，开宗明义地提出：“经济取决于地球上的能量循环。”[2]正如保罗•安东尼•萨缪尔森（Paul Anthony Samuelson）的经济学新综合一样，巴塔耶的“普遍经济”也是一种新综合。他将主流经济学所说的经济称为“有限经济”，“普遍经济”则是更加一般的经济。或者说，“有限经济”只是“普遍经济”的特例，“普遍经济”是“有限经济”取消特殊前提（如经济理性）后的一般推广。巴塔耶尖锐地指出：“经济科学只是对孤立的情境进行推断归纳；它将其对象限制在为了一个明确目的而实施的活动中，也即是将它限制在经济人的活动中。它丝毫不考虑到没有特定目的的能量运作：普遍的活生生物质的运作，这个运作被包括在光的活动中，它是光的产物。”[3]换成眼下时髦语言表述巴塔耶的经济学倾向，大致相当于：以人为本、统筹协调是经济更一

[1]姜奇平：《鲍德里亚与后现代经济》，《中国计算机用户》，2007年第46期。

[2]乔治•巴塔耶：《色情、耗费与普遍经济：乔治•巴塔耶文选》，汪民安编，吉林人民出版社，2003年，第143页。

[3]乔治•巴塔耶：《色情、耗费与普遍经济：乔治•巴塔耶文选》，汪民安编，吉林人民出版社，2003年，第147页。

般、更自然的状态，是普遍经济；以GDP为核心、为了增长而破坏各种平衡的经济，是有限经济；要把有限经济放在普遍经济的更广阔前提假设中加以对待。巴塔耶以“增长的极限”为前提进行判断，认为发展观要实现根本转变，从强调生产向强调消费转变。“经济增长本身的扩展要求经济原则颠倒过来，也要求以经济原则为基础的伦理学颠倒过来。从有限经济学到普遍经济学的观点变化，实际上完成了某种哥白尼式的变革：思想的逆转，伦理的逆转。”[1]

安德瑞•高兹（André Gorz）《经济理性批判》一书指出，经济理性表现了计算和核算、效率至上、越多越好这样的原则，核心是“谋划”。巴塔耶同意马克斯•韦伯（Max Weber）对资本主义起源的论断，认为经济理性的现实起点是近代西方特别是西欧社会的宗教改革。宗教改革后，入世的禁欲主义代替了出世的禁欲主义，人的天职不再被认为是离世的苦修，而是事业的成功、最多地挣钱、合理地组织资本与劳动。从此，生产性的资本主义经济开始，“经济人”出现。[2]韦伯在《新教伦理与资本主义精神》中引用的本杰明•富兰克林（Benjamin Franklin）的话——金钱具有增殖、生产的本性；钱越多，每一次就能生产得越多——被巴塔耶看做是资本主义经济的指南，这是一种最大限度的利润化。在这样一个累积和占有的生产状态下，出现了物对人的奴役，“资本主义是不加保留地对物的投降”。“资本主义更喜欢财富的增长而不是财富的直接利用”。[3]物役的结果是消费的被压抑、生命的不自由。巴塔耶认为，若要彻底摆脱这种功利主义经济，必须放弃“谋划”。所谓“谋划”，是有目的的劳作和创造的活动。它表现为人们的行为总是与一定的外在目的相连，而这种目的本身必定是对自己有利的。谋划的本质不是当下的即刻享乐，而是一种延时的期待。谋划使人脱离了直接性的动物存在，成为一种间接性的功利存在。在谋划的逻辑中，只有那些能实现外在目的的事情才有价值，而无法达及外在目的或不会有结果的事情则成为无意义的内容而被排除。谋划观念形成于人们改造自然的生产活动。在这种生产过程中，人把自然作为对象加以支配，由此形成了一个“物的逻辑和秩序”的世界。“物所要求的第一要着，即是其‘有用性这一价值’不能被毁损，而要以某种方式持续下去”[4]，为此消费就不是目的，而只是再生产的手段。因此，在科学的名义下所建立的并不是一个完整的世界，而只是一个“摹仿世俗世界事物的抽象事物世界，一个功利性统治的片面世界”[5]。谋划看似表现为主体性，其实是主体性的丧失。当人受制于谋划观念时，外在的目标主导了人的一切思考和行动，人就不是自主的。为了寻求人的自由，巴塔耶找到了久被

[1]乔治•巴塔耶：《色情、耗费与普遍经济：乔治•巴塔耶文选》，汪民安编，吉林人民出版社，2003年，第149页。

[2]乔治•巴塔耶：《色情、耗费与普遍经济：乔治•巴塔耶文选》，汪民安编，吉林人民出版社，2003年，第174页。

[3]乔治•巴塔耶：《色情、耗费与普遍经济：乔治•巴塔耶文选》，汪民安编，吉林人民出版社，2003年，第180、166页。

[4]汤浅博雄：《巴塔耶：消尽》，赵汉英译，河北教育出版社，2001年，第155页。

[5]乔治•巴塔耶：《色情、耗费与普遍经济：乔治•巴塔耶文选》，汪民安编，吉林人民出版社，2003年，第204页。

理性和科学所排斥的“内在经验”——一种非知识性的至高性感受，类似于宗教领悟中的神秘体验。内在经验无法划分主客体，超出了谋划的范围，是语言和理性无法指证的非功利性的异质的东西。巴塔耶肯定，人们会在知识的断裂处，比如大哭或大笑、艺术、游戏、性等活动中体验到这种消除了世俗功利目的、能够产生真善美和狂喜的“思想真空”。“恰恰是在奇迹中，我们被从对未来的预期推向当下的时刻，推向当下被某种神奇之光——即从其被奴役状态中解脱出来的生命的主权之光——照亮的时刻。”[1]被物质功利性原则所忽视的是一个庞大的与物质占有相区别的物质和能量缺失的世界：豪华墓碑的建造、游戏、奇观、艺术、哀悼、战争、宗教膜拜、反常性行为等。所有这些活动都可称之为“消费”，但已经不是生产—消费—再生产这个循环过程中的作为再生产的一个功能性环节的消费，而是脱离功利性回路的纯粹的物质和能量的消耗，非生产性的“耗费”。与生产的有用性原则相比，它是无用的浪费；然而正是这种“无用的浪费”中的某些活动，在巴塔耶的视野中却是对人最具有意义的行为。巴塔耶认为财富从一开始就不总是要求自我增值，人类最初的交换的动力不是获取和占有，而是破坏和丧失。原始人往往把初次收获的成果（猎物或谷物）以献牲的方式耗费掉或破坏掉，包括动物献牲和谷物献牲。献牲的动力不是功利性的，而是深藏于原始先民内心的去除“所有物性”的宗教信仰。他们认为作为牺牲的这些动植物本是自然的一部分，“精灵性的真实存在”乃是它们更本真的存在。以通常的方式将其消费掉（吃掉猎物的肉，用猎物的皮毛做衣服等），并未使它们改变作为人的所有物的属性，唯有让“神”把它们“吃”掉，它们才真正与人无关，回到了本真的状态。[2]

与一般侧重政策的可持续发展论不同，巴塔耶的普遍经济论在基础理论上挖掘得非常深。他的思想与伊利亚•普里高津（Llya Prigogine）的思想在底层上几乎一模一样，只是与普里高津从自然科学哲学倒推出经济学结论以及信息经济的推论相反，他从经济理论倒推出曾令普里高津获得诺贝尔化学奖的自然科学哲学思路。巴塔耶说耗散（Consumation），普利高津也说耗散（Dissipative），虽然不尽相同，但都有共同的指向。耗散指的是消耗、浪费、熵的增加和系统有序度的降低。普里高津研究的是系统与环境之间的能量交换：在远离平衡的环境中，系统的负熵增加；在趋近平衡的环境中，系统熵增，趋于热寂。普里高津将这个理论称为耗散结构理论。巴塔耶将经济现象还原为更为普遍的自然现象，将财富还原为能量；将经济学问题还原为哲学问题，即系统与环境的关系问题；将可持续发展

[1]乔治•巴塔耶：《色情、耗费与普遍经济：乔治•巴塔耶文选》，汪民安编，吉林人民出版社，2003年，第222—223页。

[2]方丽：《功利主义经济的哲学批判：解读巴塔耶“普遍经济”思想》，《江海学刊》，2005年第6期。

概括为“地球来自于宇宙的能量循环”，“它不能不顾后果地忽视能量循环的规律”[1]。为生产而生产一旦走向极端，意味着系统相对于环境的负熵过高，其后果是生产过剩引发战争这种高能量释放（战争被视为过量能量的灾难性耗费）。这意味着，系统不是有序化程度越高越好，还要看与环境是否匹配。事实上，破坏力低于战争的高负熵状态在有效需求不足、消费疲软、价格战、二元经济等现象中均可观察到。这是传统的工业化道路遗留给当代的问题。基于有现实历史背景的系统与环境的能量平衡分析，巴塔耶提出了与主流经济学相反的结论：“有必要将被生产出来的部分物质性能量驱散，使之化为灰烬，对这点的肯定就是同构成理性经济基础的判断作对。”[2]有限经济的前提是稀缺，普遍经济的前提是过剩。过剩是普遍现象，不足是有限现象。[3]米歇尔•索亚（Michel Surya）在谈到巴塔耶上述那本阐述普遍经济学的书时说，“他选择了内在对先验、恶对善、无用对有用、无序对有序、传染对免疫、花费对资本化、即刻对目标、现在对将来（瞬间对时间）、荣耀对权力、冲动对算计、疯狂对理性、无限的挥霍对过度的节俭、主体对客体、存在对救赎、交流对分离。这就是一本如此疯狂的书的挑战。最终，我们不知道，它是否是对权力、政治、增长、经济学或形而上学的思考……无疑，它是所有这些。甚至，这种不可把握的丰富让人想起这个计划，巴塔耶养育他的整个生命是为了写作一部‘普遍历史’。尽管它只有一个大纲，《被诅咒的部分》还是他的一本给予这种可能的东西的最好的观点的书。”[4]

在互联网1.0时代，门户的旗号上写着“大众媒体”，轰轰烈烈的三大门户争奇斗艳；而在互联网2.0时代，门户的旗号将变为“个人媒体”，博客网迎来了自己静悄悄的黎明。在博客代表的个人媒体背后，一种新的主张即个性主义正成为互联网2.0时代的宣言。个性主义不再像1.0时代的技术主义那样围着互联网的边缘打转，它切中以往互联网的时弊，直指互联网理性的核心。它预言一种新的使命，它拓展一个新的边疆。物联网则使网络成为人物交互媒体，个性主义将由此进一步得到发挥。物联网的观点认为，效用只是净财富，价值是净财富相对于个人这个参照点的得失。得就是快乐，失就是痛苦。效用不同于价值，价值不同于效用。像GDP这样的净财富，到底能给具体的个人带来怎样的价值（快乐或痛苦），只有把具体个体当做参照点才有意义。物联网承认那个作为大规模、批量化、无个性生产对应物的效用或者净财富的基础作用，但更强调生产力一旦突破工业革命的局限，转移到互联网和知识信息基础上之后，代表个性化的人本价值的优先性。物联网扬弃过时的个人契约和社会契约，主张建立社会

[1]乔治•巴塔耶：《色情、耗费与普遍经济：乔治•巴塔耶文选》，汪民安编，吉林人民出版社，2003年，第149页。

[2]乔治•巴塔耶：《色情、耗费与普遍经济——乔治•巴塔耶文选》，汪民安编，吉林人民出版社，2003年，第146页。

[3]姜奇平：《普遍经济与有限经济——读〈乔治•巴塔耶文选〉》，《互联网周刊》，2004年第7期。

[3]Michel Surya, *Georges Bataille: An Intellectual Biography,* Translated by Krzysztof Fijalkowski & Michael Richardson, New York: Verso, 2002, p386.

的个性契约。在个性契约的旗帜上，鲜明地写上“为人人服务”的主张。为人人服务就是个性化服务。这种服务之所以可能，从终极上来说在于个性契约是自由人基于个人知识的自由联合。维持社会合作的将不再仅仅是一般等价物这个纽带，而是充满丰富多彩内容和特质的网络信息和个人知识这个纽带。亚里士多德在农业社会经验的基础上主张特殊的和具体的事物在本体论上占据优先地位。人类思想发展经过三次产业革命浪潮的否定之否定，今天以后现代的形式重新找回指导现时代社会行为的思想根据。作为对工业化大规模批量制造时代远去的反应，以及对大规模定制化时代到来的回应，个性主义为物联网时代提供正本清源的思想根据。个性主义不是在经验主义的基础上，而是基于体验提出个体的本体论优先性问题，目的是为了建设性地证明个性化的存在，拥有不同于经验式的个人主义和工业化时代的基础主义、本质主义的独立思想基础。[1]

个性化曾是一个在历史上从来没有得到解决的问题。无论是让-雅克•卢梭（Jean-Jacques Rousseau）的社会契约论，还是弗里德里希•奥古斯特•冯•哈耶克（Friedrich August von Hayek）的自由主义，都只是对工业化条件下个人与社会矛盾冲突的一种条件反射，但都没有提出更好的解决之道。当工业化日趋完成，人与社会向着和谐与复归方向转型时，个性化问题将进一步突现出来，成为更为突出的矛盾。社会契约论已暗含了权利与义务等价交换的原子论概念。而对于个性契约论来说，契约只是一种比喻，它实际指的是广义的对价（Consideration，又译约因）。对价是指承诺被允诺、提供或做成的事物，它能使一项协议成为具有法律效力的契约，是一种限制契约责任范围的工具。允诺与代价是否“真的”对等，并不是对价成立的绝对前提。只要双方“以为”对等，就可以成立。自由是基于个性的价值判断，这个“以为”，在个性契约中是不可缺少的。个性契约是一种与卢梭的社会契约关系相反的契约。社会契约论把个人自由转变成客观的自由、理性的自由、社会的自由，这是一个理性化的对价过程。但事情还有另一面：在个人把自己交付给社会之后，再从社会赎回自身——按照不可替代、不可通约的个人价值（象征价值），重新评判和扬弃社会自由，从而把社会自由扬弃成为一种与活的个人对价后的新的自由。《大规模定制》一书的作者B. 约瑟夫•派恩二世曾表达过这样的意思：工业化从来不讲个性。工业化讲的是大规模，大规模是为了降低成本；定制（个性化）是农业化的事。定制是个性化的，但成本太高。信息化的本质是大规模定制，取定制和大规模所长，又要成本低，又要价值高。而物联网就是这样一种大规模定制，兼收网络的大规模之长和个性化的定制之利的生产方式。[2]

[1]姜奇平：《互联网2.0时代来临：论个性主义的经济、社会和思想基础》，《互联网周刊》2005年第24期。

[2]姜奇平：《个性契约论》（上），《互联网周刊》，2005年第26期；《个性契约论》（下），《互联网周刊》，2005年第27期。

第六章　U时代与泛在生存

一、UNS中的人与物在

维瑟指出，计算机在发展过程中经历了3个阶段。第一个是主机（Main Frame）阶段，这时许多人用一台计算机；第二个是最近的个人计算机阶段，这时一个人用一台计算机；第三阶段则是无处不在的计算阶段，这时一个人用多台计算机，即计算机融入了人们的生活中。普适计算是一种建立在分布式计算、通信网络、移动计算、嵌入式系统、传感器等技术基础上的新型计算模式，其重要特征是“无处不在”和“不可见”。“无处不在”指随时随地访问信息的能力；“不可见”指在物理环境中提供多个传感器、嵌入式设备、移动设备以及其他有计算能力的设备可以在用户不觉察的情况下进行计算、通信和提供各种服务。普适计算体现了信息空间与物理空间的融合。普适计算强调把计算机嵌入到环境和日常工具中去，对人具有自然和透明的交互以及意识和感知能力。交互途径具有隐在性，感知通道具有多样性。并具有自适应、自配置、自进化和无缝应用迁移的能力，所提供的服务能够和谐地辅助人的工作，尽可能减少对工作的干扰。也就是说，普适计算系统能够知道整个物理环境、计算环境、用户状态的静止信息和动态信息，能够根据具体情况采取上下文感知的方式自主、自动地提供透明的服务。目前普适计算理论模型的研究主要集中在两个方面：层次结构模型、智能影子模型。层次结构模型主要参考计算机网络的开放系统互联（Open System Interconnection，简称OSI）参考模型，分为环境层、物理层、资源层、抽象层和意图层5层。也有的学者分为基件层、集成层和普适世界层3层。智能影子模型借鉴物理场概念，将普适计算环境中的每一个人都作为一个独立的场源，建立对应的体验场，对人与环境状态的变化进行描述。基于这一概念，日本野村综合研究所（Nomura Research Institute）的学者衍生出泛在网络社会或无所不在的网络社会（Ubiquitous Networked Society，简称UNS）概念，人在它支持下能够在没有意识到网络存在的情况下随时随地通过适合的终端设备上网并享受服务。这意味着，人类社会已从“E时代”（Electronic Era）向“U时代”（Ubiquitous Era）发展。在“E时代”，电子业突飞猛进，产生了大量的电子产品。而在“U时代”，信息无所不在，网络无所不在，不仅所有的电子产品都能联网，而且所有的物都能通过传感器连入网络。更有人认为，“U时代”这个词中的“U”除了有“无处不在”（Ubiquitous）的首要含义外，还有“融合”（Unite）、“普及”（Universal）、“用户”（User）、“独特”（Unique）等多重含义。这些理念和指向的集合才是“U时代”的整体框架。无所不在的网络环境是一个拥有许多机制的业务环境，通过各个异构网络的协同以支持不同的移动终端无缝连接。继U-Japan、U-Korea等提出后，U-China概念也在2006年“无处不在的网络与中国IT发展战略研讨会”上鲜明地提了出来。

野村综合研究所的理事长村上辉康在题为《在日本建立一个无所不在的网络社会》一文中指出：UNS是一个IT应用环境，它是网络、信息装备、平台、内容和解决方案的融合体。作为信息技术环境，它需要同时满足3个条件：第一，无论使用模式是固定的还是移动的、是有线的还是无线的，无论在何处使用都有永远在线的宽带接入；第二，不仅能连接通用的大型计算机和个人电脑，也能通过IPv6协议连接手机、掌上电脑（Personal Digital Assistant，简称PDA）、游戏机、汽车导航系统、数字电视机、信息家电、RFID标签和传感器等各种信息设备；第三，实现对信息的综合利用，不仅能够处理文本、数据和静态图像，还能够传输动态图像和声音，进行安全的信息交换和商务交易，以满足个性化服务需求。UNS具有这样一些功能：（1）高效率、高效能地获取和组织知识；（2）有效地保存和保护知识；（3）适时地将知识传播到适当的地方给适当的人；（4）支持高效率、高效能地创造新知识；（5）按市场规律经营管理知识资产；（6）营造和加强有利于知识生成、转移、使用的组织文化。U时代因此而形成一个无处不在的知识环境，生活在其中的人能够十分方便地获取各种知识。这种知识环境具有动态性，可以不断地生成和发展知识信息，而且由于链接节点多而具有可择优连接性。它属于所谓无尺度网络（Scale Free Network），有3个层次：第一个层次是技术网络，就是无处不在的网络的技术层面；第二个层次是知识资源本身所存在的内在联系，囊括全球各地、各个领域的知识；第三个层次是人际关系网络，是由于知识被人使用、被人创造而形成的。这3个层次共同构成一个复杂的超网络（Complex Supernetwork）或网络的网络。[1]由于物联网可以自动地、实时地对物体进行识别、定位、追踪、监控并触发相应事件，使各类物品都有可能“升格”为“网众”，被人类实时定位、追踪和监控，或进行物物间的相互控制，因此可以从真正意义上推动U网络实现“无所不能”，极大地增强人的感知能力，极大地改变人的生产生活方式。对消费者来说，把个人物品连接到网络中意味着现实世界越来越容易通过虚拟设计来进行管理，厨具保存、食物采购等衣食住行都会变得更为方便。对运营商来说，物联网将以全新形式的通信模式开拓出无限宽广的市场空间。法国电信集团的子公司橙子（Orange）公司热衷于机对机通信业务，而实施“机对机连接”（M2M Connect）计划。在UNS条件下，人可以在天空、海底、矿井或快速行进的交通工具上随时随地获取和处理信息。而在运用信息和知识的过程中又能生成新的知识，以满足创新的需要。

[1]王众托：《无处不在的网络社会中的知识网络》，《信息系统学报》，2007年第1卷第1辑。

麦克尔•波兰尼（Michael Polanyi）曾说，我们知道的总比我们说出来的要多。在人们经常说到的知识中，除了显性知识即可以在书本和网络上获得的、可用言语文字表达的知识以外，还有一种很重要的知识——隐性知识或默会知识，即只可意会不可言传的知识。这种知识是靠个人的体验或者个人的领悟得到的。它们往往无法言传表达。其中有一部分靠形体动作间接传授，比如一些技艺；另外一部分可以在特殊的真实语境中感悟性传达。另外，知识又有个人知识和组织知识的区别。组织知识也有显隐之分。其中技术、专利、管理规范等是显性的，有些可直接嵌入到产品或服务中去；而组织的工作习惯、配合默契等是隐性的，学起来很困难。波兰尼还认为，默会知识是人类与动物共同具有的一种知识类型，它连通了认识主体的各种层次；它是连知识拥有者和使用者都不能清晰表达的知识，因而具有不可言明性；它具有出奇而连贯的整体效应，因而具有不可分解性；它由辅助的各细节、集中的目标以及把这两者联系起来的认识者构成，而“辅助的各细节”和“集中目标”不仅相互依存而且能够相互置换，从而使两者的性质以及由此而形成的知识结构也发生变化，因而具有自组织性。正是由于知识所具有的无法明言性、不可分解性和自组织性，使知识传达具有不可避免的复杂性，因为知识的无法言明性意味着这种知识的传达无法采用“打开”的方式，知识的不可分解性意味着这种知识的传达无法“展开”，而知识的自组织性则意味着这种知识的传达无法“还原”。在波兰尼看来，人际间默会判断是一种巧合，这种巧合在原发层次上与静默强大的感情互动持续联系着。人与人之间所形成的默契本身是无法言传的，人与人的伙伴关系常常在无言中被维持和享受，纯欢会神契，即培育这种良好的伙伴关系。而另外一种欢会神契则是联合活动的参与，特别表现在联合举行的仪式上。这里的联合活动的惯例也只能以不可言说的方式被获得，这种具有社会意义的默会知识也与其群体主体不可须臾分离。在相互合作的社会活动中，具有默契性质的活动往往指向特定的人。如果主体换了，这种默契完全有可能不复存在。而某些内隐的群体规则也只能适合于该群体，如果换一个群体，这种规则就不再有效。因此人际间默会知识必须通过与该默会知识主体在情感上的交融互动并在相互信任的基础上没有怀疑地模仿和体悟内化的活动才能获得。在E时代或E社会里，波兰尼意义上的默会知识的传达或传习是不可能的，但在U时代或物联网境域中却有可能实现。因而U时代将是一个集聚知识能力和开发智慧能力更强的时代。

罗伯特•梅特卡夫（Robert Metcalfe）提出的梅特卡夫法则（Metcalfe’s Law）指出，如果一个网络中有n个节点，那么网络对于每个节点的价值与网络中其他节点的数量成正比，这样网络对于所有节点的总价值$V=n\times(n-1)=n^2-n$。如果一个网站每个用户带来的商业价值是10元，而该网站拥有10个用户，则该网站的总价值就是90元。网站的规模增长10倍，该网站的价值就增长几乎100倍。网络外部性（Network Externality）和正反馈性是梅特卡夫法则的本质。信息资源的奇特性不仅在于它是可以被无损耗地消费的，而且消费过程可能同时就是信息的生产过程。它所包含的知识或感受在消费者那里催生出更多的知识和感受，消费它的人越多，它所包含的资源总量就越大。网络的威力不仅在于它能使信息的消费者数量增加到最大限度（全人类），更在于它是一种传播与反馈同时进行的交互性媒介，这与传统媒介不同。从理论上说，建立必要的用户规模，新创意的价值就会爆炸性增长。而要达到必要的用户规模，取决于用户进入网络的代价，代价越低速度越快。一旦形成必要的用户规模，可以提高使用价格，因为新创意的应用价值比以前增加了。这个法则还可以进而衍生为某项商品的价值随使用人数而增加的定律。梅特卡夫法则是基于互联网提出的，它同样适用于物联网，而物联网相对于互联网来说更加无限化地增广了节点。

以往人们把个别（节点）或特殊称为“多”，把整体或普遍称为“一”。而一旦提高到“一”，“多”就被当做次要的、派生的特性取消掉了。但网络一方面强调世界联为一体，另一方面又强调节点的分散化。在“一”的状态下，“多”仍然强势，这与旧世界观颇为不合。雅克•德里达（Jacques Derrida）的延异（Différance）接近这个意思，它指差异之流（流就是“一”）。吉尔•路易•勒内•德勒兹（Gilles Louis René Deleuze）则发现，戈特弗里德•威廉•莱布尼茨（Gottfried Wilhelm Leibniz）的单子也是这样一个概念，它指多元之流。这些概念可以用来表达物联网中的人与物。单子听起来像是指原子，实际大不相同。莱布尼茨指出，单子不是别的，它只是一种组成复合物的单纯实体。单纯就是没有部分的意思。而每个单子与任何别的单子不同，它与有机生命相关。莱布尼茨的单子论将协调形而上化，实质上是一种协调论，他叫预定和谐论。德勒兹受到亨利•柏格森（Henri Bergson）“绵延”（延异概念的前身）理论的影响，把莱布尼茨基于理性主义的单子向后现代方向进行了再阐释，变成了福柯式的解构概念。他将单子间的差异强化到“块茎”的水平上，将后现代公理建立在微积分原理的讨论上，并直接引用了莱布尼茨的“褶子”等概念。莱布尼茨曾说，连续体的分割不应当被看成沙子分离为颗粒，而应被视为一页纸或一件上衣被分割为褶子，并且是无穷尽的分割。褶子越分越小，但物体却永远不会分解成点或最终极。德勒兹将倒数当做协调的象征，将微分比的意义解释为差异协同。微分比由dy与dx之间的矛盾构成，这类矛盾就像一个个褶子，矛盾的两边构成一对有差异的扇面；同时，它们又协调于同一个曲线运动轨迹中。世界不存在于表现它的单子之外，因而必然被折叠于单子之中，因为微弱知觉就是这些作为世界代表的小褶子。这里的“微弱知觉”是指边际，因为边际变化引起的是微弱知觉，具体指代的是切线的斜率。从这种意义上说，导数就是单子的体现。由导数本身构成的曲线，代表了由褶子构成的事物运动的过程。其中每个点的褶子都可以展开和收缩。德勒兹的观点近于鲁伊兹•艾格博特斯•杨•布劳威尔（Luitzen Egbertus Jan Brouwer）的数学直觉主义。在微积分的早期讨论中，哲学与数学是不分的，争论的焦点是有限与无限的矛盾，实质上反映的是无机论与有机论、经验论与理性论的冲突。牛顿和莱布尼茨的微积分曾被视为在二者之间建立了一座桥梁。德勒兹持强烈的有机论、经验论的观点，反对将无限绝对化，对微积分进行了后现代解释。他把褶子视为多元差异与互联协调的统一机制，理论意图在于把协调、差异这些范式内生到体系内核加以数学公理化。德勒兹在讨论福柯时，进一步把微积分推广到拓扑学上。在《福柯　褶子》一书的《拓扑学：“别一种思考”》

吉尔·路易·勒内·德勒兹（Gilles Louis René Deleuze）将单子间的差异强化到“块茎”的水平上以支持个性化和分布式理论

一章中，他作了一个非常简单但有点奇怪的图来解释褶子的拓扑含义。即把A到B点的直线扩展为一个ACB倒立的三角形，A角经过C角，折回B角。并把经过C角这一曲折称为褶子。假设将AB两点的直线关系扩展到拓扑空间，B点相当于不动点A在拓扑空间上的映射，不动点之间不存在直线关系，而可以是扭曲的，所以有一个“褶子”拐弯。或者解释为将AB在一个平面的直接关系投影到拓扑上，A与B之间可能不再保持它们在原平面上的直线关系，而出现扭曲，看起来成了褶子。德勒兹实际区分了内外两个空间，一是物理空间，一是心灵空间。前者是决定论的空间、线性的空间，后者是非决定论的空间、非线性的空间。这就是心物二元命题的空间表示。在物理空间中，事物之间的关系是线性的，A理性地、逻辑化地影响B；而在心灵空间中，事物之间的关系是非线性的，A变形地影响B。褶子意指由活力内因驱动社会有机体，非决定性地（因此是变形地）构成多元化、个性化、差异化的互联关系。在这里，拓扑空间构成了真值语境。每个拓扑空间就是一个不同的语境，每个理性的东西结合到具体语境都会发生变形。比如理性均衡点，具体到每个语境下会有不同的褶子变形，形成个性化定价。物联网或UNS的人与物就有这种经济关系。如果按这种思路建构后现代经济学，经济学的指向就变了：它不是像现在这样固化前提假设，只进行逻辑和数学推论，而是悬置逻辑和数学推论，专门对各种前提假设进行细微调试。经济学变成了前提假设学（实验经济学）。用萨缪·鲍尔斯（Samuel Bowles）的术语叫“情境依存”。行为经济学就是典型的不带前提假设框子来观察经济行为的情境依存经济学，只不过缺乏公理体系而已。[1]

[1]姜奇平：《互联网思想的一般拓扑学》，《中国计算机用户》，2008年第1期。

马歇尔·伯曼（Marshall Berman）《一切坚固的东西都烟消云散了：现代性体验》一书认为，对现代性说了某种实质性东西的唯一作家是福柯。福柯把现代性比作一个最坚固的东西：监狱。当绝对理性掌握在代理权力手中时，人人心中都有一个无形的监狱，对自己进行惩罚与规训。福柯表达了人于现代性的漫漫长夜中受超级异己力量的控制出现的被动和无助感觉。齐格蒙特·鲍曼（Zygmunt Bauman）《生活在碎片之中：论后现代道德》一书则描述了后现代充满希望的一面：随着集中立法烟雾的消散和代理权力回归当事人，这种选择明显交给了道德个人自己的策略去决定，伴随选择而来的是责任。当超级权力烟消云散后，人们回到日常生活，在碎片化的生存中打破波德里亚所说的生产之镜的理性牢笼，实现了真正的个性自由。

姜奇平在《后现代经济》一书中指出，东西方"第二次浪潮"的坚固理念必须转变，它特别强调：

——虚拟的信息对于坚固的货币的价值优先性。比如，透明化的信息优先于不透明的华尔街，信息的虚拟经济高于金融的虚拟经济。

——小对于大的价值优先性。比如，微不足道的个人的选择权优先于庞大的投资银行代理人的力量，中小企业和网商集群高于患大企业病的传统企业。

——碎片化生存对于宏大叙事的价值优先性。比如，分散的股民的真实利益表达优先于为利益集团代言的宏大叙事，Web2.0高于一对多的广播模式。

——强调个性化生产对于大规模制造的价值优先性。比如，每个人切合具体情境的理财优先于集体涨落的共振，个人创意高于低附加值的"中国制造"。

——强调日常体验对于中间代理人的价值优先性。比如，个人的良好体验优先于代理人的自我中心。

——强调目的性对于工具性的价值优先性。比如，追求幸福高于追求金钱。

……

现代性思想中一切坚固的东西，都抵挡不住第三次信息科学技术革命浪潮的解构与建构，经济也一样：

——抽象事物烟消云散后具体事物凸显出来。比如，经济将变得更加感性化、审美化，人们将不再盯着"我们"的股指这样的抽象符号，而是专注于"我"的具体生活。

——一般事物烟消云散后个别事物凸显出来。比如，自由不再意味着"我们"的一般选择，而是"我"的独特选择，多样化的品种带来多样化的选择，品种不经济变成品种经济。

——机械性事物烟消云散后有机性事物凸显出来。比如，人们不再受制于僵化的正式组织、正式制度，创新与灵捷柔性使组织像个体一样成为有机体，跨越变革鸿沟。

——非生命性的价值烟消云散后生命性的价值凸显出来。比如，人们从崇拜做大做强的恐龙级异化体，转向亲近以人为本的一切灵活的事物。

二、U空间境域与新全球化

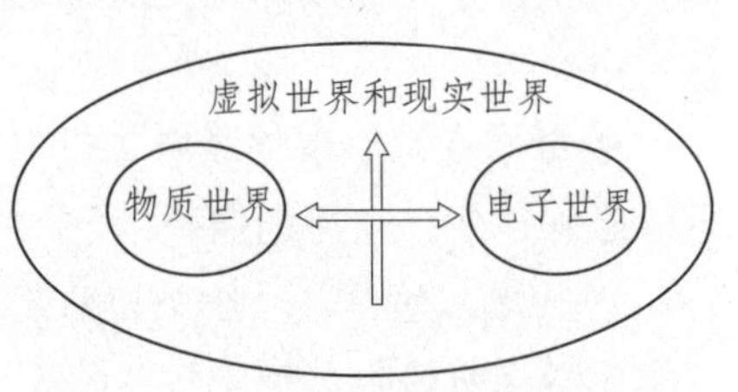

物联网使虚拟世界与现实世界融合

全球化是一个多维度的社会变迁过程，因其依赖的物质技术基础的差异而表现出面貌各异的时代特征。20世纪90年代以后，互联网被普遍运用到人类生产生活各个层面后，全球化进入了一个新阶段。互联网充当了加速全球化不自觉的历史工具。随着物联网的兴起，全球化的深度、广度和速度进一步加剧。从互联网向物联网的发展是网络从虚拟走向现实、从局域走向泛在的过程。互联网使PC等终端之间的连接只能构成虚拟网络，物联网将物质世界与电子世界有机连接起来，构成人与物、人与人、物与物之间的连接，实现现实世界与虚拟世界的融合，使广泛的现实操作性联系成为可能。互联网条件下的自动化控制限制在特定的局域网内，物联网则使自动化控制跨平台、跨行业、跨地域，使信息化、智能化有可能深切地融入到人类生产生活的各个方面。E社会处于信息基础设施集中建设和发展时期，主要属于硬件发展期；U社会则进入了建立在这一信息基础设施之上的信息经济或信息服务发展时期，主要属于软件的进路，是推动产业升级、技术进步、经济发展和社会和谐的重要推动力。

物联网为经济、文化和政治等各方面的全球化创造了可能性。首先，为生产的分散化创造了条件。市场的本质就是分散化，它对廉价劳动力和资源的需求造成了经济发展的扩散性，物联网使分散的市场和经营决策有机地结合在一起，使生产过程和管理过程也可以在空间上分离，生产获得了前所未有的活动范围和创造能力。曼纽尔•卡斯特（Manuel Castells）认为，经济全球化是一种网络结构。“之所以称之为全球化，乃是因为生产、消费与流通等核心活动，以及它们的组成元素（资本、劳动、原料、管理、信息、技术、市场），是在全球尺度组织起来，并且若非直接进行，就是通过经济作用者之间连接的网络来达成。至于此种经济是网络化的，则是因为在新的历史条件下，生产力的增进与竞争的持续，都是企业网络之间互动的全球网络中进行。”“所谓的全球化核心包括金融市场、国际贸易、跨国生产，以及某种程度的科技和专业劳工。通过这些全球化、策略性的经济组成因素，经济系统可以在全球层次相互连接。”[1]随着物联网的发展以及世界范围内的国际贸易和投资政策性壁垒的减少、国际运输和通信成本的持续降低，世界各地的市场变得更加容易进入，跨

[1]曼纽尔•卡斯特：《网络社会的崛起》，夏铸九、王志弘译，社会科学文献出版社，2001年，第91、120页。

国公司将进一步发展，全球采购和生产组织的规模也将扩大。全球化供应网络可以选择最优的供应商、设计人员、生产企业、销售伙伴，充分利用合作伙伴在特定地区的文化和自然资源、区位优势、人力资源、设备、服务、公共关系等方面的竞争力，实现设计、生产、销售、服务的优化组合，降低在供应、运输、仓储服务等方面的支出，减少在新办企业上的投入，规避特定国家政府对资本市场和特殊行业的管制或限制，减少政治、经济风险和自然灾害带来的损失，并且可以更好地接近顾客、更快地了解用户需求。其次，促进文化的传播和交流，为“全球文化”的产生创造条件。文化的传播需要借助于一定的媒介，而这些媒介却需要通过物联网才具有快速传递的功能。如iPhone手机就必须依靠物联网在全球同步发布。文化的发展与文化流量的多少成正比，而文化流量又与传播渠道的大小相关，全球通信网络使文化流动达到了空前密集的程度，物联网则还可以通过实时传感进一步扩大文化传播的容量。最后，为全球社会乃至世界政治体系的产生创造可能性。物联网既为国际强权政治提供了新的工具，也为国际政治的平衡创造了新的条件。国际社会与国内社会的一个显著区别在于，前者是一个无政府社会，而后者与之相反。国家的存在可以维持社会的稳定或和平，因而人们幻想构建世界政府，以便用共同的权威和共同的道义准则规范、约束和管理各种行为主体，避免战争和冲突。美国国际关系理论现实主义流派的代表人物汉斯•约阿希姆•摩根索（Hans Joachim Morgenthau）在《国家间政治：寻求权力与和平的斗争》一书中指出：“在过去的一个半世纪里，先后爆发了3次世界性的战争，每次战争过后都有一次相应的建立世界政府的努力。拿破仑战争之后有神圣同盟，第一次世界大战之后有国际联盟，第二次世界大战之后，则出现了联合国。”[1]美国第28任总统托马斯•伍德罗•威尔逊（Thomas Woodrow Wilson）为结束第一次世界大战于1918年提出“十四点和平原则”（又称“十四点计划”），其中之一就是建立国际联盟（League of Nations）。但他的政治理想最终未能实现，不久以后即受到第二次世界大战爆发的沉重打击。威尔逊被称为国际关系理想主义学派的代表人物。建立世界政府的设想在今天看来依然缺乏现实基础，但不可否认，这是国际政治发展的要求之一。全球政治体系的建立应该有以下基本要素存在：（1）全球行为体；（2）全球联系网络；（3）全球问题领域；（4）全球秩序。其中全球联系网络至关重要，它是全球沟通的途径。全球政治体系的建立是以一个存在着广泛联系的全球社会为基础的，而全球社会又依赖于全球沟通和联系。艾伦•M. 詹姆斯（James M. Allen）《国际社会》一文认为，之所以有理由宣

[1]汉斯•约阿希姆•摩根索：《国家间政治：寻求权力与和平的斗争》，徐昕、赫望、李保平译，中国人民公安大学出版社，1990年，第563—564页。

称存在着一个国际社会，是因为社会存在的必要条件之一就是联系。[1]他所指的联系主要是指外交上的联系。而在信息技术高度发达的今天，这种联系无疑可以指各行为主体之间多种渠道的联系。对全球政府的设想在目前依然是理想主义的，但物联网正在将全球日益紧密地连接成一个全球社会却是客观事实。[2]

全球化是全球各个节点相互连接的网络体系。对这个网络的解析有几个关键的因素：一是节点情况。即哪些是网络的节点。二是联系情况。即节点之间是否联系，联系的强弱程度如何。三是网络规则。网络是开放的系统，所有节点都能与之连接，但必须遵从网络的既定规则。组成全球网络的节点可以分为不同的层次。可以民族国家（或经济实体）为单位，当今全球大约有200个这样的单位（联合国有193个会员国）；也可以重要城市为单位，当今全球百万以上人口的大都市约有400个，其他重要城市数以千计；可以巨型企业为单位，全球跨国公司有6万多家，其中世界500强是巨型企业的代表；还可以特定网众为单位，他们非常真实地反映分众问题。毫无疑问，全球网络包含着这些不同类型的节点，而依照分析或解决问题的需要则可以侧重于不同层次的节点。分析全球经济格局和南北关系的大局，很显然要看重以国家为单位的节点，因为民族国家仍然是最重要的国际政治经济实体；分析区域经济发展，城市节点具有重要意义，因为一些国家幅员广阔，国内经济发展很不平衡，而中心城市是一个区域经济的代表；企业是经济全球化的细胞，以巨型企业作为分析的节点对理解经济全球化的微观活动无疑是最适当的；网众代表了物联网的本质特征，对他们的理解就是物联网或未来社会理想的实现。目前的全球化并没有将所有潜在的节点都连接在一起，它们中的许多仍然处于断裂或分离状态。而连接的部分有些联系很密切、很强劲，有些联系比较微弱。在国家之间，美国与日本、英国之间的连接很密切，非洲索马里与亚洲孟加拉国之间的联系则属于微弱的联系乃至疏远。在城市之间，纽约、东京、伦敦虽然分布在各大洲，但人员、资本和信息交流密切。一些发展中国家的巨型城市之间，比如排在全球城市人口前几位的墨西哥城与孟买之间甚至还没有直达的航班。企业的连接状况差别更大，跨国公司内部的企业分布全球各地，但联成一体；而一般企业之间可能只有通过很多环节的间接联系。网众的连接已出现许多壮观的景象，但较少常态性的，而且基本局限于一国之内。网络是一个开放的可以无限扩展的系统，但无限扩展不等于随意扩展。一个节点能否与网络连接取决于它是否遵从共同的规则，任何节点都必须遵守网络地址协议和网络传输协议等，也要依照既定的共同规则。这

[1]艾伦•M. 詹姆斯：《国际社会》，载威廉•奥尔森（William Olsson）等主编：《国际关系的理论与实践》，王沿等译，中国社会科学出版社，1987年。

[2]张悦：《全球信息网络对全球化进程的作用》，《理论学刊》，1999年第1期。

个规则有两个方面：一是价值规则，通过一定的价值连接在一起；二是运行规则，基本运行机制是市场化。由此使全球化具有两个特征。第一，选择性。全球化并未涵盖地球上的所有经济过程，并未包含所有领域，也没有涵盖全部人口，它在国家、地区、人群之间具有选择性，选择的标准依照网络价值观。一方面，有价值的领域和人口区段连接上价值与财富获取的全球网络；另一方面，没有价值或不再有价值的一切事物和人口脱离网络乃至被抛弃。只有对网络具有价值并且依照市场方式运作的节点才能连接在一起。[1]第二，不平衡性。构成全球化的各个节点与网络联系的情况不一样，在网络中的地位也不一样。全球化的价值因素分散在全球的各个地方，但并不是平均分散在全球各地，而是根据一定的当地条件作为分布基础。这类活动的上层集中于少数几个国家的接点中心，最高层次的功能集中于某些主要都会地区。它们形成了财富、信息和权力的中心，而另外的地方则处在网络的边缘地带。那些与全球网络断裂的部分逐步边缘化为第四世界。第四世界主要分布在一些落后的发展中国家，尤其是撒哈拉以南的非洲国家。20世纪末期全球化加速推进，正巧与非洲经济的衰退、国家的分裂、社会的崩溃同时发生。在全球化的过程中，非洲的贸易、投资、生产及消费却出现了倒退的现象。非洲聚集着全世界48个最不发达国家中的33个，包括全球最贫穷的10个国家。非洲45%的居民生活在贫困线以下，撒哈拉以南非洲52%的居民每天生活费不足1美元。此外，非洲还有2 300万艾滋病患者濒临死亡，2亿人口长期营养不良。非洲处在信息时代黎明前的黑暗之中，正在被从全球化的经济和社会中排斥出去。第四世界也零星分布在当今发达国家中。美国的内城少数民族贫民区、西班牙的大量年轻失业者异类生活区、法国郊区的北非人聚居区、日本的寄场地区以及亚洲巨型城市中简陋的城镇，都是第四世界的表现形式。[2]卡斯特曾经在一次访谈中说，我们生活在第一世界，而对门的邻居可能就身陷第四世界。

波特在其著作《竞争优势》中提出价值链理论。他认为企业的每项生产经营活动都可以创造价值，这些相互关联的活动便构成了创造价值的动态过程，即价值链。K. 兰卡斯特（K. Lancaster）认为，一个产品或服务的价值被看做一束与这个产品或服务相联系的属性。这“一束属性”的创造可以从许多价值链的配置得出结果，以至于某一特定公司的配置和它提供给顾客的束的结果是唯一的。[3]波特则认为，就竞争角度而言，价值是买方愿意为卖方提供给他们的产品所支付的价格。价值用总收入来衡量，总收入则是企业产品得到的价格和销售数量的反映。[4]彼特•海恩斯（Peter Hines）把波特的价值链重新定义为“集成物料价值的运输线”。这样的价

[1]曼纽尔•卡斯特：《网络社会的崛起》，夏铸九、王志弘译，社会科学文献出版社，2001年，第154、156页。

[2]曼纽尔•卡斯特：《千年终结》，夏铸九、黄慧琦译，社会科学文献出版社，2003年，第189页。

[3]K.Lancaster, *Socially Optimal Product Differentiation*, *AMERICAN ECONOMIC REVIEW*, 1975, 65(9).

[4]M. E. Porter, *The Competitive Advantage*, New York: Free Press, 1985.

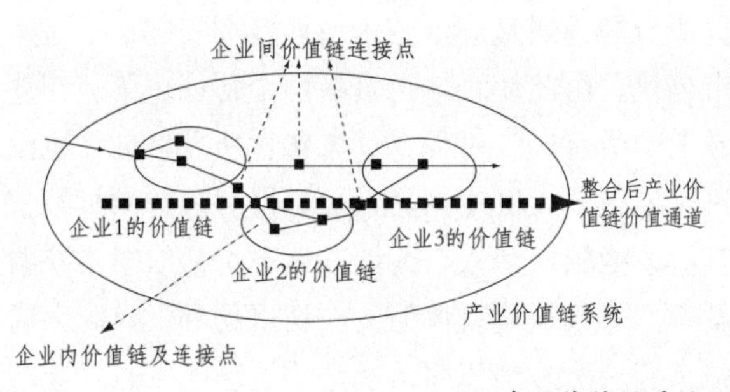

产业价值链系统

值链与传统价值链作用的方向相反，它将顾客对产品的需求作为生产过程的终点，把利润作为满足这一目标的副产品。尽管波特在书中把分析的重点集中于企业内部的价值链，但他已注意到企业的价值链可能包含于更大的价值系统中。价值系统包括企业之外的供应商价值链、销售商价值链和用户价值链等，因而他对企业外部以及产业之间或区域之间的价值联系做了分析。其中提到以相关联产业为分析目标的产业价值链（Industrial Value Chain）。所谓产业价值链，是以某一项核心技术或工艺为基础，提供能满足消费者某种需要的效用系统为目标的、具有相互衔接关系企业的集合，它通过最优的价值创造组织结构实现最优价值创造目标。相对于价值创造的其他组织形式，产业价值链具有如下特点：一是使产业构建为价值链，形成宏观的价值创造组织系统，反映特定产业链的价值创造属性。产业竞争不仅表现为企业之间的竞争，更表现为产业链之间的竞争、企业集群之间的竞争。二是提供了一种系统的产业融合平台，它将企业相互分离的活动组织起来形成一个畅通的、统一协调的经济系统。价值活动组织的界限并不一定按照最相似的活动组合来确定，而以价值组合来维持。三是在企业价值链之间产生协同效应，其中每个企业的价值链被包含在更大的价值活动群中。当产业价值链形成以后，各个企业调整各自的价值链，打通企业之间的价值壁垒，形成新的价值通道，通过连接点把各价值链衔接起来。当某个企业价值链形成的效益影响其他企业价值链取得效益的时候，企业间的价值连接点就会变成价值定位调整的决策点。

随着价值链思想的发展，杰弗里•F. 雷波特（Jeffrey F. Rayport）和约翰•J. 斯威尔克莱（John J. Sviokla）又提出了虚拟价值链概念。1995年，《哈佛商业评论》和《管理沙龙》两大阵营的理论家们指出，与实物价值链并行的是虚拟价值链，后者可含于实物价值链的各个环节。如此构成的新价值链不是由增加价值的成员构成的链条，而是虚拟企业构成的网络，它经常改变形状，扩大、收缩、增加、减少、变换和变形，可以称为价值网。[1]2000年，美世管理咨询顾问有限公司（Mercer Management Consulting Inc.）的阿德里安•J. 斯莱沃兹基（Adrian J. Slywotzky）在《利润区》一书中系统阐释了价值网概念。依赖于媒体技术，价值网把相互独立的用户或

[1]大卫•波维特、约瑟夫•玛撒、R. 柯克•克雷默：《价值网：打破供应链、挖掘隐利润》，仲伟俊、钟德强、胡汉辉译，人民邮电出版社，2001年。

是时空中的顾客相互联系起来。企业本身不是网络，但可以提供网络服务。电话公司、银行、保险公司和邮政服务公司都属这种网络中的成员。价值创造的成果将产生于企业内外间的价值网，而这一网络不仅反映物质运动的联系，更反映人的行为及其关系。价值网造就高水平的顾客满意度和超常的企业利润率，是一种与新的顾客选择装置相连接并受其驱动的快速可靠的系统。[1]进一步发展价值网理论的是大卫•波维特（David Bovet）等人。他们的《价值网：打破供应链、挖掘隐利润》一书指出，价值网是一种新的业务模式，它将顾客日益提高的苛刻要求与灵活有效、低成本的制造相连接，采用数字信息快速配送产品，避开了代价高昂的分销层；将合作的提供商连接在一起，以便交付定制解决方案；将运营设计提升到战略水平，以适应不断发生的变化。冉杰•古拉提（Ranjay Gulati）等人认为，越来越多的企业处于顾客、供应商和竞争对手组成的战略网络中，其本质是在专业化分工的生产服务模式和相应的网络治理框架下，通过一定的价值传递机制使处于价值链不同阶段和具有某种专用资产的相对固化的企业及利益相关者彼此组合在一起，共同为顾客创造价值。这就形成了某种关系和结构。[2]价值网思想打破了价值链线性思维模式，围绕顾客价值重构原有价值链，使价值链的各个环节以及各不同主体按照整体价值最优的原则相互衔接、融合以及动态互动。利益主体由此在关注自身价值的同时，更加关注价值网上各节点的联系，冲破了价值链上各个环节的壁垒。

地方产业网向全球产业网的演进以及全球价值网的形成（文婷、曾刚：《全球价值链治理与地方产业网络升级研究》，《中国工业经济》，2005年第7期）

加里•格里芬（Gary Gereffi）等在价值链等理论基础上提出了全球商品链（Global Commodity Chain，简称GCC）理论，并随后提出了全球价值链（Global Value Chain，简称GVC）概念，将价值链理论直接应用到全球经济和跨国产业组织中。全球价值链指在全球范围内为实现某种商品或服务的价值而连接生产、销售直至回收处理等全过程的跨企业网络组织，它包括所有参与者和生产销售活动的组织及其价值、利润分配体系。[3]跨国公司可以依赖全球价值链在世界范围内组织产品的设计、研发、生产、销售和原材料采购，逐步将分布在不同区域或国家的地方产业网整合起来，并形成了一种非连续性的地域空间经济结构，事实上构建为全球价值网。在

[1]李垣、刘益：《基于价值创造的价值网络管理(Ⅰ)：特点与形成》，《管理工程学报》，2001年第4期。

[2]Ranjay Gulati, Nitin Nohria & Akbar Zaheer, *Strategic Networks*, *STRATEGIC MANAGEMENT JOURNAL*, 2000, 21(3).

[3]张辉：《全球价值链理论与我国产业发展研究》，《中国工业经济》，2004年第5期。

这个过程中，以不同生产要素集聚为特征的地方产业网逐渐变成全球产业网的不同环节，从而改变传统的产业组织形式和价值创造方式。[1]

[1]魏明亮、冯涛：《从全球价值链到全球价值网络：谈产业经济的全球化发展趋势》，《华南理工大学学报》（社会科学版），2010年第5期。

全球价值网并非是孤立运行的，价值增加的过程也并非在局部性的价值网或价值链上顺序展开。分散在各环节上的国家和企业相互依赖、互相合作，但并不意味着它们在价值的分配上是平等的。全球价值网的主导者不仅凭借占据了价值网中较高的附加值环节获得了更多收益，而且为了获得尽可能多的价值份额，还采取制造过剩生产能力以增强价格主导权、转移前置时间成本、在加工贸易中实施转移定价策略等手段，不断压榨嵌入在低端的生产者的利润。但低端嵌入者要变为高端嵌入者而改变自己的境遇又是几乎不可能的。在产品内分工条件下，产业升级不再表现为产业的整体升级和完整的产品价值网升级，而是表现为某一产品价值链的某一功能环节、某一生产阶段、某一工艺流程和某一技术特征的升级。汉弗莱和施密茨提出了4层次升级与创新分类法：工艺流程升级、产品升级、功能升级和链条升级。[2]对于全球价值网的构建者也即“网主”来说，需要考虑的是通过不断的创新和价值网整合来与同行业的其他“网主”竞争，维持自己的地位。它们会不断进行创新，并把创新意图灌输给所领导的价值网上的嵌入者，要求其为实现自己的升级意图采用新技术、新工艺，改善工艺流程和生产出一些新的差异化产品。它们也会为维护自己的品牌形象，要求嵌入者按照较高的标准进行生产，以保证产品的质量和档次。或重新布局和整合价值网，以实现更优的要素配置效果。“网主”的这些活动客观上提升了嵌入者的生产能力和管理水平，推动了嵌入者在一定程度上实现产业升级。但这种升级主要是工艺流程和产品层次的提升，对嵌入者来说是被动的，它们在获得何种技术、改善哪个环节、提升到何种水平方面都不能自主。而对于它们来说，真正有意义的升级在于从生产环节向设计或营销等利润丰厚的环节跨越，或者是进入价值更高的新的产业价值网，也就是实现功能升级和价值网升级。但这两种层次的升级却是很难实现的，因为功能的升级意味着嵌入者获得了核心竞争力，具备了与原“网主”抗衡的能力，成为了它的竞争对手；而后一种情况则意味着嵌入者脱离了原“网主”所领导的价值网，破坏了它的战略布局。原“网主”为此会采用一些战略隔绝机制，阻碍嵌入者的能力提升。例如采取绝对控股、独资的方式或者“复制群居链”，形成“封闭式”网络减少知识外溢，尤其是对核心技术、关键隐性知识采取战略隔绝；通过利润压榨降低代工企业的创新投入，削弱其自主创新能力；要求代工企业使用进口的机器设备和关键中间品，降低其装备制造和生产服务业的发展动力，减弱嵌入产业

[2]John Humphrey & Hubert Schmitz, *How does Insertion in Global Value Chain Affect Upgrading in Industrial Clusters*, *REGIONAL STUDY*, 2002, 36(9).

与国内产业之间的关联性，从而使嵌入者国内产业循环体系发生系统性紊乱和失衡，影响整个产业体系的发展。包括中国在内的广大发展中国家因为拥有廉价的劳动力和自然资源，被跨国公司嵌入到其价值网的低端环节上，成为被治理者。尽管在嵌入过程中获得了一些溢出的生产技术和管理经验，并且随着产业链或产业网布局调整实现了出口产品的快速升级，但在这一过程中始终只是一个被动的参与者。随着在发达国家主导的全球价值网中嵌入得越来越深，嵌入产业越来越广，发展中国家的产业发展的主动性在不断减弱。有人认为自20世纪90年代以来，中国的出口贸易结构有了很大改善，已由以出口轻纺等劳动密集型产品为主向出口机电和高新技术产品等资本、技术密集型产品为主转变，实现了价值网的跨越。但这种出口的增加主要是基于加工贸易，“升级”更像是由于跨国公司寻找成本洼地和为了实现全球战略抢占中国高端市场进行的战略布局，而非真正意义上的自主发展能力提升带来的产业升级。曾经以参与者身份加入到全球生产活动的日本、韩国等国家，则通过逐步培育起自己的跨国公司，形成自己的全球价值网，实现了经济的稳定增长。在经济全球化的格局已经形成、产品内国际分工的生产方式已被普遍接受的环境下，发展中国家不但要构建国内价值网，更应该积极考虑利用全球资源构建由自己主导的全球价值网。[1]

全球价值网之所以可以更加高效地进行价值创造，更多地获取网络租金，主要是由以下5种效应引致的：一是资源的互补效应。任何企业不可能在很多领域内拥有资源的绝对优势，它们只能以自己的绝对优势与其他企业互补而使各个企业都获得更多的相对优势。并非所有的资源都可以通过外部市场交易取得，特别是企业为了构建自身的核心能力通过不断进行专用性资产的投资而积累起来的异质化资本，很多时候只能通过资源共享的非市场手段获取。二是知识学习的外部效应。全球价值网将知识学习的社会化、外在化、组合化和内在化置于更高程度的信任环境，从战略高度对整个网络的知识分配加以规划，优化学习流程，降低学习成本，提高学习效率。三是规模经济效应。相比较市场和科层组织而言，全球价值网内部具有更为规范灵活的制度安排，企业间的关系质量得到提升，基于信任的社会资本增加。四是市场控制效应。全球价值网的主导企业根据网络战略目标将不同质的企业有选择性地统一在一个体系之中，提升了市场势力，即具有更强的创新能力、更快的反应能力和对顾客忠诚的锁定效应。五是网络经济效应。当网络中有n个节点，节点间不同的无向连线最多可以达到$n(n-1)/2$条。如果将节点看成是全球价值网中的企业，那么连线就可

[1]蒙丹：《全球价值链下中国产业升级的战略转换》，《经济与管理》，2011年第4期。

以看成是企业的价值组合。当n增加时，价值组合数目就会以远远高于线性的速度增长。因此，网络节点越多每个节点创造价值的能力越强，全球价值网的整体价值创造能力也就越强。[1]由此可见，全球价值网相比较于传统的价值链而言可以创造更多的生产者剩余和消费者剩余。IBM全球高级副总裁琳达•S. 桑福德（Linda S. Sanford）《开放性成长——商业大趋势：从价值链到价值网络》一书指出，在新世纪中，企业要获得成长，必须从传统的调控机制中解放出来，放弃原始的价值链，在价值网中寻找位置，通过合作方法在各个企业之间协调，并汇集各种能力和资源。

[1]周煊：《企业价值网络竞争优势研究》，《中国工业经济》，2005年第5期。

从制度经济学角度说，企业替代市场是为了节省交易费用。而全球价值网可近似理解为一个反向过程，它用市场来替代企业。只不过这个市场是特殊市场。价值链与价值网的最大区别在于，价值链的存在前提是企业的存在，而价值网的存在前提是企业的消亡。这里说的“消亡”是指企业边界的消失，它源于对资本专用性规律的扬弃：第一，要素流动去刚性化。在桑福德的描述中，商品化与组件化是一对矛盾。组件化意味着生产要素以能力为单位可以在企业内外自由流动，为了降低交易费用以一系列连续的短期临时契约替代“企业”这种长期契约，这就取消了企业作为制度经济学概念存在的一个基本理由。其临界条件是网络使这种新契约的成本更小，而全球价值网恰好做到了。第二，资本非专用化。资本专用化是企业存在的又一基础，全球价值网从根本上瓦解了这种基础。桑福德用IT术语进行表述，称之为商业生态系统、“整合开放价值网络”、平台、端对端。所谓商业生态系统、“整合开放价值网络”，说的是商业体合作的非契约性质，即你中有我、我中有你。网络条件下的企业业务可以区分为基础业务和增值业务两层，前者是平台业务，后者是终端业务。平台打破资本专用性而“分享价值”，在平台上的终端增值业务端对端开放地嫁接在平台上。企业不再完全建立在资本的内部性基础上，而是内部性与外部性结合发展，甚至以外部性为主。第三，打破企业边界。工业化的特征是“最终价值—中间价值”二分，表现为“市场—企业”二分、“委托—代理”二分，突出中间环节的价值；信息化的特征是企业复归市场，代理人复归委托人，突出最终的价值环节。企业可以理解为消费者这个委托人从市场“外包”给代理人组织体的产物。价值网挑战了企业存在的底线，使生产可以车间对车间、组件对组件、个人对个人的方式合作。除了合作本身是确定的，合作的边界划在哪里是不确定的。既然这样，经济行为与其说更接近科斯说的企业，不如说更接近斯密说的市场。在这种意义上，全球价值网应被理解为最终价值方的存在形式，它是继市场、企业后出现的第三种经济组织形式。托夫勒预言的产消合一、在家办公是其中的一些具体样式。[1]物联网则是更广泛意义上的这样一种主体，它兼具市场、企业、人以及价值的存在特性。《互联网周刊》戏仿的“全世界各行各业联合起来，Internet就一定会实现”，是这种物联网时代特点的表述。

[1]姜奇平：《从价值链到价值网络：兼论企业的消亡》，《互联网周刊》，2009年第5期。

三、U社群生存与数字社会

霍华德•瑞恩高德（Howard Rheingold）《虚拟社区：电子疆域的家园》一书将由互联网造就的网络社群定义为：一群主要借由计算机网络彼此沟通的人们，他们彼此有某种程度的认识，分享某种程度的知识和信息，在很大程度上如同对待朋友般彼此关怀。瑞恩高德指称的网络社群主要是狭义的网络虚拟社群，他们以电子空间、话题、帖子等为沟通要素。但事实上网络社群并非完全是虚拟的，而具有真实的存在方式，在物联网境域中他们不仅仅以电子文本进行交流，还可以有实时的物理互动。一般的现实社会群体以地缘、血缘和业缘等为关系纽带，网络社群的联系纽带为网缘，既可以基于地缘、血缘和业缘等熟人社会关系，更可以无限地扩大到陌生人社会关系，或者是两者的有机结合。网络社群在互动过程中也形成自己的群体意识，既有现实群体中那种长期稳定的群体意识，也有为特定目标而短时间内聚集的群体意识。网络社群有两种互动方式：一是异时性互动，包括电子邮件、新闻组（Usenet或Newsgroup）、网络论坛或电子公告板（Bulletin Board System，简称BBS）等；二是共时性互动，包括网络聊天、手机通话、视频互动、音像传递等，最为典型的则是物联网运行。这两种互动都实现了由传统的面对面即现实的“身体在场”交往方式向非当面的“信息在场”交往方式的转变。物联网甚至还突破了互联网完全的身体不在场的局限，具有功能性身体在场的质性。这种超时空性使网络社群处于一种脱域的在场状态，现实行动必须同时依附在时间上的“现在”和空间上的“这儿”的限制一并被解除，人行动的环境成了一个虚拟和真实的混沌体。

网络社群与以角色化、面具化、规范化和模式化为特征的现实生活交往不同，其虚拟交往主体和交往手段的符号化屏蔽了部分甚至全部的主体在现实世界里的真实身份。他们可以凭借符号来代表个人的真实身份，从而决定自己试图呈现的面貌，使交往变得更加自由。由于身体的不在场和他人在场的缺失，个体因此还可以塑造一个或多个与现实生活中身份不同的自我。这种虚拟的“自我”主要分为两种，一种是个体由于社会规范的制约而不能在现实生活中表现出来的、被压抑的自我，它属于“本我”的表达或再现；另一种是个体在现实生活中因种种条件的限制想成为却无法成为的理想的人，它是网络主体自己的偶像。在这种状况下，虚拟交往主体的职业性质、社会地位、经济状况、文化背景、政治态度、居住地域等的差异不再是影响交往的前提，也没有社会、政治、宗教、道德的限制，所以可以使人的情感、思想、信念得到最大限度的展露，剔除了过度社会化后人的“本真”状态得到真实展露。匿名性避免了面对面交往中的胁迫感以及各种可能出现的尴尬和冲突，使人际交往具有一定的安全感。虚拟的沟通和交流还使交往者处于相对平等的位置，为人与人之间建立更为自主、平等的社会关系打下了新的基础。网络社群主体充当多种角色与多个对象交往，形成一对一、一对多、多对多、多对一的交往模式，使交往主体之间的关系呈现为多维度交叉状态，其边界因此变得不确定或不十分确定。但由于网络社群无条件准入和退出，以兴趣、爱好等情感因素或交易需要为黏合剂，因而具有高度自觉的群体意识。网络社群也是公共领域，是一个不存在一统天下的、没有绝对权威的场域。它不是一个以某个中心为原点的“放射性”联系的空间，而是“处处皆中心”或“去中心”的社会空间，有一种“多中心秩序”，代表了一种区别于传统“科层制”和“市场”的关系结构，即超越了等级制的命令、遵从关系和市场式的交换、竞争关系模式，既避免组织惯性束缚和简单的利益驱动，又重新促发人们的主动性和创造性，从而使任何人都能以他的创造性主导关系过程，形成各种主体间共同体，共同存在、共享资源。在这种意义上，网络社群引发了“社会参与”的扩大、“公共领域”形成的“大众民主时代”的到来。

根据群体的组织化、正规化程度来划分，网络社群可分为正式网络社群和非正式网络社群。正式网络社群是工作组织型的网络社群。最为流行的是被称为虚拟团队（Virtual Team）的一种生产模式。虚拟团队具有如下特点：第一，以任务为导向。不同的任务召集不同的人才集合在一起，任务开始团队成立，任务结束团队自然解体，因而它是一个动态群体。第二，以网络为主要沟通手段。突破时空上的限制，包括远程实时操作上的局限。第三，构成一个异质高效的群体。由拥有不同知识、技能、信息的人才所组成，形成的是契约式的依赖型互动群体，可以极大地提高工作效率，创造实在价值（效率、服务质量、用户满意）。非正式网络社群指网络主体在日常网络互动中自发形成的人际关系系统。从交往内容来分，非正式网络社群具有以下4种类型：一是友谊型。即以感情为基础而形成的亲密朋友网络社群。二是同好型。即以共同的兴趣爱好为纽带结成的网络社群。三是利益型。即以共同的利益为纽带的网络社群。四是崇高型。即以共同的理想、价值观、信仰为基础结成的网络群体。[1]

网络社群一般由网络空间、网络主体（网络角色或网名）、网络群体目标和网络群体规范构成。网络社群的生成条件为网络空间。网络空间不同于现实空间，它是基于网络技术和虚拟现实技术构建起来的。它以光、电、声、色、影为表现形式，通过对现实世界和虚拟世界的一体化数字编码形成技术空间和人文空间。网络空间的交流场所在各个网站都有相关的设置，称谓多种多样，并随着科学技术的发展形式越来越多。卡斯特《网络社会的崛起》一书指出："作为一种历史趋势，信息时代的支配性功能与过程日益以网络组织起来。网络建构了我们社会的新的形态，网络化扩散改变了生产、经验、权力与文化过程中的操作和结果，社会组织的网络化形式遍及整个社会结构的基础（物质基础）是新的信息技术。"[2]物联网基础上的网络空间不仅仅是一个虚拟社会，而且也有实体社会组织的功能。网络主体指个体参与网络空间中某项活动时所注册的虚拟的主体身份，网络主体以这个身份参与网络活动，也以此自我构建塑造角色。网络主体以其特殊的功能在网络社群中形成主导力、号召力或商业品牌。网络社群目标是网络社群共同关注或应用的主题。互联网条件下的网络社群目标主要是话题，物联网条件下的网络社群目标则可以是商业或技术操作问题。现实社会中的法律和道德对社会主体的控制是以其生存方式的稳定性、社会角色的确定化、身体的在场性、居住场所的固定化、民族国家疆域和主权的存在为前提的，这些因素对网络主体在很大程度上是失效的。既然传统的约束制度不能够有效地发挥作用，网络社群就势必要形成自己的规范，以构建独特的网络社会秩序。这种构建类似于哈耶克所谓的"自发秩序"，即系统内部自组织产生的秩序。它是人的行为的产物，而不是人为（有意识）设计的产物。与现实社会的规则和秩序建构不同的是，网络世界中不同的主体在相关规制之下自主地参与社会建构的过程。而在这个过程中，技术平台的特性也决定了他们的行为逻辑，任何参与者在这个世界中都以数字形式而存在，由此与现实社会中面对面的对象性主体区分开来。正是这种"数字化生存"的方式在很大程度上为人们提供了开放的行动空间，为人们摆脱现实束缚、自由行动创造了可能性。网络社会秩序的生成在历时态上经历了一个分层演化过程，初期内生秩序占主导地位，随后外生秩序作用日渐上升，它们通过网络技术、网络道德规范和网络法律规范来表现。

[1]王琪：《网络社群：特征、构成要素及类型》，《前沿》，2011年第1期；张文宏：《网络社群的组织特征及其社会影响》，《江苏行政学院学报》，2011年第4期。

[2]曼纽尔·卡斯特：《网络社会的崛起》，夏铸九、王志弘译，社会科学文献出版社，2001年，第443页。

尽管网络社群有很强的虚拟性，但在物联网意义上它与现实社会更加密切相关，并且已成为现实社会发展逻辑的一个重要因素。一是远程管理或技术的直接输出。物联网可以对各类生产过程以及人们的日常生活用具进行远程操作或管理，也可以进行远程手术等技术输出，使管理或技术资源跨时空传播和运用，超越于互联网单一的知识或信息传播。其中网络主体可以更广泛、更直接地运用自己的知识技能，而不需要通过向在地网络主体传授后再应用。二是信息传播更全面。除了传播滞后的编辑信息或小场景直播信息以外，还可以通过传感器传播实时广域信息。除可供浏览和下载的资源外，还可以较直观或直接地传播技能信息。三是提供工具性支持和情感性帮助。物联网提供的工具性支持或服务比互联网更丰富多样，也更为直接，可以实现操作性互动，具有很强的触摸性、现场性、即时性和移动性。物联网支持下的网络社群不仅是网络主体宣泄情感、寻找心理安慰的精神交流场所，更可以进行实体性的互惠，从而更多地生产社群的能力，集聚社会资本。四是弱关系基础上的强社会动员。网络社会关系总体上是一种弱关系，但物联网的信息或技能发布和获取机制与网络社群既有的价值观共同作用后却可以形成能量较大的集体行动。它可以在舆论凝集的基础上实现网络主体更方便、真实的双向／多向互动。

20世纪90年代中期的一天，美国某集成电路制造公司的总部来了一位50多岁的男士。“我是麻省理工学院的教授，来参观你们公司。”他说。“好的，请登记。”前台小姐礼貌地说，“顺便问一下，您随身携带手提电脑了吗？”“当然。”男人从包里拿出一部PowerBook电脑，这是苹果公司生产的笔记本电脑，看起来有点旧了。“那么这个也要登记。”前台小姐拿出本子开始记录，“它值多少钱？”“我想，”男人回答，“大约值100万到200万美元吧。”“这不可能！”前台小姐大吃一惊，“这玩意最多值2 000美元。”“当然，你说的是原子的价值，也就是这台机器本身。”男人笑了，“而我所说的价值，是它里面的‘比特’。”这个男人名叫尼葛洛庞帝，他把上面的经历写在一本书的开头章节，用来阐释自己对未来的设想：“Move Bits, Not Atoms.”（世界由原子蜕变为比特。）这本书的中文译本名叫《数字化生存》。尼葛洛庞帝指出，要了解“数字化生存”的价值和影响，最好的办法是思考“比特”（Bit）和“原子”（Atom）的差异。在0和1的世界里，我们可以将自身的智慧以及与外界的联系，经过“原子到比特”的编辑、组合、排列、压缩、还原等复杂程序，经过一定载体的传输和接收，再经过过滤、分拣、排列、筛选和管理，能够很好地满足个体及社会的需求。信息技术革命将受制于键盘和显示器的计算机解放出来，使之成为人们能够与之交谈、与之一道旅行、能够抚摸甚至能够穿戴的对象。这样的发展变革着人们的学习方式、工作方式、娱乐方式——一句话，人们的生活方式。然而“比特”所带来的信息化互联还是有相当局限性的，物联网实现了否定之否定，将比特与原子相连接，使“数字化生存”变得可以触摸，变成一种日常行为。“数字化生存”也许在物联网的基础上才可以真正实现。尼葛洛庞帝也曾说过，未来，我们所谓的“代理人界面”将崛起成为电脑和人类互相交谈的主要方式。在空间和时间的某些特定位置上，比特会转换为原子，而原子也会转换为比特。无论这种转换是通过液晶传输还是语音发生器实现的，界面都将需要不同的尺寸、形状、颜色和语调，以及其他五花八门的能够感应的东西。

尼葛洛庞帝又说，人们都热衷于讨论从工业时代到后工业时代或信息时代的转变，以致一直没有注意到我们甚至已经进入了后信息时代。工业时代可以说是原子的时代，它带来了机器化大生产的观念，以及在任何一个特定的时间和地点以统一的标准化方式重复生产的经济形态。信息时代，也就是电脑时代，显现了相同的经济规模，但时空与经济的相关性减弱了。无论何时何地，人们都能制造比特，例如我们可以在纽约、伦敦和东京的股市之间传输比特，仿佛它们是3台近在咫尺的机床一样。后信息时代也就是比特与原子结合的时代，比特不仅传输更快、更便捷，而且能转化为原子为人提供个性化服务，这就是物联网时代。大众传播的受众往往只是单独一人，所有商品都可以订购，变得极端个人化。人们普遍认为个人化是窄播的延伸，其受众从大众到较小和更小的群体，最后终于只针对个人。当传媒掌握了我的地址、婚姻状况、年龄、收入、驾驶的汽车品牌、购物习惯、饮酒嗜好和纳税状况时，它也就掌握了“我”——人口统计学中的一个单位。但这种推理忽略了窄播和数字化之间的差异。在数字化生存的情况下，“我”就是我，不是人口统计学中的一个“子集”。“我”包含了一些在人口学或统计学上不具丝毫意义的信息和事件。在真正的个人化时代，机器对人的了解程度和人与人之间的默契不相上下。比如电脑会根据酒店代理人所提供的信息，提醒你注意某种葡萄酒或啤酒正在大减价，而明天晚上要来作客的朋友上次来的时候很喜欢喝这种酒。电脑也会提醒你，出门的时候顺道在修车厂停一下，因为车子的信号系统显示该换新轮胎了。电脑也会为你剪下有关一家新餐馆的评论，因为你10天以后就要去餐馆所在的那个城市，而且你过去似乎很赞同写这篇报道的这位美食评论家的意见。电脑所有这些行动的根据，都是把你当成

“个人”，而不是把你当成可能购买某种牌子的浴液或牙膏的群体中的一分子。后信息时代将消除地理的限制，就好像“超文本”挣脱了印刷篇幅的限制一样。数字化的生活将越来越不需要仰赖特定的时间和地点，甚至连传送“地点”都开始有了实现的可能。假如从波士顿起居室的电子窗口（电脑屏幕）一眼望出去能看到阿尔卑斯山（Alps），听到牛铃声声，闻到（数字化的）夏日牛粪味儿，那么在某种意义上我几乎已经身在瑞士了。在后信息时代，由于工作和生活可以是在一个或多个地点，于是“地址”的概念也就有了崭新的含义。在美国联机公司、电脑服务公司开户的时候，你知道自己的电子邮件地址是什么，但不知道它实际的位置在哪里。未来的建筑将像电脑底板（Backplane）一样“智慧随时待命”（Smartready）。“智慧随时待命”这个词是安普公司（Aero-Marine Products Inc.）在推出“智慧型房屋”计划时创造的，指为未来电器之间的信号共享而预设线路和遍布连接器。将来的房间会知道你是刚刚坐下来吃饭、已经睡着了、刚进浴室洗澡，还是出去遛狗了。这样的时候，电话铃不会响。如果你不在家，它也不会响。如果你在家，而且你的数字化管家决定把电话给你接过来的话，离你最近的门把手会先说声“对不起”，然后把电话接进来。

另外一方面，数字化生存更是一种主动性的生活方式。2006年12月25日，当大家都在翘首企盼《时代》周刊的世界年度人物揭晓时，却惊讶地发现一个大大的“YOU”赫然印在封面上。杂志对此结果的理由为：“因为是‘你’让我们倾听到了权威以外的声音，把我们带入了如此多元的思维战场；因为是‘你’让我们领略了好莱坞大片以外的不同视角、不同情调、轻松亲切的大千世界；因为是‘你’让我们能感受、收集来自最偏远角落的问候与理解；因为是‘你’让我们确信，每一个普通人都是这个世界的珍宝……是的，你是今年的年度人物。你控制着信息时代，欢迎来到你的世界！”韩国人吴连镐是比《时代》周刊更未卜先知的聪明人，2000年他从原来工作的报社辞职，联合另外一批专业记者编辑开办了一个颇为有意思的新闻网站Ohmynews。网站的核心理念为“每个人都是记者”，只要你对新闻事业感兴趣，那么你完全可以不用通过参加招聘考试而成为一名真正的记者。普通市民采写身边的新闻，并撰写成稿上传到网站，经过专业编审后可以正式发布。这一过程短暂而振奋人心，读者成为了记者，记者又必定是读者，双向多元的传播模式使大众参与网络的激情被点燃。Ohmynews所反映的精神正是现在被热炒的“Web2.0”名词的最大特征——普通大众的参与和分享。在一段久远的时代里，人们的脑子被“禁锢”住了，所有的思想幻化成了一种声音。这样看起来似乎轻松简单，只需轻点鼠标就可以在新浪、网易、搜狐上看到花样繁多的信息，而这些信息又可以产生食物链一般的延续，从而最终使网络成了一个消磨时间的娱乐产品。但现在网络将真正冠上你的名字，你可以就近把它想象成那个自己正孜孜不倦日夜更新的“博客”。博客的火热证明了网站运营商尊重大众智慧的必要性。奥莱理软件公司（O' Reilly Media Inc.）副总裁戴尔•多尔蒂（Dale Dougherty）着重探讨过“集体智慧”这一概念。“如果Web2.0的核心之一是利用集体智慧将互联网变成某种意义上的全球大脑，那么博客圈就是前脑中不断呓语的等价物，我们在大脑中听到的声音。它可能不反映大脑深层次经常的无意识的结构，但却是有意识思想的等价物。作为有意识思想和注意力的反映，博客圈开始拥有强大的影响。”多尔蒂这段话的中心意思是：现在流行的博客只是一个全民参与网络世界的开端，而在未来每个人都将是网络世界里的“上帝”。假如一位19世纪中叶的外科医生神奇地穿过时光隧道来到一间现代手术室，所有的一切对他而言都全然陌生。他不认识任何手术器械，不知道该怎样动手术，因为现代科技已经完全改变了外科医学的面貌。但是，假如有一位19世纪的教师也搭乘同一部时光机器来到了现代教室，那么除了课程内容有一些细枝末节的变动外，他可以立刻从同行那里接手教起。今天的教学方式和150年前相比几乎没有什么根本的改变。根据美国教育部的调查，84%的美国教师认为只有一种信息科技是绝对必要的：复印机再加上充足的复印纸。然而，今天我们也终究可以开始摆脱这种呆板僵化的教学模式，从约束型的教育走向更多元化的教学。在这种教学中，艺术与科学之间、左脑与右脑之间不再泾渭分明。当一个孩子使用Logo这样的计算机语言在电脑屏幕上画图时，所画出的图形就既是艺术的，也是数学的，可以看做两者中任意一种。即使抽象的数学概念现在都可以借助视觉艺术的具体形象来加以阐释。个人电脑将使未来的成年人数学能力更强，同时也更有艺术修养。将来的青少年将拥有更丰富多样的选择天地，因为不是只有书呆子才能成就高深的学问，具有各种不同的认知风格、学习方法和表现行为的人都可能成大器。工作与游戏之间的中间地带会变得异常宽广。由于数字化的缘故，爱与责任不再界限分明。业余画家大量涌现，它象征着一个充满机会的新时代的来临，以及社会对创造性休闲活动的尊重。未来将是个终身创造、制造和表现的年代。当退休的老人重拾画笔时，他仿佛又回到了孩提时代。不同年龄的人都会发现自己的生命历程更加和谐，因为工作工具和娱乐工具将越来越合二为一。将有一块更好的调色板来协调爱与责任、自我表达与团体

[1]尼古拉斯•尼葛洛庞帝：《数字化生存》，胡泳、范海燕译，海南出版社，2000年。

合作。[1]

胡塞尔《欧洲科学危机和超验现象学》一书的第一部分《作为欧洲人根本生活危机表现的科学危机》开宗明义地指出了欧洲人也是人类遇到的危机："科学危机指的无非是，科学真正的科学性已经成为可质疑的。科学性就是指一个整体的方式，在此方式下它给自己设定任务，并为此任务发展出来一套方法学。"胡塞尔所说的科学性是指古希腊的科学理念，而不是今日实证科学或自然科学的科学理念。胡塞尔指出，古希腊产生了一种人对周遭世界的新态度即"理论的态度"，它不同于实践的态度对周遭世界的涉入与参与。理论的态度源于对世界的惊奇，并且具有认识世界和思考世界的热情。在此热情引导下，人抛开了实际的关心，成为不参与的观察者，追求和获得的仅是纯粹的理论。希腊人称由理论的态度产生的活动或文化形态为哲学。"按照原初意义的正确翻译，它指的不过就是普遍的科学，宇宙的科学，关于无所不包的所有存有者统一体的科学。"也就是说，在古希腊人的观念中，哲学就是科学，而且是包含了所有问题的科学。此外，哲学理念为哲学设定的任务是追求一种绝对的真理、自在的真理，一种无限性，真理的无限性，它具有无限的视域。根据胡塞尔的描述，古希腊的科学理念虽然一度衰弱，但是欧洲人到了文艺复兴时期又企图加以模仿而重新建构，也就是将所有生活置于纯粹理性的指导下。甚至到近代科学仍然保留了"无所不包的学问"的形式，也就是"存有者整体的学问"，而企图回答一切问题，不论是理性的或事实的问题、永恒或暂时的问题，即以理性来规定全部的生活。这是一种哲学的存在方式。然而，到了19世纪后半期，实证科学支配了人类的世界观，它只将事实作为研究的对象，而将存在意义排除出研究的范围，怀疑形而上学的可能性，表现出"理性信仰的崩溃"，导致了意义的丧失和危机，于是出现了科学危机。胡塞尔进一步追溯到科学理念发生转变的关键是"自然的数学化"。在胡塞尔看来，当伽利略•伽利雷（Galileo Galilei）将自然数学化，就已经让数学化的理念世界取代了唯一的真实世界，也就是可经验的"日常生活世界"（Unsere Alltagliche Lebenswelt）或生活世界（Lebenswelt，Life-world）。伽利略不仅依照几何学的方法将时空上的自然理念化，还通过归纳法将自然的特殊感性性质间接地数学化，如声音、热、重量等特质，这就使自然全面数学化。而生活世界正是自然科学意义的基础，对这个世界的遗忘也造成意义的丧失和科学危机的发生。胡塞尔说："科学是人类的精神成就，从历史上与对每一个初学者而言，它预设了直观的生活周遭世界为起点，这个世界对所有人都一样是预先给定的存在的。"[1]这

[1]Edmund Husserl, *The Crisis of European Sciences and Transcendental Phenomenology: An Introduction to Phenomenological Philosophy*, Translated by David Carr, Evanston: Northwestern University Press, 1970, p3, p276, p121.

就是说，生活世界在时间上先于客观科学。根据倪梁康的说法，“在先被给予性”（Vorgegebenheit）在胡塞尔那里的用法上有两个意思。首先指的是先于自然科学的世界观而被给予的东西，也就是生活世界或世界的先在被给予性；其次指的是先于述谓判断而被给予的东西，即前述谓的经验对象。而且这个时间上的先在又包含历史与个人的层次。从历史的角度来看，客观科学（自然科学）发展之前，生活世界就已经存在了，而且在客观科学发展之后，生活世界依然持续地存在；在个人的层次上，科学家在成为科学家之前，他早已先是存在于生活世界的一般人，而且在成为科学家之后，他也不是只埋首于科学研究，也不只活在科学构想的世界，他还有回到生活世界作为一般人的时候。因此，在时间的次序上，生活世界不论在历史或个人层次上都先于客观科学。[1]生活世界不仅在时间上先于客观科学，它还是客观科学的根基（Ground）。“当科学提出问题与回答问题时，这些问题从一开始而且从那个时候起，就是依靠这个预先给定世界的要素为基础，不论科学或其他日常生活实践都在这个世界中进行。”没有生活世界的知识，科学的实践就无法进行。而且，生活世界为所有客观验证中“理论—逻辑”的有效性奠定根基，即生活世界是客观科学自明性的来源。生活世界是可经验、可直观的世界，因而是原初自明性的领域，科学的自明性必须以生活世界的自明性为根基。胡塞尔甚至还认为，作为“理论—逻辑”建构物的客观科学，不仅自明性地建立在生活世界的原初自明性上，而且还属于生活世界。因为，客观科学作为前科学的人的成就、人的建构物，属于生活世界的“充实具体性”，此具体性远远超过事物的具体性。客观科学的理论成就还添加到生活世界的组成上，并且预先作为科学成就的视域属于生活世界。“那么，具体的生活世界是‘科学上真的’世界的奠基土壤，同时又将它包含在自身的普遍具体性之中。”另外，胡塞尔也认为，生活世界的先天性（Apriori）是科学客观先天性的根基，科学认识的有效性与意义构成必须建立在生活世界之上，例如几何学上的点、纯粹的线都源于我们在生活世界中的认知。“一切客观的先天性，必然回指到相对应的生活世界先天性。这个回指是一种有效性的奠基。特定理念化的成就，就是在生活世界先天性的基础上，产生更高的数学意义构成与存有者层次上的有效性，以及所有其他的客观先天性。”[2]同样，生活世界还是客观科学的意义基础，如同纯粹几何学的意义奠定在生活世界的土地测量中一样。

科学世界观采取的是“理论的态度”，前科学的生活世界观采取的则是“自然的态度”。它是最原初的态度，所有其他态度作为自然态度的

[1]倪梁康：《胡塞尔现象学概念通释》，北京生活·读书·新知三联书店，2007年，第494页。

[2]Edmund Husserl, *The Crisis of European Sciences and Transcendental Phenomenology: An Introduction to Phenomenological Philosophy*, Translated by David Carr, Evanston: Northwestern Univer-sity Press, 1970, p121, p131, p140.

改变都可以回溯到这个态度。生活世界是“主观的、相对的”世界，客观科学则是“客观的、绝对的”世界。作为主观的现象领域，生活世界是精神的过程，并且具有构造意义的功能。生活世界还是一个相互主观的世界、共同体的世界、我们的世界。在《笛卡儿式的沉思》一书中，胡塞尔为了不让超验现象学走向独我论的道路，提出了相互主观性的说法。他认为，在共现（Appresentation）的作用下，作为单子的我与其他的单子之间会形成一个互为主观的世界。他称之为“单子共同体”。单子共同体的第一个形式是互为主观的自然。在更高的层次上，在有多种多样的他者的情况下，他们彼此经验为他者，同时，我也把任何他者经验为他自身、与他有关的他者，甚至与我有关的他者，此时这个无限相互主观的自然就是一个包含各式各样人的自然，也是文化的周遭世界，或文化的世界。自我经验到他者的躯体，不是他者自我本身，也不是他的体验与他自身的显现，但是通过我将他视为与我具有相似性的机体，他者的自我会连同他的躯体呈现于我的意识中，这个过程即为共现。胡塞尔还区分了有生命的机体（有生命的身体）与自然的躯体，德文分别为Leib与Körper，英文译为Animateorganism或Livingbody与Physicalbody。前者是人或动物意义下的身体，后者是纯粹几何学或物理学意义上的思考。“我们可以将这个世界意识为普遍的视域，意识为一致的存在对象的宇宙，我们、每一个‘我这个人’与我们所有人一起属于这个世界，正如我们与其他人生活在这个世界上；而且这个世界是我们的世界，并且正是通过‘一起生活’的存在而在我们的意识上有效。”[1]生活世界不是只属于某个自我的世界，而是一个群体或共同体共享的世界。世界不仅是一个自然的物质世界，它还是人为的精神世界。如胡塞尔所言，客观科学作为前科学的人的成就，作为人的建构物，本身属于生活世界，但它并不像是属于生活世界中的石头、树木。因此可以说，生活世界是一个文化世界。既然生活世界是文化世界，那么这个世界就会有相对性，也就是说，不同历史和社会条件下的共同体就会有不同的文化世界、不同的生活世界。不同的生活世界就有不同的真理，例如在非洲人交往的圈子里，或者说在他们的生活世界中，他们的真理在他们看来是确定的，但我们很可能不这么认为。但胡塞尔认为，通过第一次悬搁（Epoché），即悬搁客观科学的认知，我们就可以回到生活世界，并且找到生活世界的一般和形式的结构。为了研究生活世界是如何给予意识的，或“世界的预先给定性”，胡塞尔又进行了第二次悬搁，即悬搁生活世界中的自然态度，从生活世界再退回到主体。因此，胡塞尔的生活世界现象学的焦点变成研究主体如何构造世界，或是世界如何在主体的意识

[1]Edmund Husserl, *The Crisis of European Sciences and Transcendental Phenomenology: An Introduction to Phenomenological Philosophy*, Translated by David Carr, Evanston: Northwestern University Press, 1970, p108.

中形成。胡塞尔认为，生活世界是自然而然的世界，在自然而然、平平淡淡的过日子的态度中，人成为与别的作用主体的开放领域相统一的、有着生动作用的主体。生活世界的一切客体都是主体给予的，都是主体的拥有物。在这种意义上，胡塞尔显然赋予了生活世界以主体间性的内涵。

在胡塞尔那里，生活世界这个概念也是一个超验概念，阐释生活世界的核心概念“主体间性”在本性上也有超验性。但无论如何，胡塞尔的生活世界和主体间性对当今回归于合理的现实生活都具有积极的启示意义。其后继者海德格尔、马克斯•舍勒（Max Scheler）舍弃了其超验基础，在“日常生活世界”的经验性上大做文章，并且在很大程度上放弃了理性追问。从互联网到物联网的世界观转向，在很大程度上也是一种自然的数学化或科学世界向生活世界的回归。数学的肯定性建筑于它完全抽象的一般性上，其本质是事先度量，然后用数学决定的量来表示质。在互联网时代，整个人类社区结为一体，使得生活在地球上的人所面临的生活世界具有了相似的特点，从而完全改变了日常社会生活的实质，极大地封存了经验，消解了人经历中最为个人化的那些方面。首先，互联网使得时空分延，日常生活中经验的传递日趋改变，使日常生活经验丧失了叙事性。现实生活中所碰到的真实的客体和事件似乎比媒体的表征还缺乏具体的存在性，形成“现实倒置”的结构。其次，互联网使社会关系抽象化，数字系统、符号标志对人的经验具有独占性，以“无人”的精确高效在全球范围内树立了一套标准参照系。所形成的独立于个人之外的专家系统，通过对专业知识的调度而把各个时空段内的技术知识组合起来，形成数字信息技术知识对个人日常经验的权威垄断。把个人的日常生活与社会关系从地方性的场景中挖出来，并使社会关系在无限的时空地带再连接，并在不确定的时空距离上重新加以结合，形成个人日常生活的虚空维度。再次，互联网使得道德认同变异。人的日常生活与现实社会日益分离，使人失去对生存的道德经验、道德价值直接紧密的连接。人越是被代替道德价值标准的真理标准所控制，其自我认同越发向内用力，就越感到生活中选择的困难。无意义感即那种觉得生活无价值的感受成为人的根本性的心理问题。物联网建立在数字基础之上，但超越于数字化生存而重新回归于现实生活，将数字社会与现实社会有效连接起来。对数字化生存的人文反思存在着这样一个悖论：人类既要使数字技术尽最大可能为人类服务，又怕人类为数字技术所异化湮灭，甚至为数字技术如人工智能等所控制。这种反思隐含着人类中心主义的立场。物联网则要对其加以解构，它是一种以发展观、演化观、系统观为核心的后人类中心主义思想。它与这样的哲学相吻合：肯定事物之间的普遍联系并且肯定自然界所有事物的存在对整体而言都有价值。首先，人的目的是人本身，但这里的人不仅是现代的个人而且是整个人类及其子孙后代。其次，人不仅是物种基因的产物，也是文化的产物。人能够通过不断利用自然获取丰裕的物质财富，同时从中提升对人的主体性的认知。人与自然、人与技术的互动关系不仅是外在物的积累，而且也是作为历史发展的人的主体性的展开过程。人必须且能够考虑到其主体价值的合理性。再次，在处理人与自然、人与技术的关系上不以主仆关系对待人和技术，尊重自然，协调人与自然的关系，使人与自然共同发展。[1]

[1]刘仲蓓、颜亮、陈明亮：《数字化生存的人文价值与后人类中心主义》，《自然辩证法研究》，2003年第4期。

第七章　第二人生与创意社会

一、新游戏与创意生活

在詹姆斯•弗朗西斯•卡梅隆（James Francis Cameron）执导的3D电影《阿凡达》的带动下，相关产业发展迅速。在此基础上4D电影也被提上发展日程。4D电影是在3D立体电影的基础上融入下雪、下雨、闪电、烟雾、动感座椅等环境和其他特效所构建的新电影表现形式。4D电影除了通过逼真的视觉冲击力给人以沉浸感外，还可带来触觉上的趣味。这种技术称为体感技术或动作感应控制技术，即由机器通过某些特殊方式对动作或现实环境进行识别、解析并按照预定方式在机器端做出反馈。目前由这种技术形成的体感游戏（Somatic Game）开始大行其道——“身体即控制器”也在成为时代宣言。体感游戏是一种通过肢体动作变化来进行（操作）的新型电子游戏。早期的体感游戏采用嵌入式技术，以智能电视、高清电视、机顶盒为硬件平台。这种体感游戏至多只能达到3D的效果，还不具有真正的体感。后来出现以智能健身器械为载体的体感互动游戏，它不需要手柄，可以直接利用肢体来完成游戏或模拟竞技。这种体感游戏运用了物联网的传感技术，是一种局域性物联网架构。而物联网还可以建构广域的体感游戏。事实上，物联网的运作就如同体感游戏，它是一种新游戏或生产游戏、工作游戏、生活游戏。

西方哲学史上很早就有“游戏说”。古希腊哲学家赫拉克利特

（Ἡράκλειτος）曾说世界“是火的自我游戏”，“时间是个玩跳棋的儿童，王权执掌在儿童手中”。柏拉图将这一重要思想吸收入理念论，并使游戏趋附神性，将其当做人抚慰神灵的活动，因此他认为“生活必须作为游戏来过”。中世纪将游戏当做上帝的创世游戏——上帝的创世行为，体现上帝的全能和自由意志，而为神学服务。第一个对游戏进行系统论述的是近代的康德。但在康德看来，游戏既不是世界的游戏，也不是上帝的游戏，而是人性的游戏，它体现了人的自由本质。康德的“艺术游戏说”是建立在对审美本质认识的基础上的。它试图调和经验派和理性派的观点，将审美的本质归结为情感判断，认为艺术的这种“自由的游戏”的本质特征是无目的的合目的性或自由的合目的性，审美活动自始至终都具有自由游戏的性质。审美状态就是人的自由游戏的态度。在审美表象的推动和激发下，知性和想象力各自保持自由的活动，又互相应和、互相融洽、若即若离。康德称之为“诸认识能力的谐和”和“心意诸能力在游戏中的协调一致”。约翰•克里斯托弗•弗里德里希•冯•席勒（Johann Christoph Friedrich von Schiller）对康德的“艺术游戏说”进行了人性还原。他认为，人有两种自然要求或冲动，一是“感性冲动”，另一是“形式冲动”。在“感性冲动”与“形式冲动”之间应存在某种联系，即“游戏冲动”。“在人的各种状态下，正是游戏，只有游戏，才能使人达到完美并同时发展人的双重天性”。[1]康德和席勒对主体自由的论述强调了在审美经验中重要的、起决定作用的不是对象，而是主体。他们的游戏说经过赫伯特•斯宾塞（Herbert Spencer）、弗里德里希•阿尔贝特•朗格（Friedrich Albert Lange）、卡尔•谷鲁斯（Karl Groos）等人的继承和发展，在现代产生了深远影响。而在后现代或具有后现代性的思想家那里，游戏说更是成了探寻思想、存在、语言奥秘的关键通道，许多哲学家、心理学家、人类学家如海德格尔、路德维希•维特根斯坦（Ludwig Wittgenstein）、汉斯-格奥尔格•伽达默尔（Hans-Georg Gadamer）、德里达、福柯、让-弗朗索瓦•利奥塔（Jean-Francois Lyotard）等纷纷对游戏说进行新的诠释。

[1]约翰•克里斯托弗•弗里德里希•冯•席勒：《美育书简》，徐恒醇译，中国文联出版社，1984年，第89页。

“艺术游戏说”与传统形而上学是相关联的，实质上仍是一种理念世界和理论世界的游戏说，仅仅局限于精神感知，而与现实生活相脱离乃至割裂了艺术理想，具有浓郁的“乌托邦”色彩。后现代游戏说由理念世界、理论世界回到了活生生的生活世界，认为世界不再是与人无关的自存实体，而是对人有价值和意义的生活世界，凸显游戏的“当下性”和“存在性”。维特根斯坦认为，世界并不按照一种特定的方式组织起来，然后再用语言把它的结构正确或错误地描述出来，组成世界的可能性首先是通过语言的表达才产生的。有多少种描述世界的方法，就有多少种把世界分为个别事态的方式。因此不是语言符合事物，而是语言构造事物；不是外部事物赋予语言以意义，而是事物的存在和意义由语言来认定。语言的意义在于用法，语言经由语言游戏或日常的语用获得意义。“语言游戏”与“生活形式”是紧密相关联的，它归根结底是一种生活形式或生活形式的一部分。“想象一种语言就叫做想象一种生活形式。”[1]而对于伽达默尔而言，世界就是人居住其中、与之熟悉和交融的生活世界。世界必须进入语言才能表现为我们的世界。“能理解的存在就是语言。”为了把握对话中语言的本质，伽达默尔引入了“游戏”这一概念，并称它是理解和解释的“本体论说明的线索”。与康德、席勒不同，伽达默尔不是从认识论的意义上来谈论主体的游戏行为，而是将艺术经验与游戏连接起来，着眼于游戏本身的存在方式。“如果我们就与艺术经验的关系而谈论游戏，那么游戏并不指行为，甚至不是指创造活动和鉴赏活动的情绪状态，更不是指在游戏活动中所表现出来的某种主体性的自由，而是指艺术作品本身的存在方式。”[2]晚年福柯的思想发生了很大的变化，他从古希腊的“关怀你自己”那里得到启发，提出了“生存美学”的思想，主张个体经由伦理—美学的途径自我构成为主体。实际上，这也是一种游戏性的人生态度和思维方式——不再考虑任何法律、规范或约束。有了这种态度，人不必顾及道德就可以在同时考虑他人快乐的情况下实现自己的快乐。福柯认为，随着基督教精神的衰落、主体性哲学的幻灭，人有限的生存失去了具有无限意义的价值之源，普遍必然的道德观念也不再有效，于是个体的审美生存便应运而生。“道德是对准则的服从，这种道德的观念正在消失，或已经消失了。这种道德观念的消失，必然伴随着对生存美学的追求。”[3]在他看来，只有对道德的不同解释，而没有普遍有效的道德观念。道德只不过是人们的一种约定，但其并不等于真理。在福柯的眼里，重要的不是找出适用于每个人的道德律令，而是寻求通向美好生活方式的途径，确立个体自己的生存风格。“从自我不是被给予的观点出发，我想只有一种实际的结果，即我们必须将自己创造为艺术品。”[4]生存美学所确立的不是个体与世界或社会的关系，而是个体与自身的关系。这种关系是一种美学关系，与认识关系不同。他还由此提出“关怀你自己”的问题，强调个体的差异，重视个体的日常经验，重视现实生活中具体的、实践的、不可替代的、活生生的“自我”。这种“自我”是“自我构成”而不是“被构成”的。

后现代游戏说反对主体主义和人类中心主义，宣告主体的死亡，甚至认为所谓的人本身也死了，因而游戏在其看来具有“自主性”——“游

[1]路德维希•维特根斯坦：《哲学研究》，陈嘉映译，上海人民出版社，2001年，第13页。

[2]汉斯－格奥尔格•伽达默尔：《真理与方法》，洪汉鼎译，上海译文出版社，1992年，第422、130页。

[3]Michel Foucault, *Politics, Philosophy, Culture*, London: Routledge, 1988, p49.

[4]Michel Foucault, *Ethics: Subjectivity and Truth*, New York: New Press, 1997, p262.

戏”的核心不是“游戏者”，而是“游戏”本身。游戏没有游戏者和旁观者之分，游戏在于去游戏，游戏的意义在每时每刻生成。晚期维特根斯坦指出，语言游戏是语言内部的活动，与外部对象无关，它是自主的。命题或语句的意义既不来源于外部对象，也不来源于真值函项关系，而来源于它们的使用条件。伽达默尔认为，游戏的真正主体并不是从事游戏活动的人（即游戏者），而是游戏本身，游戏者只有摆脱了自己的目的意识和紧张情绪才能说是真正在进行游戏。原因在于游戏活动并不受游戏者的支配，而是按照自身的规则来进行的。“游戏最突出的意义就是自我表现”，最基本的特征则是一种自律和同一的反复运动。“诚属游戏的活动绝没有一个使它中止的目的，而只是在不断的重复中更新自身。往返重复运动对于游戏的本质规定来说是如此明显和根本，以致谁或什么东西进行这种运动倒是无关紧要的。这样的游戏活动似乎是没有根基的。游戏就是那种被游戏的或一直被进行游戏的东西——其中绝没有任何从事游戏的主体被把握住。”伽达默尔始终强调游戏本身对于游戏者之意识的先在性，游戏只有当游戏者在游戏中丧失自我时才实现它的目的。“一切游戏活动都是一种被游戏过程。游戏的魅力，游戏所表现的迷惑力，正在于游戏超越游戏者而成为主宰。”[1]他所言说的游戏与其说是一个“对象”，还不如说应被理解为一种“发生”、一种“生存”。“伽达默尔试图向我们表明，游戏具有一种独特的存在方式，它独立于参加游戏的人的意识。虽然游戏要通过游戏者得到表现，正如存在要通过存在者得到表现一样，但游戏的真正主体不是参与它活动的个人，而是游戏本身，整个游戏即被游戏，整个被游戏即游戏。它既不涉及游戏的主体，也不涉及游戏的对象。”[2]当然，游戏并非是一种封闭的运动，它是“为观赏者而存在”的，在观赏者那里它才赢得完全的意义。“事实上，最真实感受游戏的，并且游戏对之正确表现自己所‘意味’的，乃是那种并不参与游戏而只是观赏游戏的人。在观赏者那里，游戏好像被提升到了他的理想性。”[3]观赏者也与游戏者一同参与了游戏，游戏本身是由游戏者和观赏者所组成的统一整体。德里达通过解构逻各斯中心主义来进一步消解游戏的主体性。他认为形而上学的思维方式深植于语言之中，而西方文化之所以能有效地依靠语音中心主义来推行逻各斯中心主义，在于语音中心主义具有以“在场”指示、代替和论证“不在场”的功能，具有从“直接面对”转向“间接迂回论证”的中介化特征。语言的“能指”和“所指”表面上是两种不同的因素，实际上却是同一个符号。当传统文化的语言用“能指”去指示或表现“所指”的时候，实际上是用在场的“能指”去指示或表现不在场的“所

[1]汉斯-格奥尔格•伽达默尔：《真理与方法》，洪汉鼎译，上海译文出版社，1992年，第139、133、137页。

[2]何卫平：《通向解释学辩证法之途》，上海三联书店，2001年，第286页。

[3]汉斯-格奥尔格•伽达默尔：《真理与方法》，洪汉鼎译，上海译文出版社，1992年，第141页。

指”；而当在场的“所指”直接呈现的时候，原来的“能指”却变成“不在场”。所以德里达说，必须彻底揭露“能指”与“所指”的这种游戏的虚幻性和虚假性。逻各斯中心主义虽也允许差异和游戏的存在，但是由于在场形而上学将存在规定为在场，同时也就决定了它本身的中心固定论和“结构封闭性”。“人们总是以为本质上就是独一无二的中心，在结构中构成了主宰结构同时又逃脱了结构性的那种东西。这正是为什么对于某种关于结构的古典思想来说，中心可以悖论地被说成是既在结构内又在结构外。中心乃是整体的中心，可是，既然中心不隶属于整体，整体就应在别处有它的中心。中心因此也就并非中心了。”“这样一来，人们无疑就得开始思考下述问题：即中心并不存在，中心也不能以在场者的形式去被思考，中心并无自然的场所，中心并非一个固定的地点，而是一种功能、一种非场所，而且在这个非场所中符号替换无止境地相互游戏着。那正是语言进犯普遍问题链场域的时刻；那正是在中心或源始缺席的时候一切变成了话语的时刻——条件是在这个话语上人们可以相互了解——也就是说一切变成了系统。在此系统中，处于中心的所指，无论它是源始或先验的，绝对不会在一个差异系统之外呈现。先验所指的缺席无限地伸向意谓的场域和游戏。”[1]由此，在场不断地遭到否定，中心亦不复存在。如此下去，必然会造成整体的自行消失，只剩下一种意义的自由游戏。

传统游戏说实质上是一种本质主义的游戏观，后现代游戏说则致力于对同一性、同质性、整体性、中心、意义的消解，宣扬特殊性、多元性、异质性、不可通约性和不可预见性，具有反基础主义、反本质主义和反哲学本体论的特征，强调游戏的生成性、创造性和多样性。在维特根斯坦看来，语言游戏是多种多样的，同一个语词可以出现在不同的语言游戏中，在不同的语境中也可以具有不同的含义。不同的语言游戏也没有共同的本质，它们之间只是“家族相似”。语言游戏具有一定的规则，不同规则决定语言的不同用法。究竟是先进入游戏后才知道它的规则，还是先学习规则然后才进入游戏，其中有一个类似“先有鸡还是先有蛋”式的悖论。“当我遵守一条规则的时候，我别无选择，我盲目地遵守规则。”[2]这些规则乃是约定俗成的，因为语言游戏归根到底就是一种生活方式。语言游戏规则并不是固定的、一劳永逸地给定了的，而是在实践中生成和变化的。利奥塔继承和发展了维特根斯坦的语言游戏说，否定游戏规则的普遍有效性，而强调其特殊性和差异性，认为各个游戏使用的语句之间及其意义之间都不可通约。参与者人人平等，都可以按照自己的选择和自由想象去参与游戏和发表己见，无须遵守确定的规则和方法。由于这种自由想象往往

[1]雅克•德里达：《书写与差异》，张宁译，北京生活•读书•新知三联书店，2001年，第503、505页。

[2]路德维希•维特根斯坦：《哲学研究》，陈嘉映译，上海人民出版社，2001年，第130页。

存在差异和分歧，因此彼此要宽容、尊重，不允许以元叙事式的形而上学偏见行事。利奥塔哲学的核心是解构“元话语”或“宏大叙事”。“元话语”或“宏大叙事”分解为某一学科或领域的语言游戏之后，便遵循着不同的知识原则。“我所谓的现代，指的是使用元话语来使自身合法化的科学，这样的元话语明显地诉诸于宏大叙事，如精神辩证法、意义解释学、理性或劳动的主体以及财富创造的解放。”与现代主义的知识合法化模式相对立，“后现代知识……能够使我们从形形色色的事物中获致更细微的感知能力，获致更坚忍的承受力宽容异质标准。后现代知识的法则，不是专家式的一致性；而是属于创造者的悖谬推理或矛盾论”。[1]

“艺术游戏说”没有摆脱德国古典形而上学的影响，其所谓的游戏是指向内心的，强调的是精神，而不是行动，缺乏一种积极介入现实生活的实践性和对生命活动的审美塑造。后现代游戏说强调实践性、活动性，强调生命存在的当下参与，而不再只是一种“活的形象显现”。维特根斯坦在《哲学研究》一书中提出“不要想而要看”的观点，以此进入游戏、参与游戏，回归生活世界，并在游戏的过程中相互理解，理解对象、理解语言。伽达默尔认为：“解释学不仅是一门有关技术的学问，它更是实践哲学的近邻。因此，它本身也分有着那种构成实践哲学的本质内容。”“解释学是哲学，作为哲学，它是实践哲学。”[2]在伽达默尔那里，理解、解释和应用其实是“一个统一过程的组成要素”。理解总是包含解释，解释总是包括应用的因素。“在理解中，总是有某种这样的事情出现，即把要理解的文本应用于解释者目前的状况……应用，正如理解和解释一样，同样是解释学过程的一个不可或缺的组成部分。”[3]伽达默尔还创造性地发挥了亚里士多德的实践智慧。他认为，在亚里士多德那里，理论和实践不是对立的，理论其实是“一种最高贵的实践”，实践要决定的不是外在的真或有效，而是自由选择此时此地什么可行、什么可能、什么正确。[4]

物联网作为一种后现代新游戏，实现了对传统游戏的巨大超越。它与互联网相比更关注人的现实状况和人对生活的现实感受，致力于对同一性、同质性、中心、意义的消解，宣扬多元性、特殊性、异质性，强调实践性和参与性，而不单纯追求精神性。物联网主体作为一个游戏者摆脱了精神与物质、自为与自在、主体与客体、心灵与身体、本质与现象、中心与边缘等的依存关系，摆脱对外在世界和普遍的理性观念的依赖，它们相互之间具有平等关系，可以在游戏中自由发挥自己的想象力、创造力。

物联网是网络经济的高级形态。网络经济是一种以人的智慧为核心生产力或战略资源、以网络为存在基础、以网络合作为刚性生产条件的建立

[1]让-弗朗索瓦•利奥塔：《后现代状况》，岛子译，湖南美术出版社，1996年，第3、102页。

[2]Hans-Georg Gadamer, *Hermeneutic as Practical Philosophy*, in Hans-Georg Gadamer & Frederick G. Lawrence, *Reason in the Age of Science*, Mass: the MIT Press, 1983.

[3]汉斯-格奥尔格•伽达默尔：《真理与方法》，洪汉鼎译，上海译文出版社，1992年，第395页。

[4]冯俊、洪琼：《后现代游戏说的基本特征》，《中国人民大学学报》，2009年第2期。

在智慧、知识和信息的生产、分配和使用之上的创意经济。网络中的每一个经济主体都对其他主体产生价值，同时自己的价值又需要依赖其他主体的存在而实现。网络的概念既包括经济行为主体相互作用的结构，也包括正外部性的经济属性，因此，它能够被视为既是建立在经济行为主体之间相互作用的一个集，也是经济行为主体对不同经济目的采取相似行为的一个集。也就是说，网络不在于组成它的是什么样的节和链，而在于节和链之间存在着什么样的关系。从网络内部因素来看，影响网络外部性大小的因素主要包括网络的规模和网络内部物质的流动速度。网络规模越大，外部经济性就越明显，并且在网络规模超过一定数值（阈值）的外部性就会急速增大。网络外部性与网络内物质流的速度同样存在着正相关关系，流速越大，外部越经济。物联网有可能使整个社会的各种资源整合为一个规模大、流速大的网络经济系统。它比互联网的创意驱动性更强，既是创意经济的典型范式，也是创意经济的基础。

物联网经济是一种社会经济形态，它不局限于一个产业或由若干个产业所组成的产业群。在传统经济中，由于沟通的障碍造成信息的不对称，由于物质资源的稀缺性和排他性导致经济主体利益具有互相排斥的特性，互联网改变了信息不对称的状况，而物联网则使经济主体之间的依赖程度进一步加深，从而使它们之间形成一种互补性结构，为彼此之间的关系转变为经济网络关系奠定了基础。在信息社会的背景下，传统产业与网络经济的界限逐渐淡化，所有的产业都因具有了网络经济的特征而被纳入物联网经济的范畴。从这种意义上说，物联网经济不仅是以网络为依托的经济活动的总和，更是借助于网络而形成的经济主体之间社会网络关系的总和，因而它能集聚最大的创意能量。社会交往媒介有弱纽带（Weak Tie）和强纽带（Strong Tie）的区分。物联网特别适于发展多重的弱纽带，弱纽带在低成本供应和机会开启方面有特别强的功能。物联网容许与陌生人形成弱纽带，因为平等的互动模式使得社会特征在框限甚至阻碍沟通上没有什么影响。不论是离线或在线上，弱纽带都促使具有不同社会特征的人群相互连接，因而扩张了社会交往。“目前的研究显示北美洲居民通常拥有1 000个以上的人际纽带，其中只有五六个是亲密的纽带，不超过50个是较强的纽带。但是，如果总的来看的话，其他的950个以上的纽带却是信息、支持、伙伴关系和归属感的重要来源。”[1]物联网有助于这种成百上千弱纽带的扩张和强度，为住在先进技术世界里的人创造社会互动的基本平台。

物联网世界具有充分的自主性和选择性，它不同于麦克卢汉所说的星系大众媒体，在技术和文化上均包含了互动和个人化的特质。物联网社区

[1]Barry Wellman & Milena Gulia, *Net Surfers Don't Ride Alone: Virtual Communities as Communities*, in Barry Wellman (Ed.), *Networks in the Global Village, Boulder*, Colorado: Westview Press, 1999.

已完全不同于以往那种依附关系中所谓的"社区"，它建立于完全独立的人格基础之上。所形构的交往模式不但解消了当代大众媒体单面向、中心化等操作危机，提供给交往者异质、多元的立场，更重要的是人类将由此重新取得掌握交往主体的权力，通过自由发言或自由贸易争取自己的社会权力。马克•波斯特（Mark Poster）归纳总结出"网络交往"不同于"实际交往"的四大特点：（1）它们引入了游戏身份的新的可能性；（2）它们消除了性别提示，使人际交往无性别之差；（3）它们动摇了业已存在的各种等级关系，并根据以前与它们不相干的标准重新确立了交往等级关系；（4）最为重要的是，它们分散了主体，使它在时空上脱离了原位。这四大特点是构筑尤尔根•哈贝马斯（Jürgen Habermas）所谓的"理想的交往环境"的必要条件：特点（1）和（4）以不同的形式颠覆了主体实在的确定性身份。网络具有"无知之幕"的功能，使得参与者可以躲在"幕"后摆脱束缚地畅所欲言。"无知之幕"是约翰•罗尔斯（John Rawls）伦理学中一个最根本的假设性理想情境。特点（2）表明了网络交往具备身份平等这一理想化的条件，特点（3）则彻底瓦解了现实中的所有权力等级结构，并根据新的理想化标准来重新确立人际关系。物联网所具有的自主性和选择性为人类的创意设计创造了条件，也建构了创意设计的世界图景，即主客互动的世界图景。

在现实生活中，审美意识实质上是主流传媒的批量复制产品，并不真正具有平民或社会特征。真正的平民意识是民主语境中自由表达的独立话语，它不必依附、屈从和复制主流传媒的观念和标准。网络的低成本、全方位传达使远程集合的创意设计成为可能，它冲破了由艺术社群或设计社群主宰的文本世界的网罗，创意不再只是少数专业者的禁脔，美学的文本意义也被更多的书写方式冲溃。网众可以自由地运用数据库，语言游戏则成为完整的信息游戏。美学以大叙事者身份决定游戏的规则被打散、重组，并且移交给参与到游戏中的网众手上。平面化是大众文化的普遍特征，也是网络时代的审美特征之一。深度模式是封闭的逻各斯中心主义模式，平面模式则是开放的解构主义模式。网络审美创造可以是一种自由表达、自由发泄的纯个体精神需求，追求的是一种"我言故我在"的生存快感。[1]

[1]陈共德：《互联网精神交往的形态分析》，中国社会科学院研究生院博士学位论文，2002年。

二、无组织的组织力量与新权力空间

物联网是一个符号系统，具有符号的指涉功能、结构功能、情感功能和社会功能四大功能。[1]这4种功能可以进一步概括为两大功能，即虚构和关联，因为它们每一种都有虚构和关联的问题。其中的指涉和表达功能主要与虚构功能有关，而结构和交流功能主要与关联功能有关。虚拟和关联功能反映了恩斯特•卡西尔（Ernst Cassirer）和费尔迪南•德•索绪尔（Ferdinand de Saussure）所揭示的人的两个最为本质的特性：以符号虚构性为标志的人对现实的想象、创造能力，以符号关联性为标志的人的社会、思想交互能力。虚构性和关联性是人类最重要的集体智能，或者叫符号化能力。物联网是这种智能的最高表现形式之一，它有十分强大的虚构能力和交互能力。

[1]孟华：《论互联网的符号特征》，《现代传播》，2001年第2期。

在传统社会中，个人与个人之间的互动关系基本上由双方的社会地位、社会角色等社会特征所决定，要服从社会规范和角色期待的制约。换言之，他们各自的行为和互动都要合乎各自的“身份”，因而“个人—个人”的关系可以表述为“社会人—社会人”的关系。而网众之间的互动关系基本上不受社会地位、社会角色等社会特征以及伴随着这类社会特征的社会规范和角色期待的制约。在传统社会中，组织起来的群体通常要比单个的个人更有力量。人们之间为了争夺资源相互竞争主要靠的是体力和脑力。毫无疑问，组织起来的群体在体力上总要比单个的个人更大，多个人的智慧通常也超过单个人的智慧。网络社会则改变了这种状况，网络不仅仅是人脑的延伸，还相当于人脑的总和。如果某个人能够很好地利用网络，那就相当于在利用很多人脑，集中了群体的智慧。而且，比群体更有利的是，个人身上永远不会出现群体中经常有的“内耗”。因而，在网络社会中个人有可能比群体更加有力量。与此相应，网络社会群体中个人的归属感、依附感也消失了，群体因此无法对其成员的资源进行支配，也无法对其行为进行干预。埃米尔•迪尔凯姆（Emile Durkheim）《社会分工论》一书有关群体的关系提出“机械团结”和“有机团结”两个概念。“机械团结”指群体成员相似甚至同质的团结，“有机团结”则指群体成员分化出现异质的团结。前现代社会的机械团结基于各成员相似的基础，现代社会的有机团结则是由社会成员各自的分工形成的。在“群体—群体”的关系方面，网络社会向前现代社会回归，完全是一种“机械团结”。甚至是一种较前现代社会更甚的“机械团结”。网众进行的是情感或纯粹的商业交流，属于纯精神领域或是纯经济领域，不会因物质依赖而形成“有机团结”。

1994年凯文•凯利（Kevin Kelly）出版专著《失控：机器、社会与经济的新生物学》（*Out of Control: The New Biology of Machines, Social Systems and the Economic World*），新星出版社中文译本译作《失控：全人类的最终命运和结局》。这本书所记述的是他当时对科学技术、社会和经济的畅想。他预言互联网将走向生物智能化，并认为人类将走向与机器一同进化的阶段。未来的互联网是个更加值得依赖的统一体（The One）或更加可靠的“大机器”（One Machine），网络是它的操作系统。全世界所有的显示器都将连为一体，手机、电脑、鞋、汽车等所有的东西都能实现互联——这就是现在热议的物联网。书中更是大胆提到了一些近几年全球大热的概念：大众智慧、云计算、虚拟现实、共同进化、网络社区、网络经济等。而当时互联网在美国也只是刚刚兴起，还没有多少人意识到信息爆炸时代即将来临。凯利的这些概念似乎太过“失控”，因而并没有多少人能够理解。这本书在当时销量不高也在意料之中。但随着时间的推移，它却获得了越来越多的读者。安德森曾评价说：“这可能是过去10年来最聪明的一本书。”

人类现在所处的文明（信息文明）始于计算机的出现。文明的进程可以归结为工具发明的进程，文明的发展表现为简陋的工具“进化”为精密的工具——机器。机器的力量早已强大到让人和其他生物望尘莫及的程度，但它有着显而易见的局限。机器的所有局限源于它没有生命：它是由人制造出来并由人来操作的，无法自我生长、自我繁衍、自我进化（升级）。一句话，机器是处于人的控制之下的。一台机器只是一台孤独的机器。而在凯利看来，生命最显著的特点在于任何生命个体都是复数形式的：一粒种子里隐藏着一片森林，一个受精卵包含着一个可能世代绵延的家族。换言之，任何一个生命个体都是一个跨越时空的隐秘的网络。生命与网络之间的隐秘而深切的关联是理解《失控：机器、社会与经济的新生物学》一书的最重要的理论前提。在某种意义上可以说，生命即网络，生命的逻辑即网络的逻辑。

凯利敏感地注意到，生命体、有机体与生物体并不能画等号，因为有很多有生命和生机的实体并不是生物体。他首先要我们注意蜂群、蚁群、雁阵这种“实体”。大量前人的研究和凯利本人的观察（他本人长期养蜂）表明，这些实体是高度智能化的集群，科学上称它们具有“集群智慧”（Wisdom of Swarm）。蚂蚁的物流系统比人工设计的物流系统完善，蜂群的行为展示出一种让人惊叹的智能。单个蜜蜂、蚂蚁、大雁的智能都是极其低下的，但它们聚集在一起就可以产生高级动物都不具备的智能。集群作为一个整体，形成了一个网络化、系统化、智能化的活系统。这些集群不是生物物种，但作为整体却具有一种显而易见的生命力和独特的行为方式。组成集群的个体相互链接、多方协同和共享资源，如同组成有机体的单个细胞和器官最终“聚集”为一个生命。凯利讲到了一个漫长的实验：划出一块土地，翻耕一番抛荒在那里。头一年这块土地上只是杂草丛生，若干年后出现一些灌木，随后又长出几种乔木。灌木逐渐消失，最后这块土地上出现了一片阔叶林——这个地区最常见的乔木。整个过程，就好像这片土地本身就是一粒种子。这块土地演替的画卷依着可以预知的阶段逐步展开，正如可以预知蛙卵将以何种方式变成蝌蚪。一粒种子只是一个终端，它在不同阶段呈现出来的形态或者说界面是受终端背后的“网络”支配的。不存在一块完全独立的土地，任何一块土地都是一个庞大的生态网络下的一个节点。它最终“成长”为什么样子，取决于所处的网络。由无数植物和动物组成的亚马逊森林本身也是一粒具有特点的DNA“种子”发育而成的“超级有机体”。它具备通常的有机体所具有的基本特征——自我更新、自我管理，有限的自我修复、适应进化，等等。说超有机体是“整体大于部分之和”当然是对的，但机器作为整体同样大于部分（零部件）之和。机器的零部件之间是层级性（不可越级互联）的咬合，超级有机体构成的单元之间则是网络性（非层级性的）互联互通的，松散、随意、混乱、无规则的表面下面是一种从混沌突变出来的有序和智能——一种由无数默默无闻的“零件”通过永不停歇的工作而形成的缓慢而宽广的创造力。凯利倾向于认为未来的形态源于生物逻辑的胜利，随着机械与生命体之间的重叠在一年年增加，“机械”与“生命”这两个词的含义在不断延展：甚至直到某一天，所有结构复杂的东西都被看做是机器，而所有能够自维持的机器都被看做是有生命的。与此同时，两种趋势也在不可避免地发生：首先，人造物表现得越来越像生命体；其次，生命变得越来越工程化。有机体与人造物的分野并不像我们过去认为的那样泾渭分明，而是彼此嵌入，机器人、公司、经济体、计算机回路等人造物也越来越具有生命属性。他将这些人造或天然的系统统称为“活系统”。

超级有机体的种种概念很类似今天“喧哗而有序”的物联网，单个个体看似无意义的行为隐秘地呈现出爆发性的力量。随着约翰•亨利•霍兰德（John Henry Holland）《涌现：从混沌到有序》一书的出版，“涌现”（Emergence）作为一个系统论概念开始悄然流行。其实“涌现”是一个古老的哲学概念，它由亚里士多德首创，意指难于找到或找不到原因的功能、功效的突然出现。《道德经》中的“有生于无”也可以看做是一种“涌现”。它听起来玄奥，其实是一种常见的现象。比如围棋、象棋规则是相当简单的，但基于这些简单的规则却“涌现”出了变幻无穷的棋局。

《失控：机器、社会与经济的新生物学》一书也谈到了涌现。集群智慧就是一种涌现——当“虫子”的数量大到一定程度时，远远高于单个“虫子”的智能就会不期而至。在有形的、低等级的集合体中突然出现有些神秘意味、无形的、高等级的力量、才智、资源，人们常用“神律”“神助”等说法来描述它们。半导体行业中的摩尔定律、网络世界的梅特卡夫法则、大脑神经元网络的功能都可以视为一种“涌现”。凯利以水分子、水滴、旋涡为例说明涌现。一滴水是由巨量的水分子聚合而成的，在化学成分上水分子与水滴没有差别，但化学属性并不能涵盖水的所有特性。随着数量的剧增，水滴汇聚为河水、海水，就会出现让单个的水分子、水滴完全“感到陌生”的东西——旋涡、波浪。换言之，旋涡、波浪是从水滴的巨量聚集中涌现出来的崭新的特性。凯利给生命做了一个他认为最准确的定义：通过组织各个无生命部分而涌现的特性，但这特性却不能还原为各个组织部分。由此会有一个很自然的推断：生命本来是生物体特有的属性，为机器所不具备；但大量无生命的机器如果聚到一起互联互通，形成多个甚至一个庞大的集群，那么从这些机器中就会涌现生命。凯利认为，机器正在生物化，而生物正在工程化。人造与天生正在联姻。计算机是人制造的产物，是人的计算能力的延伸和扩强，说到底只是“人算”；但无数的“人算”聚集、连接在一起就会涌现出一种新的算法，可以将它称为“天算”。由无数台机器连接而成的物联网已经不再是机器，从这些机器中已经涌现出非机器的东西——生命。它具有自我成长、自我进化、自我修复的能力。人造出了计算机，这些由人制造出来并受人控制的机器一旦聚集在一起，互联互通，它们就不再受人控制了。“人算不如天算”——凯利没有听说过中国的这句俗语，但他读过中国的《道德经》。“上德不德，是以有德。下德不失德，是以无德。上德无为而无以为，下德无为而有以为。”凯利将这段话“意译”为：“智能控制体现为无控制或自由，因此它是不折不扣的智能控制；愚蠢的控制体现为外来的辖制，因此它是不折不扣的愚蠢控制。智能控制施加的是无形的影响，愚蠢的控制以炫耀武力造势。”机器思维说到底是一种用看得见的手实施控制和操作的思维。封闭、非系统、非网络、垄断是其属性，可以用“愚蠢控制”概括。控制是必需的，但必须是智能的、聪明的控制，或者说是顺应天算而非逆天算而为的控制。凯利的学生安德森写的《长尾理论》和《免费》揭示的其实是物联网如何天算以及人如何顺应天算，如何发现以“失控”为标志的时代里的投资价值。用凯利的话说就是：“在一个练达、超智能的时代，最智慧的控制方式将体现为控制缺失的方式。投资那些具有自我适应能力、向自己的目标进化、不受人类监管自行成长的机器，将会是下一个巨大的技术进步。要想获得有智能的控制，唯一的办法就是给机器自由。”20多年前凯利曾对控制成癖的人这样说道，失控的21世纪即将来临，“开放者赢，中央控制者输，而稳定，则是由持续的误差所保证的一种永久临跌状态。”“放手吧，有尊严地放手吧！”[1]这是他的管理学，也是他的政治学和经济学。

[1]凯文•凯利：《失控：全人类的最终命运和结局》，陈新武等译，新星出版社，2011年，第188、188、131、188页。

凯利的观点很容易被解读为无政府主义。如果愿意，各怀心思的人们还会从中解读出古典自由主义（他提到了“看不见的手”）、老庄哲学。其实，他的思想的底色是一种他称之为“生物逻辑”“自然的心智逻辑”的哲学。他认为，21世纪的文明形态是一种叫做“新生物文明”的文明。信息文明、网络文明、生态文明等说法都只是触及到其中一个向度。新生物文明是一个“后现代的隐喻”，这个文明的模型是生物性的。“在丛林中的每一个蚁丘中都隐藏着鲜活的、后工业时代的壮丽蓝图。”对新生物文明来说，摧毁一片草原，毁掉的不仅仅是一个生物基因库，还毁掉了一座隐藏着各种启示、洞见新生物文明模型的宝藏。人类至今为止的文明都是靠人的才智在营造（也可以说是在摧毁）自己的生活世界，原因在于人类个体聚集、互联的能力和设施是相当有限的。在这一点上人类远远落后于蜜蜂和蚂蚁，人类的集体智慧、共同进化、自我纠错能力甚至不如一片草原或一座森林。由于真正有效的聚集和沟通的缺失，人类社会常常出现的不是集群智慧（众愚成智）而是合成谬误（众智成愚），文明的进步常常伴随着大量自我毁灭而不是自我纠错。物联网真正的角色是成为一种众愚成智、让人智涌现为天智（自然的心智逻辑）的机制。人类因此获得一种“野性”，“并因野性而获得一些意外和惊喜”。[2]从个人主页、博客演变而来的微博之所以具有前二者不可能具有的力量，是因为它从人为聚集转向自然聚集，从一点的信息发布平台转向多点对多点的通信、交往平台。微博具有集群系统的所有特征：没有强制性的中心控制，次级单位具有自治的特性，次级单位之间彼此高度连接，点对点之间的影响通过网络形成非线性因果关系。所有网站都将主动或被迫地转型：从线性的、可预知的、具有因果关系的机械装置，转向纵横交错、不可预测且具有模糊属性的生命系统。“你和我血脉相通”是所有生物都具备的生态属性。就像在草原上，狼的灭绝可能导致羊的灭绝。新生物文明也可以理解为人与人、人与环境高度互联并通过涌现出来的神律、“看不见的手”来治理（其实是自治）的文明。这是一种失控的文明，也是一种因失控反而获得了高度稳定性和控制性的文明。社会、经济、文化形态都将是这种文明形

[2]凯文•凯利：《失控：全人类的最终命运和结局》，陈新武等译，新星出版社，2011年，第6、7页。

态下的亚形态。失控更多地意味着旧有权威的瓦解和去中心化。这并非一场无序的噩梦，甚至意味着自控的兴起。因为正如凯文所言：在需要终极适应性的地方，你所需要的是失控的群件。[1]

[1]吴伯凡：《从“人算”到“天算”：理解〈失控〉的五个关键词》，《21世纪商业评论》，2011年2月号。

即将来临的文明之所以带有鲜明的生物性，是由于受到以下5个方面因素的影响：（1）尽管我们的世界越来越技术化，有机生命——包括野生的也包括驯养的——将继续是人类对于全球图景认识的主要基础构造；（2）机械将变得更具生物特性；（3）技术网络将使人类文化更有利于生态环境的平衡和进化；（4）工程生物学和生物技术将淹没机械技术的重要性；（5）生物学的方法将被视为解决问题的理想方法。舍基说他写《未来是湿的：无组织的组织力量》这本书的最大期望是读者能够为两样事情而激动：一是存在多种社会实验的可能性，二是还会有更多的社会性工具的新用法被发明出来。未来为什么是湿的？不仅因为创造未来的人是活的，而且未来的机器和网络也是活的。凯利将技术元素视为生命的第七领域。他在2010年出版的《技术想要什么》一书明确提出“技术是一种生命体”的观点。人类目前已定义的生命形态包括植物、动物、原生生物、真菌、原细菌、真细菌，而技术应是之后的新一种生命形态。他认为查尔斯•罗伯特•达尔文（Charles Robert Darwin）的进化论走得还不够远，他将自己称为“后达尔文主义者”。在他眼中，人类迄今为止掌握的最重大的技术是出现于1.5万年前的语言。很多人把互联网的发明比作像“火”的发明那样具有划时代意义，但他认为当下正在发生的技术变革对于人类的影响将更加深远。技术是一个有机体，它以递增的方式进化着。为了使人们能够带着喜悦接纳技术带来的福祉，并尽量减小与其相伴而生的不良代价，必须倾听技术要什么，并对此做出回应。把自己与技术的需要排列在一起，才能充分驾驭深埋在技术元素内部的礼物。当这些礼物得到释放，技术就能给生活带来更重大的价值。在新生物时代，“天造物”与“人造物”将联系得更加紧密。物联网、生物圈二号、基因疗法——所有这些人工构造的产品，连接起了机械与生物进程。将来的仿生杂交会更普遍，也会更令人困惑、更具威力。也许会出现这样一个世界：其中有变异的建筑、活着的硅聚合物、脱机进化的软件程序、自适应的车辆、塞满共同进化家具的房间、打扫卫生的蚊型机器人、能治病的人造生物病毒、神经性插座、半机械身体部件、定制粮食作物、模拟人格，以及由不断变化的计算设备组成的巨型生态。现在已经发生的很多现象已经能看出端倪：美瞳除了有矫正视力的功效，还能改变眼球的颜色，它正被越来越多的年轻女孩使用，但它还只是人体附属物，需每天更换。未来是否会生产出这样的美瞳：它能完美地与眼球适应，不需更换或很久才需要更换一次，比如三年、五年。答案是肯定的，只是时间问题而已。美瞳成为身体的一部分，那么人类还是纯粹的“自然人”吗？或者换个已经发生的例子：心脏起搏器——使用心脏起搏器的人，他还是“自然人”吗？而这重要吗？重要的是，这些已经在发生，未来也将更快速地出现。我们所需要关心的是，我们是否能顺势而为。[1]

[1]凯文•凯利：《失控：全人类的最终命运和结局》，陈新武等译，新星出版社，2011年，第696—697页。

凯利提醒说，现在我们发展了很多系统，包括互联网，但这不是我们控制的，而且我们很难预测它未来有什么样的结果。很多人觉得这样一种未来很可怕，其实现在我们并没有控制互联网的任何手段。比如说每天在互联网传播的信息，包括垃圾邮件等，本来就已不受控制了。自然界也处于失控状态，但没有人说自然界很可怕或者对它很担心。应当把互联网看成一个自然的东西，而不是一个人造的系统。所有的发明创造都不是单一的，它们都建立在前人工作的基础上。你进行一种创新的时候也依靠别人的创新或者别的系统。所有这些东西都在一个生态系统中，它们就像在自然界的生态系统一样是互相依存和互相关联的。凯利在1994年春天出版的《全球目录》（Whole Earth Catalog）中提出“造物九律”，随后以它为主题写作了《失控：机器、社会与经济的新生物学》一书。“造物九律”的主要意旨如下：（1）分布式。蜂群意识、经济体行为、超级电脑的思维以及我们的生命都分布在众多更小的单元上（这些单元自身也可能是分布式的）。当总体大于各部分的简单和时，那多出来的部分（也就是从无中生出的有）就分布于各部分之中。无论何时，当我们从无中得到某物，总会发现它衍生自许多相互作用的更小的部件。我们所能发现的最有趣的奇迹——生命、智力、进化，全都根植于大型分布式系统中。（2）自下而上的控制。当分布式网络中的一切都相互连接起来时，一切都会同时发生。这时遍及各处而且快速变化的问题，都会围绕涌现的中央权威环行。因此，全面控制必须由自身最底层相互连接的行动通过并行方式来完成，而且并非是出于中央指令的行为。群体能够引导自己，而且在快速、大规模的异质性变化领域中只有它能引导自己。要想无中生有，控制必须依赖于简单的底层。（3）递增收益。当你使用一种想法、一种语言或者一项技能时，都是在强化它、巩固它，并使它更具被重用的可能。这就是所谓的正反馈或滚雪球。“成功孕育成功”这条社会动力原则在《新约》中表述为：“凡有的，还要加给他。”任何改变其所处的环境以使其产生更多的事物，玩的都是递增收益的游戏。任何大型和可持续系统，玩的都是这样的游戏。这一定律在经济学、生物学、计算机科学以及人类心理学中都起作用。地球上的生命改变着地球，以产生更多的生命。信心建立信心，秩序造就更多秩序，既得者得之。（4）模块化生长。创造一个能运转的复杂系统的唯一途径必须先从一个能运转的简单系统开始，试图未加培育就立即启用高度复杂的组织如智力或市场经济，注定要走向失败。整合一个大草原需要时间，哪怕你手中已掌握了所有分块。需要时间来让每个部分与其他部分磨合。通过将简单且能独立运作的模块逐步组合起来，复杂性就产生了。（5）边界最大化。世界产生于差异性。千篇一律的实体必须通过偶尔发生的颠覆性革命来适应世界，一个不小心它就可能灰飞烟灭。另一方面，彼此差异的实体则可以通过每天都在发生的数以千计的微小变革来适应世界，而处于一种永不静止但却不会死掉的状态中。多样性垂青于那些天高皇帝远的边远之地、那些不为人知的隐秘角落、那些混乱的时刻以及那些被孤立的族群。在经济学、生态学、进化论和体制模型中，健康的边缘能够加快它们的适应过程，增加抵抗力，并且几乎总是创新的源泉。（6）鼓励犯错误。小把戏只能得逞一时，到人人会要时就不灵了。若想超凡脱俗，就要想出新的游戏，或是开创新的领域。而跳出传统方法、游戏或是领域的举动又很难与犯错误区别开来，就算是天才们最天马行空的行为归根结底也是一种试错行为。“犯错和越轨，皆为上帝之安排”——诗人威廉•布莱克（William Blake）这样写道。无论随机还是刻意的错误，都必然成为任何创造过程中不可分割的一部分。进化可以看做是一种系统化的错误管理机制。（7）不求最优，但求多目标。简单的机器可以非常高效，而复杂的适应性机器则做不到。一个负责的系统中会有许多个“主子”，系统不能厚此薄彼。与其费劲地将任意一功能最优化，不如使多数功能“足够好”，这才是大型系统的生存之道。如一个适应性系统必须权衡是拓展已知的成功途径（优化当前策略），还是分出资源来开辟新路（因此把精力浪费在试用效率低下的方法上）。在任一复杂的实体中，纠缠在一起的驱动因素如此之多，以至于不可能明了究竟是什么因素可以使系统生存下来。生存是一个多指向的目标，而多数的有机体更是多指向的，它们只是某个碰巧可行的变种，而非蛋白质、基因或器官的精确组合。无中生有讲究的是不失高雅，只要能运行就棒极了。（8）谋求持久不变的均衡态。静止不变和过于剧烈的变化都无益于创造。好的创造就如一曲优美的爵士乐，不仅要有平稳的旋律，还要不时地爆发出激昂的音节。均衡即死亡。然而一个系统若不能在某个平衡点上保持稳定，就几乎等同于引发爆炸，必然会快速灭亡。没有什么事物能既处于平衡态又处于失衡态，但可以处于持久的不均衡态——仿佛在永不停歇、永不衰落的边缘上冲浪。创造的神奇之处正是要在这个流动的临界点上安家落户，这是人类孜孜以求的目标。（9）变自生变。变化本身是可以结构化的。这也是复杂大型系统的功能：协调变化。当多个复杂系统构建成一个特大系统的时候，每个系统就开始影响直至最终变成其他系统的组织结构。也就是说，如果游戏规则的订立是自下而上的，则处在底层的相互作用的力量就有可能在运行期间改变游戏的规则。随着时间的推移，那些使系统变化的规则自身也产生了变化。人们常挂在嘴边的进化是关于个体如何随时间而变化的学说，而深层进化，按其可能的正式定义，则是关于改变个体的规则如何随时间而变化的学说。要做到无中生出最多的有，就必须遵循自我变化的规则。造物九律被注入电脑芯片、电子通信网络、机器人模块、药学探索、软件设计、企业管理之中。它们被生物活素激活之后，我们就得到了能够适应、学习和进化的人工制品。所有复杂体集结在一起，形成一个不可破坏的连续体，这个连续体介乎刻板精确的齿轮和华美自然的荒原之间。机械设计的提升已经成为工业时代的印记，新生物文明则使设计回归有机。新生物文明将工程技术和放纵的自然融合在一起，直至二者难以区别，就像本该如此一样。[1]

福柯的“权力网络论”捕捉了网络世代互动文化的精髓。他认为近代以来有两种主要的权力理论，一种是马克思主义的经济学模式的，一种是在西方占主流地位的法理主义的法权模式的。马克思主义将权力看做维护生产关系的工具，认为权力的根本目的是为经济服务的，权力的功能是维护一定的生产关系及其经济运作。法理主义的法权模式则把权力看做可以像商品一样占有，就如社会契约论所主张的那样，原先由个人所占有的权力通过契约而转让给某个人或某个组织，从而产生国家权力。福柯认为：“在法律的、自由的政治权力的概念（建立在18世纪哲学的基础上）与马克思主义的概念（至少是目前流行的马克思主义概念）之间，存在着共同之处。我把这种共同点称之为权力理论中的经济主义。”[2]在福柯看来，无论是马克思主义的权力模式还是法理主义的权力模式都是从经济中演绎出权力的，没有真正说明权力的本质是什么，只是一种权力的经济还原论。而权力的本质恰恰体现在它的多样性、片断性、不确定性中，体现在一种相对主义的描述中。他在这种视角主义的立场上解释了权力是什么。首先，权力是一种关系。以往人们总是把权力看做是一种物，就像统治权的理论那样，谁拥有统治权就像拥有某种商品、财产那样，谁就能够运用这种权力来统治其他人、控制其他人。福柯认为权力关系处于流动的循环过程中，“权力从未确定位置，它从不在某些人手中，从不像财产或财富

[1]凯文·凯利：《失控：全人类的最终命运和结局》，陈新武等译，新星出版社，2011年，第693—696页。

[2]米歇尔·福柯：《权力的眼睛》，严锋译，上海人民出版社，1997年，第223页。

那样被据为己有。权力运转着”。其次，权力是一种相互交错的网络。人们通常把权力关系视为单向性的，掌握权力的人对被其统治的人实施自上而下的控制、支配，从而构成了直线式的统治与被统治的关系。福柯则认为权力不是单纯的自上而下的单向性的控制，而是一种相互交错的复杂网络，“一个永远处于紧张状态的活动之中的关系网络”。“权力以网络的形式运作在这个网上，个人不仅流动着，而且他们总是既处于服从的地位又同时运用权力。”每个人都处于相互交错的权力网中，在权力的网络中运动，既可能成为被权力控制、支配的对象，又可能同时成为实施权力的角色；个人在这种网络中既是被权力控制的对象又是发出权力的角色。不能简单地区分占有权力的统治者和被权力控制的被统治者，权力关系并不简单地表现为统治与被统治的关系。正是基于权力是相互交错的网络的看法，福柯反对将权力关系看做是统治阶级和被统治阶级之间的二元对立。再次，权力是无主体的。福柯站在后现代主义的立场上把主体看做是现代性理论的虚构，看做是人本主义的骗人把戏，为此他呼吁解构主体。现代性理论是确立在人本主义基础上的，人本主义预先假设存在着一种先于社会其他一切的主体，一个崇高而伟大的“人”。福柯在早期的《知识考古学》一书中就力图揭示主体是一种虚构物，在《词与物》中则预言了“人的消亡”。随着现代性的知识结构被后现代性的知识结构所取代，随着旧的话语霸权的解构，这种主体消失了，后现代性语境中的权力也就无主体了。因此，福柯一再强调权力问题的关键不在于谁（主体）掌握权力，淡化了权力由谁（主体）实施的问题。福柯的权力无主体的观念其实与权力是一种关系、一种相互交错的网络的观念是完全一致的。在权力的关系网络中，每一个个人都只是权力的一个点，而并非绝对操纵权力的主体。又次，权力是非中心化的。传统的权力研究关注的往往是某种机构化或法律化的权力中心，如国家机构被视为政治权力的中心。福柯认为这种中心化了的权力只是权力的简单化表征，事实上国家机构只是权力的一个有限领域，真正的权力关系要复杂得多。福柯甚至也反对主权的概念，因为主权承认一个最高的权力中心的存在。“不要在它们中心，在可能是它们的普通机制或整体效力的地方，分析权力的规则和合法形式。相反，重要的是在权力的极限，在它的最后一条线上抓住权力，那里它变成毛细血管的状态；也就是说，在权力最地区性的、最局部的形式和制度中，抓住它并对它进行研究。”西方传统的权力理论是一种宏观的政治理念，强调扎根于经济制度和政治制度的中心化的权力，强调统治者和被统治者之间围绕着统治权的斗争。托马斯•霍布斯（Thomas Hobbes）的“利维坦”

(Leviathan)就是通过统治权建立起来的。“它由一个灵魂赋予生命，这个灵魂就是统治权。你们回想一下《利维坦》的图式：在此图式中，利维坦作为构想出来的人，正是许多分开的个性的集合，它们由国家的一些建构因素集合起来。在国家的中心，或者说大脑，由某种东西构成，这种东西就是统治权，也正是霍布斯说的利维坦的灵魂。”[1]统治权在西方的政治学理论中被视为核心、灵魂、国家生命之所在，福柯恰恰反对的就是这种以统治权力为中心的权力模式，而将权力视为非中心化的、多元的、分散的关系存在，强调权力是关系、网络或场。他通过自己的微观权力学解构这种统治权的模式，努力在统治权力之外，在国家机构、法律制度之外，去探讨权力的更为复杂的存在。

[1]米歇尔•福柯：《必须保卫社会》，钱翰译，上海人民出版社，1999年，第26—28页。

福柯认为权力问题的关键并不在于谁掌握了权力，而在于权力是如何发生的，或者说权力是如何运作的。在西方工业化社会里，人们一直强烈关注着“由谁实施权力”“对谁实施权力”这样的问题。福柯认为，“由谁实施权力”的问题不可能与“权力是如何发生”的问题割裂开来解决，权力是如何发生、如何运作的问题远比权力由谁实施的问题重要。“我们当然要找出发号施令的人。我们要注意像议员、部长、秘书长这样的人。但这并不很重要，因为即使把这些‘决策者’一一指明，我们仍然并不知道那些决定为何做出，怎样做出，怎么为大家所接受，又怎样对某些人产生了伤害。”[2]关键是要弄清楚权力的策略、技术、机制，弄清楚权力得以实施的各种手段。这样才能真正懂得权力是如何发生、如何运作的，才能真正弄清权力是什么。“权力不应被看做是一种所有权，而应被称为一种战略；它的支配效应不应被归因于‘占有’，而应归因于调度、计谋、策略、技术、动作。”在对权力的机制分析中，影响最大的是福柯所提出的规训性权力，这是他的《规训与惩罚》一书的核心概念。“规训”一词本身具有多义性，目前国内外对此术语有各种译法，如译为“约束”“规诫”“惩戒”“监视”“纪律”“戒律”等。根据《规训与惩罚》的译者刘北成、杨远婴的说明，该书的法文书名直译应为《监视与惩罚》，福柯本人建议英文译为Discipline and Punish，而Discipline一词具有纪律、教育、训练、校正、训诫等多种释义，福柯用这个术语指谓现代社会所产生的一种特殊的权力技术（机制），规范化是这种权力技术的核心。刘北成、杨远婴将其译为“规训”，意指“规范化训练”。规训性权力是对人的肉体、姿势和行为的精心操纵的权力技术，通过诸如层级监视、规范化裁决以及检查等手段来训练个人，制造出只能按照一定的规范去行动的驯服的肉体。“‘规训’既不会等同于一种体制也不会等同于一种机构。它

[2]米歇尔•福柯：《权力的眼睛》，严锋译，上海人民出版社，1997年，第29页。

是一种权力类型，一种行使权力的轨道。它包括一系列手段、技术、程序、应用层次、目标。它是一种权力'物理学'或权力'解剖学'，一种技术学。”所谓权力体现为对人的控制、支配，规训性的权力机制能通过规范化的训练来支配、控制人的行为，甚至造就人的行为。这种支配和控制不借助暴力、酷刑使人服从，也不通过意识形态的控制来运作，而是通过规范化的监视、检查、管理来运作，它是一种轻便、精致、迅速有效的权力技巧。“规训'造就'个人。这是一种把人既视为操练对象又视为操练工具的权力的特殊技术。这种权力不是那种因自己的淫威而自认为无所不能的得意洋洋的权力。这是一种谦恭而多疑的权力，是一种精心计算的、持久的运作机制。与君权的威严仪式或国家的重大机构相比，它的模式、程序都微不足道。然而，它们正在逐渐侵蚀那些重大形式，改变后者的机制，实施自己的程序。”[1]福柯认为最能体现这种规训性权力机制的是边沁所设计的全景敞视主义的“圆形监狱”。一个像圆环一样的建筑，中央有座塔楼，塔楼上有很大的窗子，面对圆环的内侧，外围的建筑划分成一间间的囚室。囚室有面对塔楼的窗户，塔楼通过窗户可以有效地监视囚室的各种活动。这就构成全景敞视结构。边沁把他的这种发现称为哥伦布之蛋，是一种有效而精致的权力技术。福柯则称之为“权力的眼睛”。它通过注视性的权力机制保证权力功能的发挥，监控者通过注视使被监控者处于权力控制中。“没有必要发展军备、增加暴力和进行有形的控制。只要有注视的目光就行了。一种监视的目光，每一个人在这种目光的压力之下，都会逐渐自觉地变成自己的监视者，这样就可以实现自我监禁。这个办法妙极了：权力可以如水银泻地般地得到具体而微的实施，而只需花费最小的代价。”当然注视或监视只是规训性权力的一种技巧，并非唯一的甚至不是主要的，但是它却真实地体现了规训性权力的机制、功能，表现出一套对人进行支配、控制的技巧。福柯认为规训性的权力机制对资产阶级的统治来说具有重要意义。“资产阶级清楚地知道，新的宪法和法律并不足以保障它的统治。他们认识到，必须发明一种新的技巧，来确保权力的畅通无阻，从整个社会机体一直到这个社会的最小的组成部分。”[2]17-18世纪以来现代社会的进步只不过是从一种统治形式过渡到另一种统治形式，只是社会的统治技术、权力机制的进步，其突出表现就是规训性权力的逐步展开，以至形成了他所谓的规训社会。“全景敞视主义的规训——机制：一种能通过使权力运作变得更轻便、迅速、有效来改善权力运作的功能机制，一种为实现某种社会而进行巧妙强制的设计……在17和18世纪，规训机制逐渐扩展，遍布了整个社会机体，所谓的规训社会（姑且名

[1]米歇尔•福柯：《规训与惩罚》，刘北成、杨远婴译，北京生活•读书•新知三联书店，1999年，第28、241—242、193页。

[2]米歇尔•福柯：《权力的眼睛》，严锋译，上海人民出版社，1997年，第158、159页。

之）形成了。”[1]福柯认为最初这种规训性权力机制主要只存在于监狱、修道院中，以后逐步扩展到现代社会的每一个角落，学校、兵营、工厂、城镇以至整个社会都被规训性权力的网络覆盖。现代社会是一个布满规训性权力机制的社会。在这个社会中，人类被规范化训练，犹如马戏团中的驯兽，人被固定在某些特定的区域，按照一定的标准被监视、训练、检查、管理，实质上就是被支配、被控制。规训性社会只是一种充满压迫形式的权力社会。福柯对规训性权力机制的解释体现了他的反现代性的立场。现代社会所形成的规范、标准塑造了人的灵魂，支配了人的行为，控制着人的活动，从而发挥着比暴力或直接压制更为有效的权力效应。应该说，规训性权力的理论对于内在于社会现代化中的某些倾向是有说服力的解释，对现代社会中个人被支配、控制的方式提供了重要的观察角度。但是，福柯通过规训性权力对现代性社会的批判过于片面。规训性权力既具有统治或压迫效应，也有被监视或管理的功能。规训下的人既是被动的，又是主动的、自由的。[2]社会一切成员公平对等条件下的规训有其正面效应。网络微观权力正在造就前所未有的民主和自由、一个新的权力空间。物联网使这种效应达到极致。

物联网具有蜂巢的生命存在特征，它的存在不仅是对于一个整体而言的，也分布于整体内更小的单位中。这些更小的单位又会将其分布于再小的单位。而这些小单位组合在一起发挥出超过简单加和的功效时，则意味着另外的某种存在又蕴涵在了这些部分之中。这是一种从“无”中孕育出的存在。想要从“无”中产生些什么，控制就必须尽可能以简单的方式自下而上进行。一个多元异质的实体能通过时刻发生的微小的革命性变化融入这个世界，这个实体也能够保持一种永恒状态，不会退化，也不会毁灭，而能成为永恒的自由存在。福柯早年受结构主义思想的影响，将结构主义应用于精神病学、犯罪学特别是思想史的研究，发现精神病、犯罪及性行为与人的语言（话语）有关。例如疯狂的结构总是与语言的结构混合在一起的；而疾病和治疗的最深层结构，也就是语言的最深层结构。这是因为，人是语言的动物，他们是通过语言与外部事物相联系的；或者说，对于人来说，任何事物都是依赖语言而存在的。一切人类社会的文化及其历史，不论其现象如何凌乱复杂，本质上都受潜藏于人的语言深处的无意识的深层结构制约。人的思想、生活、生存方式直至日常行为细节，无不是同一组织结构的重复组成部分。它们就像科学和技术一样，也都依存于“人心”抽象的范畴：（1）人文现象与内在结构的关系是表层与深层的关系。表层的种种人文现象都受潜藏于人心中的深层结构的制约。（2）

[1]米歇尔•福柯：《规训与惩罚》，刘北成、杨远婴译，北京生活•读书•新知三联书店，1999年，第235页。

[2]陈炳辉：《福柯的权力观》，《厦门大学学报》（哲学社会科学版），2002年第4期。

这种制约是无意识的，不为人所觉察的，因而是非主体的，即排斥主体（人）的；（3）深层结构并非固定不变，而是可变的。它们的变化不是连续的，而是间断的，即突如其来的断裂性改变，因而也是无原因可寻的。因而研究人文科学的方法不是现象学、存在主义的解释学方法，而是透过种种表层的人文现象以发掘出制约这些表层现象的深层结构的方法。福柯形象地称之为“考古学”方法，后来又称之为“系谱学”方法。他运用上述考古学方法考察了欧洲思想史，发现社会文化思想的演变没有因果性、必然性和规律性，而只有偶然的、突如其来的裂断性变迁。他以此为根据提出了以欧洲文化的“知识型变迁”理论。其所说的“知识型”实际上指上述隐藏于人文现象背后的深层结构。他认为西方文化知识的变迁经历了3个时期或3种“知识型”变迁：一是14—16世纪的文艺复兴时期。这时有一个“相似知识型”的变迁。在这个时期的文化中，“相似原则”起着构造性作用，事物根据“相似”而被联系起来，从而秩序化。二是17—18世纪的古典时期。上述知识型发生断裂性突变，由“相似知识型”突变为“表述知识型”。这时以“同一与差异”原则来看待事物的秩序。在方法上强调分析和分类，寻求的是完全确定的知识。三是19世纪至今。由“表述知识型”突变为“根源知识型”。它以追求“本质”“起源”“结构”为目标，通过结构和功能类比的方法把事物联系起来。与这种理论相联系，福柯提出“人的消失”的学说，认为人的概念或“人类中心论”的思想的产生是与上述各时期的知识型相联系的。在17—18世纪的“表述知识型”时期，人只是“表述”的主体，而不是“表述”的客体，因此“人”并不存在。只是到了现代，“人”这个原来的知识主体变成了知识的客体，才出现了现代的“人”、现代的“人学”以及把“人”置于世界中心地位的“人类中心论”，从而“人学”观念主宰了整个现代的思想，人们沉睡于“人学”的迷梦中昏睡不醒。因此，“人并不是已向人类知识提出的最古老和最恒常的问题……人是其中的一个近期的构思……只有一个于一个半世纪以前开始而也许正趋于结束的突变，才让人这个形象显露出来。并且，这个显露并非一个古老的焦虑的释放，并不是向千年关切之明晰意识的过渡，并不是进入长期来停留在信念和哲学内的某物之客观性中：它是知识之基本排列发生变化的结果。诚如我们的思想之考古学所轻易地表明的，人是近期的发明。并且正接近其终点”。福柯警告说，迷梦已到了尽头，现代的丧钟已敲响，一个更新知识型的文化时期即将到来。“人”将不再处于创造的中心地位，不再站在宇宙的核心点，甚至“人将被抹去，如同大海边沙地上的一张脸”。[1]随着尼采宣布“上帝死了”，

[1]米歇尔•福柯：《词与物：人文科学考古学》，莫伟民译，上海三联书店，2001年，第505—506页。

"人也已经死了"。我们面临的是一个没有"人"的真空，但却是一个充满了可能性的真空。福柯所谓的"人之死"，并不是指具体存在的"人"的死亡，也不是指"人性"的死亡，而是指那种抽象出来的、无条件的、纯粹的概念的人、在人文学科中作为知识对象和知识客体的"人"的死亡。他反思了自普罗泰戈拉（Πρωταγόρας）以来作为"万物尺度"和中心的人，批判了"人类中心论"和传统的人道主义，让处于物欲横流时代的现代人重新思考生存的意义。他认为，既然人的诞生只是知识排列变化的偶然结果，那么人之死就是必然的。"由于语言注定散布时，人就被构建起来了，所以，当语言重新聚合时，人难道不会被驱散吗？""想到人只是一个近来的发明，一个尚未具有200年的人物，一个人类知识中的简单褶痕，想到一旦人类知识发现一种新的形式，人就会消失，这是令人鼓舞的，并且是深切安慰的。"[1]当然，解构主体并不是福柯的目的，他最终的目的还是要建构可以掌握自己命运的自由人。

[1]米歇尔•福柯：《词与物：人文科学考古学》，莫伟民译，上海三联书店，2001年，第504、13页。

三、非诚勿扰与新伦理

按照卡斯特的说法，在人类历史上，发生过几次交往革命。第一次发生于蒸汽动力用于交往，第二次发生于电能用于交往，第三次发生于广播电视成为信息沟通工具，第四次发生于互联网用于互动交往。物联网交往是互联网交往的深化，并且还是前几种交往的整合。物联网可以看做是人类交往的第二世界（网络世界），但它是在第一世界（现实世界）的基础上发展起来的，是第一世界的延伸和扩展。第一世界的交往更有实在性，那里的大众传播往往有可见物作中介（如报刊），有实在的场所和中介物（如办公室、会议室、文件往来），那里的人际交往有实在的环境，能亲见其人、亲闻其声，有着可触可摸的感受。第二世界更多的是光电的运作、比特的传输，但它以可以感知的功能连通着第一世界，在人类交往中的地位不断提升。

物联网为人类社会与物理世界提供了一个全新的开放式交互平台，"网络化逻辑的扩散实质性地改变了生产、经验、权力与文化过程中的操作和结果"[2]，导致人类社会结构性转型与重构。与传统社会不同，网络社会提高了社会的协同性和稳定性，却也内在地包含着结构性风险。物联网覆盖信息网、经济网、电网、供水网、油气管网、军事设施等涉及民生和国家战略的领域，其安全漏洞易遭受攻击或被利用。物联网使文化传播的途径从人与人之间拓展到人与物、物与物之间，而且传播的领域几乎渗透

[2]曼纽尔•卡斯特：《网络社会的崛起》，夏铸九、王志弘译，社会科学文献出版社，2001年，第569页。

到人类生活的各个层面，传播的内容更加丰富也更加复杂，容易造成文化渗透和文化污染。物联网能实现对人和物的实时定位追踪，使隐私更易受到侵犯。物联网突出的泛在性、商业性和开放性将改变社会伦理的形成机制。传播对象和传播泛在化会减少人际直接交往的频率和途径，可能会给人带来一定的交流障碍，甚至还可能使人异化。如被信息所淹没，习惯于使用标准化的操作程序而逐渐丧失判断分析问题的能力。物联网的商业性可能会冲击传播的人文精神，甚至会诱导人们片面利用科学技术谋取商业利益，从而漠视人的生命、尊严、情感、价值和自由。

物联网自身的运行也存在许多安全隐患，特别是在读取控制、隐私保护、用户认证、不可抵赖性、数据保密性、通信层安全、数据完整性、随时可用性8个尺度上容易出现问题。其中前4项主要处在物联网架构的应用层，后4项主要位于网络层和感知层。而与一般网络相比，如下方面又构成物联网特有的安全问题：（1）远程无线通信容易被窃取信号或受到破坏性干扰。低成本、使用量大的传感器一般体积较小，能量、处理能力、存储空间、传输距离、无线电频率和带宽都受限，节点无法使用较复杂的安全协议，因而自我保护能力较强。物联网设备、节点等无人看管，也容易受到物理操纵。如信息在不知情时被读取、终端信号被机械手段屏蔽、终端设备被克隆而冒名顶替、终端设备被损坏或盗取。（2）核心网络的传输与信息安全隐患。核心网络具有相对完整的安全保护能力，但是由于物联网节点数量庞大，而且以集群方式存在，网络容易拥塞而拒绝服务。此外，现有通信网络的安全架构都是从人的通信角度设计的，并不适用于机器通信，使用现有安全机制容易剖裂机器间的逻辑联系。（3）物联网业务的安全隐患。物联网设备一般先部署后联网，所以如何对设备进行远程签约和业务配置是难题。另外，庞大且多样化的物联网平台必然需要一个强大而统一的安全管理平台，构成这样的平台十分困难。（4）RFID系统安全隐患。物联网中的物品一旦被嵌入日常生活用品中，使用者将会不受控制地被扫描、定位及追踪。

物联网的内在特质不仅规定了网络空间向度，也是网络道德核心问题得以发生的根由。网络空间的虚拟性使得人们之间的交往范围无限放大的同时，势必引发现实空间所无法包容的伦理问题。网络技术的快速发展、网络价值负荷的多元化和网络商业化渗透的加深必然导致物联网社会道德问题的多样化和复杂化。物联网这种“新沟通系统彻底转变了人类生活的基本向度：空间与时间。地域性解体脱离了文化、历史、地理的意义，并重新整合进功能性的网络或意象拼贴之中，导致流动空间取代了地方空间。当过去、现在与未来都可以在同一则信息里被预先设定而彼此互动时，时间也在这个新沟通系统里被消除了。流动空间（Space of Flows）与无时间之时间（Timeless Time）乃是新文化的物质基础”[1]。因此，基于物联网架构向度的特殊性，人类对一些既有价值把握就出现了两难。1998年，美国波士顿大学（Boston University）18岁的一年级新生肖恩•范宁（Shawn Fanning）为了解决他的室友的一个问题——如何在网上找到音乐而编写了一个简单的程序。这个程序把所有的音乐文件地址存放在一个集中的服务器中，使用者能够方便地过滤上百个地址而找到自己需要的MP3文件。到了1999年，令他们没有想到的是，这个叫做Napster的程序令音乐爱好者美梦成真，无数人在一夜之内开始使用Napster，最高峰时有8 000万的注册用户。于是范宁与肖恩•帕克（Sean Parker）共同创办的文件共享社区网站Napster正式成立。同年12月，美国唱片业协会（Recording Industry Association of America）以违反版权保护法为由将Napster公司告上法庭，Napster最终落入法网，承担了间接侵权责任。有了前车之鉴，后来的类Napster软件进行了技术上的改进，如Gnutella和Morpheus。Morpheus并不像Napster使用中央服务器的方式，也不使用Gnutella的文件分享通信协议，而是使用专门的点对点通信协议来分享文件。使用者可以直接连接到其他用户的计算机并交换文件，而不是像过去那样连接到服务器去浏览和下载。如此实现了“非中心化”，并把权力交还给用户。这样，网络空间不仅实现了几乎不需任何成本就能对数字化作品进行高质量复制，而且逃避了法律制裁。凸显网络空间的非中心化与现实空间权力中心化的冲突，使政府和企业管理机构的权力不断被解构，而且可能为网络犯罪和恐怖活动提供工具。出于安全和打击犯罪的需要，安全部门和司法机关对网络进行监控，而这又会引起网络规制和言论自由、打击犯罪和保护公民隐私权的矛盾冲突。1998年，安•卡沃琪安（Ann Cavoukian）发表题为《数据挖掘：以破坏隐私为代价》的报告，剖析了数据挖掘和隐私的关系，指出数据挖掘可能是个人隐私提倡者未来10年所要面对的“最根本的挑战”。基于物联网架构的网络技术则能直接产生系列的道德问题。这可以从网络技术实践主体和网络技术（软件）产品两方面来考察。网络技术实践主体包括网络技术开发（维护）人员和网络技术应用者。网络技术为网络技术开发人员提供了前所未有的自由、开放、多样的生活体验，但他们的行为却可以包含相反的一面。在功能强大的物联网架构交流、协作、开发平台上，他们的各种行为相互耦合而成为社会化的集体行为，往往不能确切地知道技术会把自己引向何处，使道德选择变得越来越困惑。20世纪80年代早期，

[1]曼纽尔•卡斯特：《网络社会的崛起》，夏铸九、王志弘译，社会科学文献出版社，2001年，第465页。

计算机专家约翰•肖赫（John Schoch）和乔恩•胡帕（Jon Hupp）设计了能从一台计算机传播到另一计算机的蠕虫的时候，绝对没有想到它们会成为病毒的先驱，并给网络世界带来如此巨大的破坏和如此多的道德纷争。从网络技术应用者方面来看，网络技术作为一种中介在彰显其强大功能的同时，却难以限制人们不良的意图，网络技术使用者的道德底线和道德理想很容易被屏蔽。“现代技术开始不再是为人类的目的而是在为自身的逻辑去寻找技术的目的（如黑客技术），往往会使人类自己付出沉重的社会代价。”[1]从网络技术（软件）产品方面考察，网络技术（软件）产品是不可能完满的，因而想通过技术手段对抗网络入侵的前景将是暗淡的。技术手段可以减轻未来的威胁，但绝不是最后的方法，它只有在有人发起新的攻击前有效。对于任何操作系统程序而言，也没有任何人能够从理论上、实践上证明其完全的正确性、合理性。从硬件角度来说，结构日趋复杂而庞大的计算机系统及其网络在物理结构、使用条件上难以在全球按一个统一的标准、制式和协议行事，而涉及网络各项管理和监督的制度更是如此。

[1]张运松：《网络的技术意蕴、特性与网络伦理》，《科学技术与辩证法》，2008年第4期。

人们对技术本身是中立的还是负荷价值的这一问题还没有形成共识，但目前大部分哲学家和伦理学家都认为技术负荷着一定的价值。哈贝马斯指出：“不仅技术理论的应用，而且技术本身就是（对自然和人的）统治，就是方法，科学的、筹划好的和正在筹划着的统治。统治的既定目的和利益，不是后来加上或从技术之外强加的：它们早就包含在技术设备的结构中。技术始终是一种历史和社会的设计；一个社会和这个社会的占统治地位的兴趣企图借助人和物而做的事情，都要用技术加以设计。”[2]安德鲁•芬伯格（Andrew Feenberg）认为：“现代技术跟中世纪的城堡或中国的万里长城一样，都不是中性的；它体现了一种特定的工业文明的价值，特别是那些靠技术而获得霸权的精英们的价值。”[3]但其实技术的价值并非来源于技术本身，而是来源于人们自己建立起来的价值体系和制度。技术发展囿于特定的社会环境，技术活动为技术主体的利益、文化、价值取向等因素所决定。相对于以往的技术，物联网负荷的价值更为明显，因为物联网不仅仅是技术，它本质上是一种文化。卡斯特在论述网络自由变化的科技和制度背景时指出：“在制度方面，互联网最初起源于美国这个事实，意味着它会受到来自于美国法院的对言论自由进行法治保护的影响。因为全球互联网的支柱主要是在美国，所以对其他国家服务器的任何限制通常能够通过用美国服务器改变发送线路而回避。”[4]因此，物联网所带来的自身的安全问题和社会的安全问题需要通过技术机制解决，但也离不开社会或文化的解决机制。

[2]尤尔根•哈贝马斯：《作为意识形态的技术与科学》，李黎、郭官义译，学林出版社，1999年，第39页。

[3]安德鲁•芬伯格：《技术批判理论》，韩连庆、曹观法译，北京大学出版社，2005年，第1页。

[4]曼纽尔•卡斯特：《网络星河》，郑波、武炜译，社会科学文献出版社，2007年，第183—184页。

世界比以前任何一个时期都更多地由世界性政治、经济、技术或文明所塑造。物联网是一个全球联通的网络系统，其全球联通性决定了物联网上的任何一个民族的伦理道德都存在一定的局限，只有那种具有全球视野、全球观念特征、能达成某种全球共识的普世伦理范式才能成为网络社会的主导伦理模式。这种全球伦理并不是一种全球性的统一秩序或统一的全球性宗教、全球性意识形态，也并非用最低限度的伦理去取代各种宗教的高级伦理，不是把各种宗教简化为最低限度的道德，而是世界诸宗教在伦理方面的共同点。早在1993年，为了解决人类共同面临的人口、环境、生态、核武器等全球性问题，世界宗教大会发表了《走向全球伦理宣言》，对这种全球底线伦理模式给予关注。它根据各大宗教都包含的"不可杀人""不可偷盗""不可撒谎"和"不可奸淫"4条训诫，提出了言行诚实的道德要求，致力于构建宽容的文化和诚实的生活等几条"不可取消原则"。强调没有一种全球伦理，便没有更好的全球秩序。并以耶稣的名言"你们愿意人怎样待你们，你们也要怎样待人"和孔子的名言"己所不欲，勿施于人"作为理论支持。有人认为，普世伦理是对一些有约束性的价值观、一些不可取消的价值标准和人格态度的基本共识。也有人认为，现代社会道德危机四伏，解决方法是重建一种新的普遍主义的伦理体系，追求一种最低层次的全球共识。[1]

费奥多尔•米哈伊洛维奇•陀思妥耶夫斯基（Фёдор Михайлович Достоевский）认为，人只有达到发自内在的道德自律，才能获得一种伦理学意义上的自由。网络自主型道德模式是一种积极进取的高层次的道德自律，它要求人们在网络实践中自觉追求高尚的道德境界，自觉遵守各个层面的道德规范，履行自己的道德责任，并自觉监督其他网众的违规行为。在人人自律的前提下，才可以形成高度自治的理想社会。相对于传统的依赖型道德而言，网络道德是更为自主的道德模式。基于自由互惠、全民共享原则建立起来的网络社会，人际交往具有极大的隐匿性，直面的道德舆论抨击难以企及，个体的道德自律成为正常的伦理关系得以维系的主要保障。虽然传统伦理也讲"慎独"，但实际上对个体行为起重大作用的往往是强大的社会舆论压力。在网络条件下，由于行为主体的可匿名性、可面具化，道德舆论的承受对象变得极为模糊，对于道德自律的强调显得尤为重要。他律性的组织体现为官僚制（科层制）和权力的集中行使，而自律性的组织则基于各种社会共同体的同意，并且依赖一种"自我实施"的规范来维护组织内部的秩序。[2]公共领域的秩序曾经像汉斯•凯尔森（Hans Kelsen）所定义的那样，依靠"他治"型规范来维护。[3]例如通过政

[1]钟瑛：《论网络传播的伦理建设》，《现代传播》，2001年第6期。

[2]彼得•奥德舒克（Peter Ordeshook）：《立宪原则的比较研究》，程洁译，载刘军宁等编：《公共论丛：市场社会与公共秩序》，北京生活•读书•新知三联书店，1996年。

[3]汉斯•凯尔森：《法与国家的一般理论》，沈宗灵译，中国大百科全书出版社，1996年，第30页。

府统一制定法律、行政法规，然而自律性机构的出现使得这种区分“公”与“私”的标准发生了动摇。非政府组织大规模地涉入到公共事物当中，从以往基于私益的结合转而具备了公共职能，担负起公共（公益）责任。公共舆论也不再仅仅传递消息，而是积极担当起监督公共机构和公共社会的职责，实现自律性组织与他律性规范之间的良性互动。

哈贝马斯以图例的方式来呈现18世纪的布尔乔亚公共领域（Bourgeois Public Sphere）蓝图，并此来区分他的“私领域”“公共领域”和“公权力领域”。其中的“公共领域”是一个公民考虑日常事务和政治参与者以谈话为媒介而相互推论、互动的制度化领域。这个领域是与政治权力分离的，它借由论辩的循环批评政治决策。公共领域与经济领域也是分开的，它不具有市场关系。按照哈贝马斯的说法，公共领域这种理性论辩公共空间的形成根源于17世纪末英国的咖啡屋、法国的文艺沙龙和德国的学者圆桌社团。早先在其中谈论的主题是文学艺术，后来扩及于政治和经济方面。在西方，“公共领域”与公民社会紧密相连。按照哈贝马斯的定义，它是“政治权力之外，作为民主政治基本条件的公民自由讨论公共事务、参与政治的活动空间”[1]。视听媒介的发展强烈地影响着公共领域的结构，物联网则作用更为强大。它不应简单地被视为一种在两个分离的“地位环境”之间达成快速沟通的技术手段，而应被视为改变社会地位的媒介。物联网使公共领域的发展有更大的动力，使它不再仅仅以“在场”的行为为基础。

[1]尤尔根•哈贝马斯：《公共领域的结构转型》，曹卫东等译，学林出版社，1999年，第121页。

布尔乔亚公共领域结构图

私领域	公共领域	公权力领域
市民社会（商品交换与社会劳动领域） 婚姻家庭的内部空间（中产阶级知识分子）	政治的公共领域 文学的公共领域（会所，印刷业） 文化产物的市场（城镇）	国家（治安领域） 宫廷（王公贵族阶层）

从根本上来说，物联网道德建立于社会信任的基础之上。信任是一种社会资本，它在知识创造和分享整合上扮演极重要角色，它也是合作的润滑剂，可以减少交易成本。信任最容易产生自水平连接及自愿形成的组织中，而且这种组织比垂直连接的组织更具生产力，因为水平形式提供了一个可以讨论的基础。自愿性组织可以通过所产生之社会资本来促进公民承诺，可产生一般化的社会信任。而水平连接则是物联网的存在特征。目前还没有系统的物联网伦理规范提出，而这是物联网发展客观必然的要求。世界各国或有关组织研究制定了一系列网络伦理规范，它们为物联

网伦理规范的形成打下了基础。美国计算机协会（Association of Computing Machinery，简称ACM）提出如下伦理准则：（1）对社会和大众的福利要有所贡献；（2）避免伤害他人；（3）诚实和值得信赖；（4）行为要公平且不能有歧视；（5）尊重财产权；（6）保护知识产权；（7）经授权后再使用计算机和通信资源；（8）尊重个人隐私；（9）保护信息使用者的机密；（10）遵守与专业有关的法律规则；（11）了解计算机系统可能受到的冲击，并能进行正确的评价，包括风险分析；（12）有助于大众对计算机的计算及其结果的了解。华盛顿布鲁克林计算机伦理协会制定了著名的《计算机伦理十诫》：（1）不可使用计算机伤害人；（2）不可干扰他人在计算机上的工作；（3）不可偷看他人的文件；（4）不可利用计算机偷窃财物：（5）不可使用计算机造假；（6）不可拷贝或使用未付款的软件；（7）未经授权，不可使用他人的计算机资源；（8）不可侵占他人的智慧成果；（9）设计程序之前，先衡量其对社会的影响；（10）用计算机时必须表现出对他人的尊重和体谅。南加利福尼亚大学（University of Southern California）《网络伦理声明》则指出了6种不道德行为：（1）有意地造成网络交通混乱或擅自闯入网络及其相连的系统；（2）商业性或欺骗性地利用大学计算机资源；（3）盗窃资料、设备或智力成果；（4）未经许可接近他人的文件；（5）在公共场合实施引起混乱或造成破坏的行动；（6）伪造电子邮件信息。加拿大信息处理学会（Canadian Information Processing Society，简称CIPS）提出如下信息人员准则：（1）提高大众知识水平；（2）只在专业领域中发表意见；（3）不隐瞒大众关心的信息；（4）抵制错误信息；（5）不提供误导信息；（6）不取用不属于自己的信息；（7）遵守国家法律。英国计算机学会（British Computer Society，简称BCS）提出如下信息伦理准则：（1）信息人员在对雇主及顾客尽义务时不可背离大众利益；（2）遵守法律法规，特别是有关财政、健康、安全及个人资料的保护规定；（3）确定个人的工作不影响第三者的权益；（4）注意信息系统对人权的影响；（5）承认并保护知识产权。这些原则主要包含无害原则、公正原则、尊重原则、允许原则、可持续发展原则等网络生态原则。物联网伦理规范涉及的内容更为广泛、复杂，需要全球相关组织协同建设。

主要参考文献

一、外文文献

Alfred Dupont Chandler, *Scale and Scope: The Dynamics of Industrial Capitalism,* England: The Belknap Press of Harvard University Press, 1990.

Barry Wellman & Milena Gulia, *Net Surfers Don't Ride Alone: Virtual Communities as Communities,* in Barry Wellman (Ed.), *Networks in the Global Village, Boulder,* Colorado: Westview Press, 1999.

Creative Industries Fact File, CREATIVE INDUSTRIES DIVISION, DEPARTMENT FOR CULTURE, MEDIA AND SPORT, UK, 2002, http: // www. culture. gov. uk / PDF / ci_fact_file. pdf.

Edmund Husserl, *The Crisis of European Sciences and Transcendental Phenomenology: An Introduction to Phenomenological Philosophy,* Translated by David Carr, Evanston: Northwestern University Press, 1970.

Gary Gereffi & Franks W. Mayer, *The New Offshoring of Jobs and Global Development,* Geneva: International Labor Office edition, 2007.

Hans-Georg Gadamer, *Hermeneutic as Practical Philosophy,* in Hans-Georg Gadamer & Frederick G. Lawrence, *Reason in the Age of Science,* Mass: the MIT Press, 1983.

International Telecommunications Union, *ITU Internet Reports 2005: The Internet of Things,* 2005.

John Humphrey & Hubert Schmitz, *Governance in Global Value Chains, IDS BULLETIN,* 2001, 32(3).

John Humphrey & Hubert Schmitz, *How does Insertion in Global Value Chain Affect Upgrading in Industrial Clusters, REGIONAL STUDY,* 2002, 36(9).

K. Lancaster, *Socially Optimal Product Differentiation, AMERICAN ECONOMIC REVIEW*, 1975, 65(9).

Kim Zetter, *TED: MIT Students Turn Internet Into A Sixth Human Sense—Video,* http: // www. wired. com / epicenter / 2009 / 02 / ted-digital-six /.

Linda Weiss & John M. Hobson, *States and Economic Development: A Comparative Historical Analysis,* Cambridge: Polity Press, 1995.

M. E. Porter, *The Competitive Advantage,* New York: Free Press, 1985.

Michel Foucault, *Politics, Philosophy, Culture,* London: Routledge, 1988.

Michel Foucault, *Ethics: Subjectivity and Truth,* New York: New Press, 1997.

Michel Surya, *Georges Bataille: An Intellectual Biography,* Translated by Krzysztof Fijalkowski & Michael Richardson, New York: Verso, 2002.

Neil M. Coe, Peter Dicken & Martin Hess, *Global Production Networks: Debates and Challenges, JOURNAL OF ECONOMIC GEOGRAPHY,* 2008, 8(3).

Peter Dicken, *Global Shift: Reshaping the Global Economic Map in the 21st Century,* New York: Guildford, 2003.

Peter Gibbon, Jennifer Bair & Stefano Ponte, *Governing Global Value Chains: An Introduction, ECONOMY AND SOCIETY,* 2008, 37(3).

Pranav Mistry, *The thrilling potential of SixthSense technology,* http: // www. ted. Com / talks / pranav_mistry_the_thrilling_potential_of_sixthsense_technology. Html.

Ranjay Gulati, Nitin Nohria & Akbar Zaheer, *Strategic Networks, STRATEGIC MANAGEMENT JOURNAL,* 2000, 21(3).

Silvia Sacchetti & Robert Sugden, *The Governance of Networks and Economic Power: The Nature and Impact of Subcontracting Relationships, JOURNAL OF ECONOMIC SURVEYS,* 2003, 17(5).

Walter W. Powell, *Neither Market nor Hierarchy: Network Forms of Organization, RESEARCH IN ORGANIZATIONAL BEHAVIOUR,* 1990,12(1).

21 Ideas for the 21st Century, BUSINESS WEEK, Aug. 30, 1999.

二、中文专著和研究报告

伊曼努尔·康德：《任何一种能够作为科学出现的未来形而上学导论》，庞景仁译，北京：商务印书馆，1978年。

伊曼努尔·康德：《判断力批判》，邓小芒译，北京：人民出版社，2002年。

约翰·克里斯托弗·弗里德里希·冯·席勒：《美育书简》，徐恒醇译，北京：中国文联出版社，1984年。

卡尔·海因里希·马克思：《资本论》，中共中央编译局译，北京：人民出版社，2004年。

伯纳德·鲍桑葵：《美学史》，张今译，北京：商务印书馆，1985年。

卡尔·雷蒙德·波普尔：《客观知识：一个进化论的研究》，舒炜光、卓如飞、周伯乔、曾聪明等译，上海：上海译文出版社，1987年。

让·博杜安：《卡尔·波普》，吕一民、张战物译，北京：商务印书馆，2004年。

朱利安·奥夫鲁伊·德·拉美特利：《人是机器》，顾寿观译，北京：商务印书馆，1991年。

路德维希·维特根斯坦：《哲学研究》，陈嘉映译，上海：上海人民出版社，2001年。

汉斯–格奥尔格·伽达默尔：《真理与方法》，洪汉鼎译，上海：上海译文出版社，1992年。

米歇尔·福柯：《词与物：人文科学考古学》，莫伟民译，上海：上海生活·读书·新知三联书店，2001年。

米歇尔·福柯：《权力的眼睛》，严锋译，上海：上海人民出版社，1997年。

米歇尔·福柯：《必须保卫社会》，钱翰译，上海：上海人民出版社，1999年。

米歇尔·福柯：《规训与惩罚》，刘北成、杨远婴译，北京：生活·读书·新知三联书店，1999年。

雅克·德里达：《书写与差异》，张宁译，北京：生活·读书·新知三联书店，2001年。

让–弗朗索瓦·利奥塔：《后现代状况》，岛子译，长沙：湖南美术出版社，1996年。

尤尔根·哈贝马斯：《公共领域的结构转型》，曹卫东等译，北京：学林出版社，1999年。

尤尔根•哈贝马斯：《作为意识形态的技术与科学》，李黎、郭官义译，上海：学林出版社，1999年。

罗宾•乔治•柯林武德：《自然的观念》，吴国盛、柯映红译，北京：华夏出版社，1999年。

约瑟夫•熊彼特：《资本主义、社会主义和民主主义》，绛枫译，北京：商务印书馆，1979年。

让•波德里亚：《象征交换与死亡》，车槿山译，南京：译林出版社，2009年。

马歇尔•麦克卢汉：《理解媒介：论人的延伸》，何道宽译，北京：商务印书馆，2000年。

乔治•巴塔耶：《色情、耗费与普遍经济：乔治•巴塔耶文选》，汪民安编，长春：吉林人民出版社，2003年。

凯文•凯利：《失控：全人类的最终命运和结局》，陈新武等译，北京：新星出版社，2011年。

罗文•吉布森：《重思未来》，杨丽君、彭灵勇译，海口：海南出版社，1999年。

克莱•舍基：《未来是湿的：无组织的组织力量》，胡泳、沈满琳译，北京：中国人民大学出版社，2009年。

尼古拉斯•尼葛洛庞帝：《数字化生存》，胡泳、范海燕译，海口：海南出版社，2000年。

安德鲁•芬伯格：《技术批判理论》，韩连庆、曹观法译，北京：北京大学出版社，2005年。

曼纽尔•卡斯特：《网络星河》，郑波、武炜译，北京：社会科学文献出版社，2007年。

曼纽尔•卡斯特：《网络社会的崛起》，夏铸九、王志弘译，北京：社会科学文献出版社，2001年。

曼纽尔•卡斯特：《千年终结》，夏铸九、黄慧琦译，北京：社会科学文献出版社，2003年。

汉斯•约阿希姆•摩根索：《国家间政治：寻求权力与和平的斗争》，徐昕、赫望、李保平译，北京：中国人民公安大学出版社，1990年。

威廉•奥尔森等主编：《国际关系的理论与实践》，王沿等译，北京：中国社会科学出版社，1987年。

克里斯•安德森：《长尾理论》，乔江涛译，北京：中信出版社，2006年。

迈诺尔夫•迪尔克斯等：《组织学习与知识创新》，张新华等译，上海：上海人民出版社，2001年。

托马斯•弗里德曼：《世界是平的：21世纪简史》，何帆、肖莹莹、郝正非译，长沙：湖南科技出版社，2006年。

大卫•波维特、约瑟夫•玛撒、R. 柯克•克雷默：《价值网：打破供应链、挖掘隐利润》，仲伟俊、钟德强、胡汉辉译，北京：人民邮电出版社，2001年。

约翰•霍金斯：《创意经济：如何点石成金》，洪庆福、孙薇薇、刘茂玲译，上海：生活•读书•新知上海三联书店，2006年。

理查德•弗罗里达：《创意经济》，方海萍、魏清江译，北京：中国人民大学出版社，2006年。

路易斯•普特曼、兰德尔•克罗茨纳编：《企业的经济性质》，孙经纬译，上海：上海财经大学出版社，2000年。

埃•G. 菲吕博顿、鲁道夫•瑞切特编：《新制度经济学》，孙经纬译，上海：上海财经大学出版社，1998年。

奥利弗•伊顿•威廉姆森：《治理机制》，王建、方世雄等译，北京：中国社会科学出版社，2001年。

汉斯•凯尔森：《法与国家的一般理论》，沈宗灵译，北京：中国大百科全书出版社，1996年。

汤浅博雄：《巴塔耶：消尽》，赵汉英译，石家庄：河北教育出版社，2001年。

宇田川胜利、橘川五郎、新宅纯二郎：《竞争力：日本企业间竞争的启示》，锁箭译，北京：经济管理出版社，2006年。

堤清二：《消费社会批判》，朱绍文译，北京：经济科学出版社，1998年。

释道原撰、顾宏义译注：《〈景德传灯录〉译注》，上海：上海书店出版社，2009年。

倪梁康：《胡塞尔现象学概念通释》，北京：生活•读书•新知三联书店，2007年。

俞可平编：《治理与善治》，北京：社会科学文献出版社，2004年。

刘军宁等编：《公共论丛：市场社会与公共秩序》，北京：生活•读书•新知三联书店，1996年。

吴功宜：《智慧的物联网：感知中国和世界的技术》，北京：机械工业出版社，2010年。

姜奇平：《新知本主义：21世纪劳动与资本向知识的复归》，北京：北京大学出版社，2004年。

林左鸣：《广义虚拟经济：二元价值容介态的经济》，北京：人民出版社，2010年。

晓林、秀生：《看不见的心》，北京：人民出版社，2007年。

何卫平：《通向解释学辩证法之途》，上海：上海三联书店，2001年。

王志乐、蒋姮主编：《2009跨国公司中国报告》，北京：中国经济出版社，2009年。

于光远：《经济大辞典》，上海：上海辞书出版社，1992年。

网舟联合科技（北京）有限公司：《2010年中国物联网产业发展研究报告》，http: // doc. mbalib. com / view / bc2e7ed58d6a3ce19b1caa1356aa85c7. html。

三、中文论文

张贤根：《论康德的合目的性原理》，《理论月刊》，2001年第1期。

孙海峰：《康德自然观的人文蕴涵》，《理论学刊》，2003年第3期。

李笑春：《波普尔三个世界理论中的生态关怀》，《内蒙古大学学报》（人文社会科学版），2007年第4期。

陈炳辉：《福柯的权力观》，《厦门大学学报》（哲学社会科学版），2002年第4期。

方丽：《功利主义经济的哲学批判：解读巴塔耶“普遍经济”思想》，《江海学刊》，2005年第6期。

吴伯凡：《从“人算”到“天算”：理解〈失控〉的五个关键词》，《21世纪商业评论》，2011年2月号。

冯俊、洪琼：《后现代游戏说的基本特征》，《中国人民大学学报》，2009年第2期。

姜奇平：《鲍德里亚与后现代经济》，《中国计算机用户》，2007年第46期。

姜奇平：《福柯的后现代经济学思想》，《互联网周刊》，2008年第8期。

姜奇平：《〈后现代经济〉来了》，《互联网周刊》，2009年第13期。

姜奇平：《什么是后现代经济》，《互联网周刊》，2009年第14期。

姜奇平：《个性契约论》（上），《互联网周刊》，2005年第26期。

姜奇平：《个性契约论》（下），《互联网周刊》，2005年第27期。

姜奇平：《从价值链到价值网络：兼论企业的消亡》，《互联网周刊》，2009年第5期。

姜奇平：《互联网2.0时代来临：论个性主义的经济、社会和思想基础》，《互联网周刊》，2005年第24期。

姜奇平：《信息化质变论：2006年北大讲演录》，《互联网周刊》，2006年第34期。

姜奇平：《互联网思想的一般拓扑学》，《中国计算机用户》，2008年第1期。

姜奇平：《普遍经济与有限经济：读〈乔治•巴塔耶文选〉》，《互联网周刊》，2004年第7期。

姜奇平：《识别"智慧地球"中的新信号》，《互联网周刊》，2009年第6期。

姜奇平：《智慧地球引领价值革命》，《互联网周刊》，2009年第6期。

姜奇平：《创意产业经济学的批判》，《互联网周刊》，2006年第9期。

张生：《从普遍经济到普遍历史：论巴塔耶普遍经济学视野中的世界历史形态》，《江苏社会科学》，2009年第4期。

刘宪：《风险投资的多元化功能》，《当代经济》，2004年第12期。

林左鸣：《虚拟价值引论：广义虚拟经济视角研究》，《北京航空航天大学学报》（社会科学版），2005年第3期。

钟兴永、刘旖：《〈广义虚拟经济：二元价值容介态的经济〉述论》，《云梦学刊》，2010年第3期。

尹国平：《广义虚拟经济视角下的财富、价值与生活》，《北京航空航天大学学报》（社会科学版），2010年第2期。

罗良清、龚颖安：《虚拟经济的本质及影响实体经济的机理》，《江西财经大学学报》，2009年第2期。

吴秀生：《广义虚拟经济生产方式初探》，《广义虚拟经济研究》，2010年第2期。

刘曙光：《广义虚拟经济时代的思维方式》，《广义虚拟经济研究》，2010年第4期。

黄光国：《儒家伦理与专业伦理：矛盾与出路》，台湾暨南国际大学现代生活与实践伦理研讨会论文，1998年。

高歌：《宇宙演化总论》，《前沿科学》，2009年第4期。

苑星普：《粮农组织：全球每年损失或浪费13亿吨粮食》，http: //

www. unmultimedia. Org / radio / chinese /。

兰祝刚、陶国睿：《构建人类“智慧地球”：物联网时代的信息化应用》，《通信企业管理》，2010年第6期。

沈苏彬、范曲立、宗平、毛燕琴、黄维：《物联网的体系结构与相关技术研究》，《南京邮电大学学报》（自然科学版），2009年第6期。

高歆雅：《泛在感知网的发展及趋势分析》，《电信网技术》，2010年第2期。

周洪波：《物联网产业链三驾马车》，《中国数字电视》，2010年第5期。

刘建军、江武、刘光智：《基于产业链视角的物联网产业发展对策研究》，《全国商情》，2011年第6期。

刘兆元：《物联网业务关键技术与模式探讨》，《广东通信技术》，2009年第12期。

陈洁、邢津：《传感网特征与通用技术需求》，《电信技术》，2010年第1期。

朱祖涛、茅大钧：《智能传感器的兴起与发展动向》，《上海电力学院学报》，2002年第3期。

张文波、吴晶：《感知生态：物联网推动零产业》，http: // www. chinaenvironment. com。

张静、刘琦琳等：《IT的绿色之链》，《互联网周刊》，2009年第12期。

吴冠军：《中国社会互联网虚拟社群的思考札记》，《二十一世纪》，2001年 2 月号。

杨鹏、顾冠群：《计算机网络的发展现状及网络体系结构涵义分析》，《计算机科学》，2007年第3期。

杨鹏、顾冠群：《新一代网络体系结构：需求目标、设计原则及参考模型》，《计算机科学》，2007年第4期。

耿方萍、朱祥华：《多维电信资源网络管理与系统集成》，《现代电信科技》，2002年第12期。

杨怀洲、李增智、陈靖：《分布式网络资源管理和业务管理集成方法的研究》，《计算机工程》，2006年第7期。

蒙丹：《全球价值链下中国产业升级的战略转换》，《经济与管理》，2011年第4期。

李瑜、武常岐：《全球战略：一个文献综述》，《南开管理评论》，2010年第2期。

刘林青、谭力文：《产业国际竞争力的二维评价：全球价值链背景下的思考》，《中国工业经济》，2006年第12期。

刘林青、谭力文、施冠群：《租金、力量和绩效：全球价值链背景下对竞争优势的思考》，《中国工业经济》，2008年第1期。

张辉：《全球价值链理论与我国产业发展研究》，《中国工业经济》，2004年第5期。

张辉：《全球价值链动力机制与产业发展策略》，《中国工业经济》，2006年第1期。

魏明亮、冯涛：《从全球价值链到全球价值网络：谈产业经济的全球化发展趋势》，《华南理工大学学报》（社会科学版），2010年第5期。

周煊：《企业价值网络竞争优势的内生性阐释：知识管理》，《商业经济与管理》，2006年第2期。

周煊：《企业价值网络竞争优势研究》，《中国工业经济》，2005年第5期。

刘林青、谭力文、马海燕：《二维治理与产业国际竞争力的培育：全球价值链背景下的战略思考》，《南开管理评论》，2010年第6期。

李垣、刘益：《基于价值创造的价值网络管理(Ⅰ)：特点与形成》，《管理工程学报》，2001年第4期。

杜义飞、李仕明：《产业价值链：价值战略的创新形式》，《科学学研究》，2004年第5期。

卢福财、胡平波：《网络租金及其形成机理分析》，《中国工业经济》，2006年第6期。

金芳：《国际分工的深化趋势及其对中国国际分工地位的影响》，《世界经济研究》，2003年第3期。

杜传忠：《网络寡占市场结构与中国产业的国际竞争力》，《中国工业经济》，2003年第6期。

王众托：《无处不在的网络社会中的知识网络》，《信息系统学报》，2007年第1卷第1辑。

张悦：《全球信息网络对全球化进程的作用》，《理论学刊》，1999年第1期。

王琪：《网络社群：特征、构成要素及类型》，《前沿》，2011年第1期。

张文宏：《网络社群的组织特征及其社会影响》，《江苏行政学院学报》，2011年第4期。

刘仲蓓、颜亮、陈明亮：《数字化生存的人文价值与后人类中心主义》，《自然辩证法研究》，2003年第4期。

孟华：《论互联网的符号特征》，《现代传播》，2001年第2期。

陈共德：《互联网精神交往的形态分析》，中国社会科学院研究生院博士学位论文，2002年。

张允若：《关于网络传播的一些理论思考》，全国第七届传播学研讨会论文，2001年。

张运松：《网络的技术意蕴、特性与网络伦理》，《科学技术与辩证法》，2008年第4期。

周兴生：《网络道德的发生学考察》，《社会科学论坛》，2010年第8期。

钟瑛：《论网络传播的伦理建设》，《现代传播》，2001年第6期。

Ian Foster、Yong Zhao、loan Raicu、Shiyong Lu：《网格计算和云计算360度比较》，杨莎莎、刘宴兵译，《数字通信》，2010年第6期。

张建勋、古志民、郑超：《云计算研究进展综述》，《计算机应用研究》，2010年第2期。